Strategic Management

An Analytical Introduction

原著：
George Luffman
Edward Lea
Stuart Anderson
Brian Kenny

賴士葆　推薦
王秉鈞　校閱
李茂興　譯者

弘智文化事業有限公司

Copyright © George Luffman, Edward Lea, Stuart
Anderson, and Brian Kenny

Strategic Management

An Analytical Introduction

This edition published 1996
Reprinted 1996, 1997
Blackwell Publishers Ltd
108 Cowley Road
Oxford OX4 1JF, UK

Blackwell Publishers Inc
350 Main Street
Malden, Massachusetts 02148, USA

ALL RIGHTS RESERVED

No part of this book may be reproduced or transmitted in any from by any means, electronic or mechanical,including photocopying, recording, or any information storage and retrieval system, without permission, in writing, from the publisher.

Chinese edition copyright ©2001
By Hurng -Chih Book Co.,Ltd..
For sales in Worldwide.

ISBN 957-0453-27-3

Printed in Taiwan, Republic of China

原書序

本書《策略管理》與姊妹品《策略管理個案集》已將作者先前的兩本書：《企業政策：分析性導引》（Business Policy: An Analytical Introduction）與《企業政策個案》（Cases in Business Policy），做了徹底的更新。本書在必要的部份，將前一版加以修正，另外再加入六個新的章節。本書所新增的章節，係針對前一版較簡要而目前需要更多補充的議題。至於個案則是全新的素材，將有助於學生掌握時代的脈動。這兩本書也是作者群超過二十年來，在教學、研究、與策略管理顧問工作的經驗結晶。

傳統上，企業政策的課程是開給研究生。由於他們較成熟，在學習前擁有一定的程度與工作經驗，因此他們擁有較好的基礎，能接受參與式的教學技巧，例如採用研討企業個案的方式。不論企業問題的本質如何，這些研究生通常有能力，能將自身的背景特徵，與一些分析工作相結合，例如問題分析、策略評估、以及訂出正確的行動方案。然而近年來，企業政策已涵蓋在許多大學部的課程裡，企業界也越來越想了解在自己經營的環境中有哪些變化。

特別是近幾年來，大學部學生的數目大量增加，學生/教職員的比率提高，使教授越來越難以經常更新課程，以符合學生的期望。針對這方面，若能結合本書與個案集，將有助於學生了解企業政策分析的基本模式與技巧。

企業政策的教育非常仰賴整合性的教學法，這些方法需要應用跨學科的商業技能，理想上，這些方法應該在課程的最後階段再來介紹。然而為了因應實際需求，學校往往必須同時安排進階的專業訓練。儘管作者嘗試將個案以按部就班的方式陳列，但在一開始，由於學生缺乏足夠的概念性知識與分析技巧，即使不會因此使教學完全無效果，仍會妨礙學生學習的過程。有鑑於此，我們精挑細選並重整課程內容，以減少這項固有的缺點。因此，本書可視為企業政策的入門教本。本書不會將所有適合的方法都一一納入，因為這樣會使初學本科目的學生混淆不清。

最後，我們建議，學好本科目的不二法門，便是廣泛的閱讀本書中一再引用、參考、與企業政策及企業策略相關的精彩書籍與文獻。我們深刻體會到，若想以非常嚴謹的概念架構，加在個案分析中，是一件危險的事。我們建議學生將每次所遇到的個案，都視為有其個別價值，且是特定的狀況來分析，這才是主要的關鍵點。

簡言之，我們相信本書能帶給學習企業政策與(或)企業策略的商科大學生與研究生諸多價值。除此之外，本書對於其他管理學院的學生，如會計系與其他科系的學生也頗有助益，因為業界越來越希望這些學生也能對企業政策有更多的了解。此外，對於那些想找尋策略制定過程中，更系統化的方法之業界人士，本書更具有實務上參考的價值。

我們要感謝我們的同事—布萊恩·洛斯(Bryan Lowes)、彼得·柏克利(Peter Buckley)與克利斯·帕斯(Chriss Pass)，他們分別完成本書的第九、十三與第十七章。也要感謝提姆·古菲勒(Tim Goodfellow)及他的同事們，完成本書最後的定稿。最後，我們也要感謝提供本書資料的企業、學生與研究學者，使本書能夠完成順利出版，更衷心感謝採用本書做為教科書的教授們，你們的採用給予作者們莫大的欣慰與動力。

企管系列叢書—主編的話

— 黃雲龍 —

弘智文化事業有限公司一直以出版優質的教科書與增長智慧的軟性書爲其使命，並以心理諮商、企管、調查研究方法、及促進跨文化瞭解等領域的教科書與工具書爲主，其中較爲人熟知的，是由中央研究院調查工作室前主任章英華先生與前副主任齊力先生規劃翻譯的《應用性社會科學調查研究方法》系列叢書，以及《社會心理學》、《教學心理學》、《健康心理學》、《組織變格心理學》、《生涯諮商》、《追求未來與過去》等心理諮商叢書。

弘智出版社的出版品以翻譯爲主，文字品質優良，字裡行間處處爲讀者是否能順暢閱讀、是否能掌握內文眞義而花費極大心力求其信雅達，相信採用過的老師教授應都有同感。

有鑑於此，加上有感於近年來全球企業競爭激烈，科技上進展迅速，我國又即將加入世界貿易組織，爲了能在當前的環境下保持競爭優勢與持續繁榮，企業人才的培育與養成，實屬扎根的重要課題，因此本人與一群教授好友(簡介於下)樂於爲該出版社規劃翻譯一套企管系列叢書，在知識傳播上略盡棉薄之力。

在選書方面，我們廣泛搜尋各國的優良書籍，包括歐洲、加拿大、印度，以博採各國的精華觀點，並不以美國書為主。在範圍方面，除了傳統的五管之外，為了加強學子的軟性技能，亦選了一些與企管極相關的軟性書籍，包括《如何創造影響力》《新白領階級》《平衡演出》，以及國際企業的相關書籍，都是極值得精讀的好書。目前已選取的書目如下所示(將陸續擴充，以涵蓋各校的選修課程)：

企業管理系列叢書

一、生產管理與作業管理類

1.《生產與作業管理》(上)(下)

2.《生產與作業管理》(精簡版)

3.《生產策略》

4.《全球化物流管理》

二、財務管理類

1.《財務管理：理論與實務》

2.《國際財務管理：理論與實務》

3.《新金融工具》

4.《全球金融市場》

5.《金融商品評價的數量方法》

三、行銷管理類

1.《行銷策略》

2.《認識顧客：顧客價值與顧客滿意的新取向》

3.《服務業的行銷與管理》

4.《服務管理：理論與實務》

5.《行銷量表》

四、人力資源管理類

1.《策略性人力資源管理》

2.《人力資源策略》

3.《管理品質與人力資源》

4.《新白領階級》

五、一般管理類

1.《管理概論：全面品質管理取向》

2.《如何創造影響力》

3.《平衡演出》

4.《國際企業與社會》

5.《策略管理》

6.《策略管理個案集》

7.《全面品質管理》

8.《組織行為管理》

9.《組織行為精通》

10.《品質概論》

11.《策略的賽局》

12.《新資訊科技的應用》

六、國際企業管理類

1.《國際管理》

2.《國際企業與社會》

3.《全球化與企業實務》

我們認為一本好的教科書，不應只是專有名詞的堆積，作者也不應只是紙上談兵、欠缺實務經驗的花拳秀才，因此在選書方面，我們極為重視理論與實務的銜接，務使學子閱讀一章有一章的領悟，對實務現況有更深刻的體認及產生濃厚的興趣。以本系列叢書的《生產與作業管理》一書為例，該書為英國五位頂尖教授精心之作，除了架構完整、邏輯綿密之外，全書並處處穿插圖例說明及140餘篇引人入勝的專欄故事，包括傢俱業巨擘IKEA、推動環保理念不遺力的BODY SHOP、俄羅斯眼科怪傑的手術奇觀、美國旅館業巨人 Formule1 的經營手法、全球運輸大王 TNT 、荷蘭阿姆斯特丹花卉拍賣場的作業流程、世界著名的巧克力製造商 Godia、全歐洲最大的零售商 Aldi 、德國窗戶製造商Veka 、英國路華汽車Rover的振興史，讀來極易使人對於生產與作業管理留下深刻印象及產生濃厚興趣。

我們希望教科書能像小說那般緊湊與充滿趣味性，也衷心感謝你(妳)的採用。任何意見，請不吝斧正。

我們的審稿委員謹簡介如下(按姓氏筆劃)：

尚榮安 助理教授

主修：國立台灣大學商學研究所 資訊管理博士

專長：資訊管理、策略管理、研究方法、組織理論

現職：東吳大學企業管理系助理教授

經歷：屏東科技大學資訊管理系助理教授、電算中心教學資訊組組長(1997-1999)

吳學良 博士

主修：英國伯明翰大學 商學博士

專長：產業政策、策略管理、科技管理、政府與企業等相關領域

現職：行政院經濟建設委員會，部門計劃處，技正

經歷：英國伯明翰大學，產業策略研究中心兼任研究員(1995-1996)

行政院經濟建設委員會，薦任技士 (1989-1994)

工業技術研究院工業材料研究所，副研究員(1989)

林曾祥　副教授

主修：國立清華大學工業工程與工程管理研究所 資訊與作業研究博士

專長：統計學、作業研究、管理科學、績效評估、專案管理、商業自動化

現職：國立中央警察大學資訊管理研究所副教授

經歷：國立屏東商業技術學院企業管理副教授兼科主任(1994-1997)

國立雲林科技大學工業管理研究所兼任副教授

元智大學會計學系兼任副教授

林家五　助理教授

主修：國立台灣大學商學研究所組 織行爲與人力資源管理博士

專長：組織行爲、組織理論、組織變革與發展、人力資源管理、消費者心理學

現職：國立東華大學企業管理學系助理教授

經歷：國立台灣大學工商心理學研究室研究員(1996-1999)

侯嘉政　副教授

主修：國立台灣大學商學研究所 策略管理博士

現職：國立嘉義大學企業管理系副教授

高俊雄　副教授

主修：美國印第安那大學 博士

專長：企業管理、運動產業分析、休閒管理、服務業管理

現職：國立體育學院體育管理系副教授、體育管理系主任
經歷：國立體育學院主任秘書

孫 遜 助理教授

主修：澳洲新南威爾斯大學 作業研究博士（1992-1996）
專長：作業研究、生產/作業管理、行銷管理、物流管理、工程經濟、統計學
現職：國防管理學院企管系暨後勤管理研究所助理教授（1998）
經歷：文化大學企管系兼任助理教授（1999）
明新技術學院企管系兼任助理教授（1998）
國防管理學院企管系講師（1997 - 1998）
聯勤總部計劃署外事聯絡官（1996 - 1997）
聯勤總部計劃署系統分系官（1990 - 1992）
聯勤總部計劃署人力管理官（1988 - 1990）

黃正雄 博士

主修：國立台灣大學商學研究所 博士
專長：管理學、人力資源管理、策略管理、決策分 析、組織行為學、組織文化與價值觀、全球化企業管理
現職：長庚大學工商管理系暨管理學研究所
經歷：台北科技大學與元智大學 EMBA 班授課
法國興業銀行放款部經理及國內企業集團管理職位等

黃志典 副教授

主修：美國威斯康辛大學麥迪遜校區 經濟學博士
專長：國際金融、金融市場與機構、貨幣銀行
現職：國立台灣大學國際企業管理系副教授

黃家齊 助理教授

主修：國立台灣大學商學研究所 商學博士

專長：人力資源管理、組織理論、組織行為

現職：東吳大學企業管理系助理教授、副主任，東吳企管文教基金會執行長

經歷：東吳企管文教基金會副執行長(1999)
國立台灣大學工商管理系兼任講師
元智大學資訊管理系兼任講師
中原大學資訊管理系兼任講師

黃雲龍 助理教授

主修：國立台灣大學商學研究所 資訊管理博士

專長：資訊管理、人力資源管理、資訊檢索、虛擬組織、知識管理、電子商務

現職：國立體育學院體育管理系助理教授，兼任教務處註冊組、課務組主任

經歷：國立政治大學圖書資訊學研究所博士後研究(1997-1998)
景文技術學院資訊管理系助理教授、電子計算機中心主任(1998-1999)
台灣大學資訊管理學系兼任助理教授(1997-2000)

連雅慧 助理教授

主修：美國明尼蘇達大學人力資源發展博士

專長：組織發展、訓練發展、人力資源管理、組織學習、研究方法

現職：國立中正大學企業管理系助理教授

許碧芬　副教授

主修：國立台灣大學商學研究所 組織行爲與人力資源管理博士

專長：組織行爲/人力資源管理、組織理論、行銷管理

現職：靜宜大學企業管理系副教授

經歷：東海大學企業管理學系兼任副教授　(1996-2000)

陳勝源　副教授

主修：國立臺灣大學商學研究所 財務管理博士

專長：國際財務管理、投資學、選擇權理論與實務

現職：銘傳大學管理學院金融研究所副教授

經歷：銘傳管理學院金融研究所副教授兼研究發展室主任(1995-1996)

銘傳管理學院金融研究所副教授兼保險系主任(1994-1995)

國立中央大學財務管理系所兼任副教授(1994-1995)

世界新聞傳播學院傳播管理學系副教授(1993-1994)

國立臺灣大學財務金融學系兼任講師、副教授(1990-2000)

陳禹辰　助理教授

主修：國立中央大學資訊管理研究所博士

現職：東吳大學企業管理學系助理教授

經歷：任職資訊工業策進會多年

劉念琪　助理教授

主修：美國明尼蘇達大學人力資源發展博士

現職：國立中央大學人力資源管理研究所助理教授

謝棟梁 博士

主修：國立台灣大學商學研究所 資訊管理博士

專長：資訊管理、策略管理、財務管理、組織理論

現職：行政院經濟建設委員會

經歷：國立台灣大學資訊管理系兼任助理教授(1999-2001)

文化大學企業管理系兼任助理教授

證卷暨期貨發展基金會測驗中心主任

中國石油公司資訊處軟體工程師

農民銀行行員

謝智謀 助理教授

主修：美國Indiana University公園與遊憩管理學系休閒行爲哲學博士

專長：休閒行爲、休閒教育與諮商、統計學、研究方法、行銷管理

現職：國立體育學院體育管理學系助理教授、國際學術交流中心執行秘書

中國文化大學觀光研究所兼任助理教授

經歷：Indiana University 老人與高齡化中心統計顧問

Indiana University 體育健康休閒學院統計助理講師

目錄

第一篇
企業策略的架構

第一章　策略的簡介

前言→策略概念→策略性決策的特徵
→策略與能力→策略分析的任務

1.1 前言

很難讓人相信現存某些成功的大企業，在二十年或三十年後，將無法繼續經營。然而，僅簡單審視過去數十年的歷史，我們可清楚發現，企業現在的成功並不保証未來的成功。在過去的二十到三十年間，家族企業與績優公司中，不乏完全消失或被其他公司購併的例子。Coloroll、Horizon、Rover、Thomas Tilling、Imperial Tobacco 與 Polly Peck，曾經都是叱吒風雲的公司，如今不是衰退，就是不復當年光彩。Dunlop 與 BTR 就是一個引人注意的對比。在 1960 年代中期，兩家公司都是輪胎公司，當時 Dunlop 是一家大而成功的公司，而 BTR 相對而言，是一家小而低利潤的公司。Dunlop 持續在輪胎業發展，歷經了多年的低利潤之後，最後被 BTR 所購併。而 BTR 早已停止生產輪胎，轉而進行多角化，並成爲英國最大、也最成功的企業之一。

企業所面臨最主要的問題，來自於其經營的外在環境之變化迅速，但本身卻無法適應這樣的變化。即使是諸如銀行、建築業這種過去環境變化很慢的產業，近幾年來的變化卻很明顯，因此需要用完全不同的方法來經營企業。

更進一步的問題是：伴隨環境改變速度增加的，是一些企業所需投入的資金規模與成本，例如化工業。廠房的規模、以及相關的成本增加，公司預期報酬回收的時間也會拉長。然而隨著潮流、科技或其他產業的改變，可能導致工廠比預期的時間更早不敷使用，這將增加企業投資新廠房的風險。另外，目前大型的多國籍企業，由於它涵蓋多種產品與市場，預測未來趨勢的複雜度亦因此增加。

改變的速度、投資的規模、與產品市場延伸的領域，是造成企業經營環境產生新問題的主因。將現有的產品賣給現有的客戶，是否足以讓我們的企業永續經營下去？在第二次世界大戰之前，環境改變的速度很緩慢，同時企業的規模也很小，因此企業的未來、企業經營的成敗，比較容易確認。

1.2 策略概念

爲了找出企業成敗的肇因，一開始我們必須定義某些術語。對學習企業政策的學生而言，第一次看到教科書中所使用的衆多術語，不免會有些疑惑。「企業政策」(business policy)、「企業策略」(corporate strategy)、「企業規劃」(corporate planning)與「策略管理」(strategic management)，看起來似乎可以交互使用，但學生們永遠不了解這些與策略制定相關的名詞，究竟眞正的意義爲何。

雖然「企業政策」一詞常使用在學術文章中，但這個名詞的定義，往往無法說明其所涵蓋的各種活動階段與範圍。策略概念(strategy concept)一詞的定義，則能包含整個公司、功能部門兩個層次上所有的管理任務。也有人將之定義爲「如何訂出企業的目標、目的、或標的；爲了達成這些目標，企業將採行哪些策略、計畫；以及企業如何以目前屬於何種產業、將屬於哪種產業，來描述這些目標。」[1]更新的「策略管理」一詞，則定義爲「一連串引導公司發展出有效策略的決策與行動，以達成企業的目標。」[2]

因此，策略性決策所關心的是企業所處的整體環境之決策、所有組成企業的資源與人力之決策，以及兩者的介面之決策。無法使企業的產出與環境配合的決策，會帶來毀滅性的後果。

爲了能更清楚地了解這些關係，圖1 是一個描述性模式。如你所見，企業的環境很複雜，特別是採動態觀點，此時可切割成數個子環境。一種可能的危險是獨立去解讀這些子環境，因爲整體環境的變化，往往來自好幾個子環境間彼此複雜的互動。是爲了方便分析，我們才將它們拆開來視爲個別的部份。正如後面的章節將會強調的，鮮少有企業有足夠資源能掃描整個環境並加以解讀；相對的，企業通常只針對那些會影響該企業的因素，按影響最多、最少來排出先後次序，這個次序會隨時間而改變。企業規劃的本質，就在於預測環境的變化，即使沒有任何企業能了解改變的全貌。舉例來說，很多石油公司都能事先預測到石油價格終將上漲，但問題是，沒有一家公司能精確知道何時上漲、會上漲多少。這樣的結論，引領一些評論家指出：當環境越來越複雜，變化的速度加快時，企業最好能迅速回應，而非嘗試去預測或估計變化的程度。雖然有一些公司也持此看法，不過問題在於他們任何的回應正指出其回應太遲，策略機會已然喪失。

圖1.1的中間部份顯示，在企業內，總裁與高階主管決定著公司的管理風格與文化，而策略性決策是在這些環境下做成的。他們也負責依公司現有的資源與技術，訂出公司的目標與策略，以及更重要的是，預測未來的經營環境。

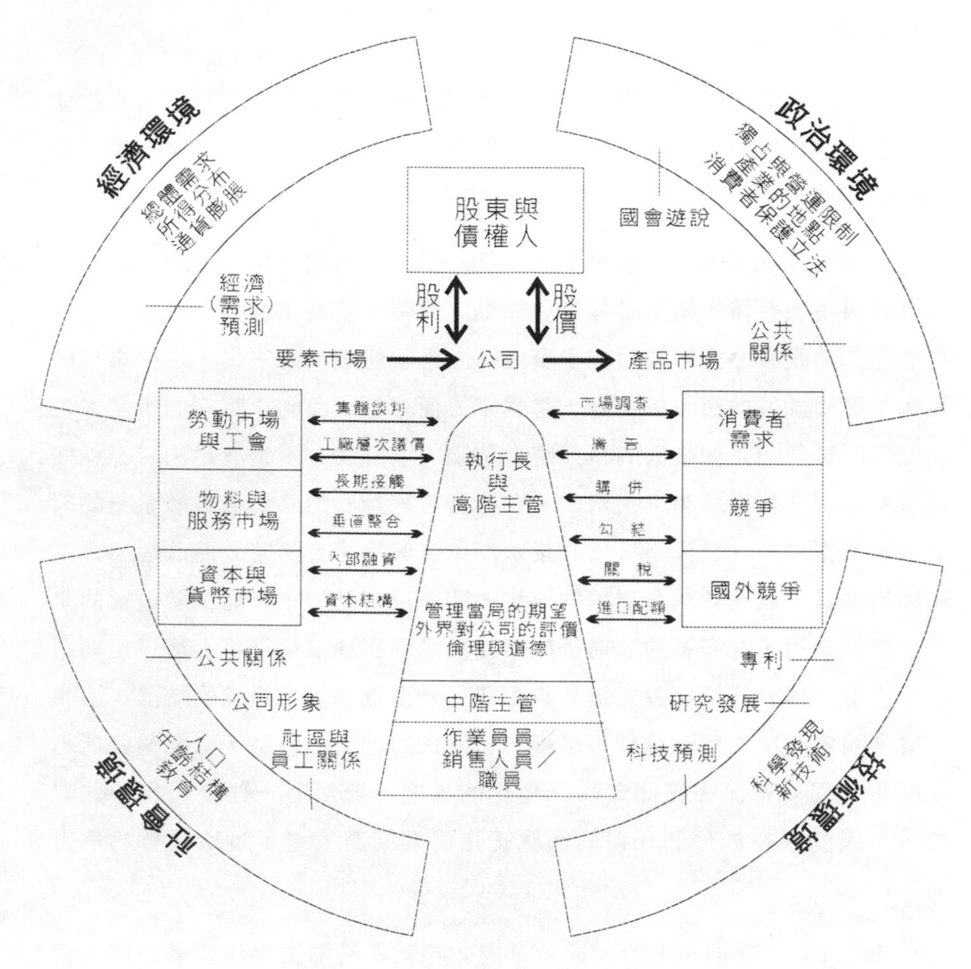

圖 1.1　公司與外在環境：描述性模式

此圖所顯示的模式有個很明顯的缺點：沒有加入時間的考量。時間（time）與時機（timing）在企業政策分析中，是重要的議題。無法確認關鍵環境變數的變化速度，可能會對公司的績效產生重大的影響。例如公司太早或太晚推出一項新產品，可能會對公司的績效造成類似的破壞性影響。

1.3　策略性決策的特徵

策略性決策所關切的是整個企業，而非單一的事業分部或某個功能性領域。然而本書所敘述的很多方法與分析工具，都適用於公司的各個分部，讓它們得以預測未來長期的經營環境。

營運經理人大多數的時間都在關心短期或中期的活動；而企業策略所關切的則是長期。因此大型、有很多分部的企業，會要求經理人花其他時間去審視其事業部的長期走向，以期在早期階段就能確認重大的機會與威脅。

從策略的長期與整體性質來看，它們都是獨特唯一的。亦即，假若環境與企業都在改變，則某家公司在某特定時間所面臨的特定環境，會與五年前、甚至是去年的環境不同，以及沒有兩家公司的管理風格、產品、市場與資源是一樣的，所以其它公司的經驗，不一定會有直接的幫助。在不同的時點上，我們用來分析、做爲比較基準的公司之間，會存在著相似性，但是正如上述的差異性，以及策略性決策的規律性如此衆多，以致於若與其他的決策相比較，其結果有更多的不確定性。

策略性決策是企業所有活動與其他決策的起始點。因此它們提供了方向與激勵：大部份的人，都想要知道他們所屬企業的目的與宗旨爲何。我們要知道，「無所爲」也是一種策略決策。忽視來自環境中可能帶來重大機會與威脅的資訊，就是「無所爲」的決策，即使這樣的決定並沒有經過董事會議或高階經理人的討論。

在組織中，策略性決策主要扮演的角色，就是整合公司內不同的活動，並決定如何分配資源。將一組資源與活動整合在一起，是爲了藉由它們的互動，來追求公司獲利的最大化，因爲每個部份都能朝向同一目標，並減少不必要的衝突是很重要的。因此，整合與分配是策略性決策主要的結果。

以制定決策的角度來看，始終存在著一項爭論。到底一家公司所實際進行的策略是愼思下的結果嗎？公司會按照縝密的策略規劃結果來執行活動？或部份實際的結果是否來自邊做邊學，或純粹對環境中的機會做出反應？公司無疑的是會去抓住機會。它會在已知的策略參數下一例如擁有的技術、引進的生產系統、與具備的管理技能等，做出各種回應。學習的概念是策略管理的重要面向，最後我們會引入此一概念來貫穿所有後面的章節。不過這是透過邊做邊學、較不正式的學習，以及公司為了改進績效與配合自然形成的策略，而投注新的投資，有別於較正式的策略規劃程序。正如明茲柏格（Mintzberg）所說的：「策略不但能自然形成，也能為人所訂出」[3]。策略性決策的制定過程中，各種面向間的關係如圖1.2所示。

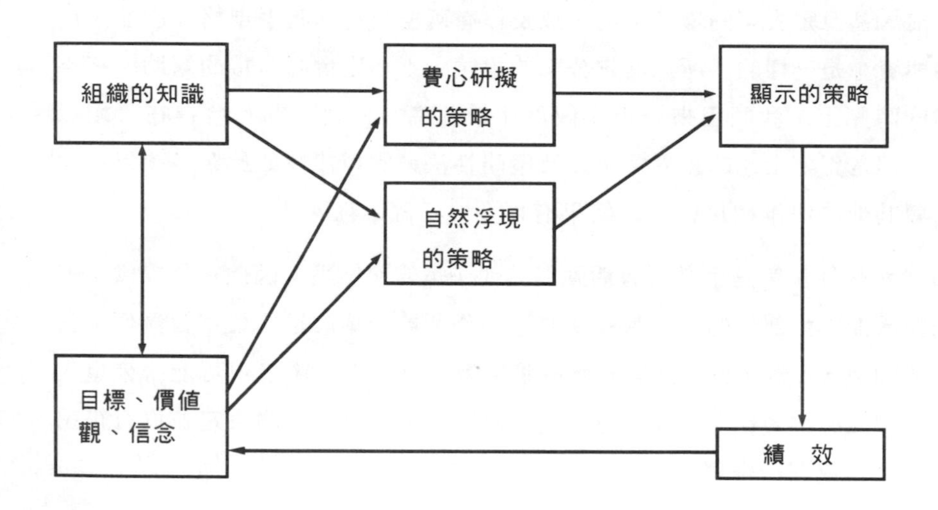

圖 1.2 策略的決策程序

1.4 策略與能力

組織應該從事自己擅長的業務，這已是老生常談了。無疑的，良好的績效來自較高層次的經營能力。高階管理者的任務之一，便是發展出能讓公司在產業中長期生存下去所需的適當能力與技術。適當的技術往往爲市場的性質與原動力所定義，但某些競爭者偶爾會改寫競爭能力的公式，使其他競爭對手束手無策，如英國航空公司（British Airway）的客戶關係活動。漢莫爾與普哈拉[4]（Hamel and Prahalad）就主張，確認、巧妙應用、及延伸資源的能力，正是策略的核心。Marks與Spencer這兩家公司充分發揮它們在採購方面的專業能力，因而擁有很大的競爭優勢。同樣的，當它們將資料庫管理能力延伸到財務服務等業務時，也讓它們進入與原先事業完全無關的個人理財服務行業。這個概念在第十一章中會更完整的介紹。

漢莫爾與普哈拉更進一步主張，大部份成功的企業，不僅能勾勒出它們的未來，更了解如何能抵達它們的未來。這也隱含了高階主管部份的工作便是，找出企業整體未來的方向。他們認爲，在這個不連續性升高的年代，過去可能無法成爲未來的指南；因此制定策略的另一重點是忘記過去的種種。同樣的，如果企業較強調重新發明（re-invention）甚於企業再造（re-engineering），則更可能成功。企業的規模無法保證未來的成功，成功的企業，將是能開發出新方法來滿足客戶需求，並超越競爭對手的企業。很多日本的汽車製造商，在進入市場時，規模明顯比歐美競爭者小，但後來都能夠迅速成長，超越競爭者。電腦產業也見證了這種現象，能根據新世代消費者之需求而發展出競爭能力的小型企業，也都擁有亮麗的成績。

要做到上述這些要點，公司要有改變的意願。當企業仍處於成功狀態時，很多不願意接受必須改變的認知。或許高階主管的首要任務在於，孕育組織氣候，使創新與改變成爲常態的規範。

1.5 策略分析的任務

我們在此必須強調，非常正式的規劃制度並不能保證成功，但是放任公司自由發展，卻很可能失敗。成功的關鍵，不在於採用多少正式的方法來制定策略，而在於執行策略時的品質與一致性，以及組織要能適應經營環境的變動。

當學生第一次接觸企業政策的課程時，通常會不知所措。由於他們先前的課程，本質上都在於提供資訊，因此學生須儘可能記住教材內容及廣泛閱讀相關資訊，以擴充其理解。而策略管理，卻不適合用這種方式來學習。需要記憶的東西少，但要應用的東西卻很多。學生需要更改原來的學習方式，來配合企業政策課程的學習目的。一般而言，策略管理的內容，是一般企業所稱的公司策略；整個教學設定的目的，在於整合如財務、行銷及組織行爲等課程的要點。了解這些功能活動彼此間互動的關係，可讓學生去思考企業組織的公司策略。因此學習本課程，學生的目標應是：

1. 了解企業內部所擁有的優勢與弱勢，及來自外部環境分析產生的機會與威脅。
2. 整合與公司所能採行的策略步驟相關的知識（如：經濟學或財務管理）。
3. 能夠評估策略方案的可行性。
4. 自衆多選擇方案中做出抉擇，並能提出說服公司去採取這些作法的理由。

我們必須再次強調，學生的角色不是去記憶這些關於企業的種種事實，而是學習如何了解標的公司的處境，及公司在特定狀況下能夠採取的策略方向與如何評估這些方向。

在教學上，我們希望學生能徹底了解策略與後續的動作，例如：設定目標、制定策略、執行策略、以及上述特定步驟的可行性與伴隨的風險程度。達成以上的目的之後，最終學生就能了解策略思考的過程、這些過程中的限制（例如：環境與公司本身）、及執行策略將碰到的問題。

另外值得一提的是，本書不擬說明如何進行「企業規劃」(corporate planning)，這涉及管理程序中甚多的技術應用。阿吉第（Argenti）、瓊斯（Jones）等其他學者的著作，就涵蓋到此一主題。[5]

附註

1 Edmund P. Learned, C. Roland Christensen, Kenneth Andrews and William D. Guth, *Business Policy: Text and Cases* (Richard D. Irwin Inc., Homewood, III., 1965).

2 W. F. Glueck, *Business Policy and Strategic Management* (McGrawHill, New York, 1980).

3 Henry Mintzberg, *Mintzberg on Management Inside our Strange World of Organizations* (Free Press, New York, 1989).

4 Gary Hamel and O. K. Prahalad, *Competing for the Future* (Harvard Business School Press, 1994).

5 See John Argenti, *Systematic Corporate Planning* (Wiley, New York, 1974); Harry Jones, Preparing Company Plans: *a Workbook for Effective Corporate Planning* (2nd edn, Gower, Aldershot. 1983).

第二章　策略經理人與策略規劃

策略經理人→策略規劃模式→企業規劃

2.1　策略經理人

在第一章，我們檢視了策略性決策的本質與涵蓋的範圍。本章將探討誰應該負責做成這些決策，以及實務上，這些職責如何解除。由於策略性決策攸關整個公司長期的方向，因此這些職責自然落在公司的最高主管與董事會身上。

董事會的功能

董事會成員由股東選出或指派，他們考量股東的利益來管理公司的資產，且經由下列方式：

- 專注於企業的任務、目標、策略、與政策等，來確保公司長期的勝利。
- 針對企業的利害關係人（stakeholder）傳遞適當的消息。
- 定期檢視與公佈企業的財務績效。
- 雇用適當的高階人員來執行這些任務。

⊙ 定期檢查組織結構，以確保計畫能夠落實。

有個重要的問題是：董事會的權力實際上可以大到什麼程度？有學者建議將董事會視為決策的接受者，而非做成決策的單位。在很多情況下，無疑的，高階主管會採行操弄策略，藉著只提供估計的一般成本與結果之最低期望值，來達到讓董事會同意提案的目的。主要的關鍵在於高階主管控制了資訊。如果在董事會召開前，沒有負面的訊息傳到董事耳中，一般而言董事會不太會否決提案。要成功地執行上述戰術，經理人要在董事會召開前，就準備好提案與文件摘要並發給各董事，讓董事會只須進行一次，董事們就能了解提案的內容。

董事會的成員

董事會的首要成員當然是總裁。總裁可以是執行總裁或非執行總裁。如果是非執行總裁，總裁可採兼職的方式來聘請，或由公司的執行長（CEO）來擔任—其職銜可能是CEO或管理總監。湯馬斯‧李斯克（Thomas Risk，蘇格蘭皇家銀行的總裁），身為銀行購併Distiller後，所建立的Guinness公司之非執行總裁，曾經發表談話指出「在公司法的規定中，只有一個總裁」。在西方的工業國家中，基本上有三種董事會：

1. 在英國為單一董事會，通常由執行董事組成。
2. 在美國董事會是單一的，不過多半由非執行董事組成。
3. 在西德為兩階層系統，包括一個完全由非執行董事組成的監督董事會，及一個完全由管理執行主管組成的董事會。

有關英國由執行董事組成的董事會系統，存在著很多爭議，例如：

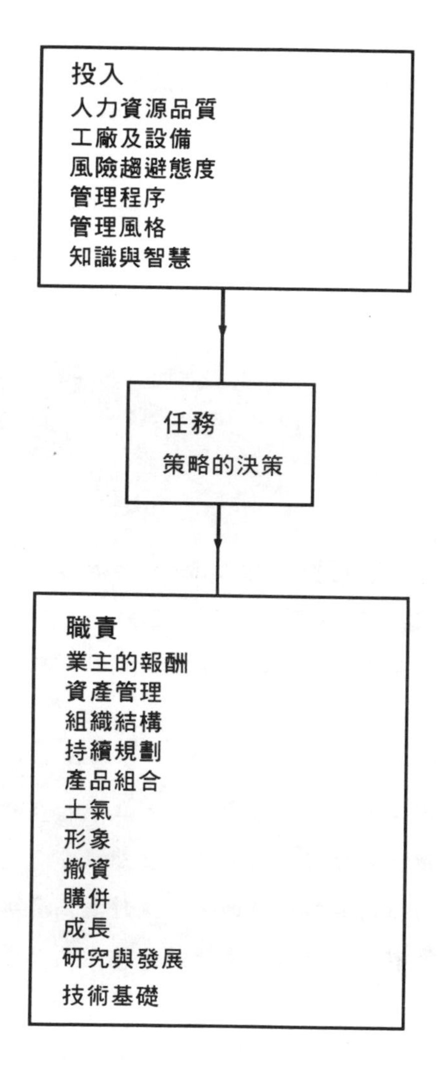

圖 2.1 董事會的功能

- 董事腦中塞太多每天的例行問題，以及對他們自己須承擔責任的事項，會給予較高的優先考量。
- 可能會耗費過多董事會的時間於協商完成董事個人責任所需的資源。

⊙ 公司無法期待董事們會對自身的績效做出評斷。

⊙ 有需要的時候，董事們不太可能完全奉獻自己。

以上述的角度來看，完全由執行董事組成的話，很可能無法執行董事會的很多任務，其功能可能還比不上管理委員會。

對於兩階層的制度也是有爭議。一封來自萊福先生（Mr. Ralph）在金融時報（The Financial Times，1989年4月27日）中刊載的信件，內容如下：

> 敬執事者：如果我們想依艾覺・潘拉摩頓（*Edgar Palamountain*）先生的建議（*4*月*22*日的來信），採取兩階層的董事會，我們首先要定義非執行董事需要表示意見的事情有哪些。
>
> 是否僅在欲收購的公司頑強抵抗、管理團隊想買下公司、以及其他會引發利益衝突的變動產生時，非執行董事的意見才需要？如果是，那麼市議會陪審團的工作就簡單多了，他們只消將非執行董事們對於超出某個規模的上述案件之高見加以發佈。但是類似的意見在所有引人詬病及需要股東同意的其他交易案例，需具有一致性。
>
> 這種運作方式的問題在於非執行董事僅能間接猜測管理階層與顧問的看法，根據早已被管理階層掌握的相同資料。誰會想見到像*Blue Arrow*公司一樣，公開反對公司購併*Manpower*的非執行董事會呢？
>
> 要改善管理面的判斷與績效，無法經由執行董事與非執行董事的分工來確保。若採取改變法律規定的作法，將會更無法確保。

非執行董事

1. **扮演的角色爲何？**

⊙ 能替董事會帶來獨立性與客觀性。經理人往往不敢在主管面前暢所欲言。

⊙ 他們能提供專業的知識與技能，如政府採購的知識。

⊙ 他們能組成特別的委員會，如賠償委員會。

2. **非執行董事的比例應該多少？**

⊙「更多」，高過目前William Morrison公司只有零位、M&S公司只有四位等情形。

3. **他們要具備哪些條件？**

⊙ 誠信非常重要，而且他們必須投入時間在公司上，例如每個月至少兩天。

4. **他們如何指派？**他們通常是由總裁任命，並在股東大會上決議通過。現今有越來越多的董事會建置提名委員會，提出非執行董事的名單，供總裁參考。這能夠避免總裁濫用私人，挑選其親友。不過，在初期沒有非執行董事的情況下，提名委員會並沒有多大幫助。

BTR公司的總裁歐文．格林爵士（Sir Owen Green）就指出，非執行董事對公司沒有多少認知與體驗，無法提供「有用」的資訊與作出實值的貢獻。根據大都會公司（Grand Metropolitan）的總裁艾倫．薛佛德（Allen Shephard）的說法，非執行董事不需要詳知公司的一切。他們的角色在於提出正確的問題，而非知道所有的答案。他們最有價值的貢獻在策略上一即審核主管們對未來的展望是否合理。Tesco公司的總裁揚·馬克勞林（Ian Mclaurin）就指出，非執行董事的一個重要角色在於，告訴公司的最高主管何時該下台。

權力的分離

對於那些自我管理的機構，如民營的有限公司等，在公司濫用權力方面有相當多的爭議。企業決策的波及後果，可能危害到多數群衆的利益，以及使市場機能與弊端的管制失效，導致公司法受到有必要加大範圍的壓力。英國在1992年的凱德拜瑞報告（Cadbury Report），就是公司應如何管理的輿論下產生的，它針對董事會的財務面向，並建議總裁與執行長的角色必須要分離，而且董事中，要有一定比例的外人。這份報告推動了實務法規的產生。該法規允許公司建立制度與擴增組織結構，以確保實務能依循自身的規定與程序。

英國最佳實務法規的內容節錄

1.董事會

- ⊙ 經常舉行會議
- ⊙ 明確的職責劃分
- ⊙ 應有非執行董事
- ⊙ 要有決議程序

2.非執行董事

- ⊙ 提供董事會獨立的評斷
- ⊙ 應獨立於企業的經營之外
- ⊙ 固定任期
- ⊙ 有正式的遴選程序

3.執行董事

- ⊙ 合約不超過三年

- 完全揭露薪酬
- 薪酬則根據薪酬委員會的決議

該法規於 1993 年的 7 月 1 日生效。法規執行情況的最新報告指出，大公司遵循法規的速度比小公司快。大公司更快地將總裁與執行長的角色分開，同時董事會中有更多的獨立董事。

凱德拜瑞報告與美國的其他草案顯示，人們對於規範公司是否必要的爭議仍然存在。執行董事的報酬尤其受到最猛烈的砰擊，特別是董事的報酬是否應與企業的績效連動。

這對於制定策略性決策的涵義是，公司必須強力關切其管理公司的政策與程序，以及策略制定的過程是否符合法規與內部規定必須更爲公開。

責任與職責的性質

依英國的法律，企業的最高管理者須同時單獨並與數位主管一起爲公司的生存與成功負責，即追求令人滿意的績效。最高管理者要對整個公司負責，儘管其他經理人分擔著這項責任。企業的最高主管對公司（法人）負責，也代表公司擔負股東對公司的託付。

嚴格來說，公司的股東既不擁有公司，公司也不是他們的資產；他們所擁有的是股份，也因而擁有某些權力。同樣的，最高主管並非用來服侍股東，他們對公司負責。董事會的權力來自股東對其權力的信任，並藉由保護股東的權益來回報股東。

若股東的意見與董事會的決策不一致，股東也無法改變決策。不過他們可以在下一次的股東大會上，罷黜最高主管。舉例來說，若最高主管一旦決定了股利發放的金額，股東沒有辦法增加。

公司法對最高主管所要負責的程度已有規定。在 1986 年，英國的破產法延伸了主管須負的責任，公司的最高主管要對錯誤的行動負責。所謂錯誤的行動是更甚於詐欺的行爲，最高主管會因此受到起訴。這使得最高主管會在合約中訂立當他們辭職時合法的賠償赦免條款，以及投保可能發生的損失。

若董事會作出決策，而最高主管不認同（尤其是涉及非法行爲時），最高主管仍無法用反對投票或立刻聲明反對立場的作法來逃避最終的責任。若最高主管無法阻止上述決策，也不同意，唯一能做的就是辭職。

英國公司法的立法團體表示，公司不能因爲最高主管的業務喪失、或是即將退休等，在沒有向股東揭露、並獲得同意下，就給予沒有特定名目的賠償或報酬，如此做將是非法的。然而這並不適用於任何因違反合約而獲得的補償金，或用來感謝主管過去服務的報酬。

董事會對很多不同的議題，如財務管理及其陳報、衛生與安全、產品品質與可靠度、污染排放標準等，負有法律上的責任。這類責任的範圍案件，不斷發生在英國的法庭上，而且審判結果也不盡相同。

董事獲取不法的酬謝回報、以及逃避管理股東資金的責任等，已成爲廣泛研究的議題。在一份關於高階主管的研究報告中指出，只有25%的公司之董事對公司的策略性成就有所貢獻。然而，不論策略由誰制定或如何形成，若結果不善，董事會還是要承擔此一責任。

2.2 策略規劃模式

在第一章，我們指出組織所處的環境鮮少變化緩慢，不太可能目前所生產、銷售的產品可以提供公司未來長期的成功，而讓公司不需思考未來。因此，某種評估程序是必需的，以及任何規模的公司都需要發展策略觀。這需要經由正式的規劃制度來達成，特別若公司很大、有很多的產品與市場要評估、或市場的變化非常快速時。前瞻性的策略可由某個人的經驗與技能來擬訂，不過證據指出這樣的決策方式不利於長期的成功。事實上，企業失敗的重要因素之一就是「一人樂團」（the one man band，見第十五章）。

在短期，基於某個人的直覺與知識之決策往往很投機，而這樣的成功也很難維持長久；若企業幾乎不注意管理的發展與承續，縱使短期能成功，這些個人的退休、離職或死亡，將造成公司很大的脫節。

本書的模式是理性的分析模式，是商學院廣泛使用的教材，也是公司中稱爲「策略規劃」部門用以發展策略模式。大部份的使用者都會做些修正，但很少會脫離下列解決問題的基本模式：

- ⊙ 發現問題
- ⊙ 探討問題
- ⊙ 決定該做些什麼
- ⊙ 執行決策
- ⊙ 結果的回饋與檢視

圖 2.2 顯示策略性決策的程序。

此一簡化模式指出了上述程序的主要特色，同時也說明了本書的架構。本書第二篇到第六篇的每一章開頭，都以此圖爲始，並指出該章探討的是此模型的哪一部份，這是希望能協助讀者融會貫通。因此，在第二篇的「外部分析」，我們著重於提供一些方法，來協助企業分析其所經營的環境。此等分析能讓公司了解自己面臨的機會（O）與威脅（T）。第三篇提供了評估企業資源與能力以及優勢（S）與劣勢（W）的架構。我們稱以上爲內部與外部的 SWOT 分析（由上面四個字的縮寫組成）。

策略制定過程的下一步是，確認有哪些可行的策略方案，此爲第四篇的重心。一旦評估了這些可行方案之後，接下來便要在這些可行方案當中，挑出最適者。第五篇是「策略選擇」，第六篇是「執行策略」，主要討論執行策略時的任務。

不論策略的思考是否僅由一個人完成，或經由一正式的程序完成，以上都是整個過程中必要的步驟。

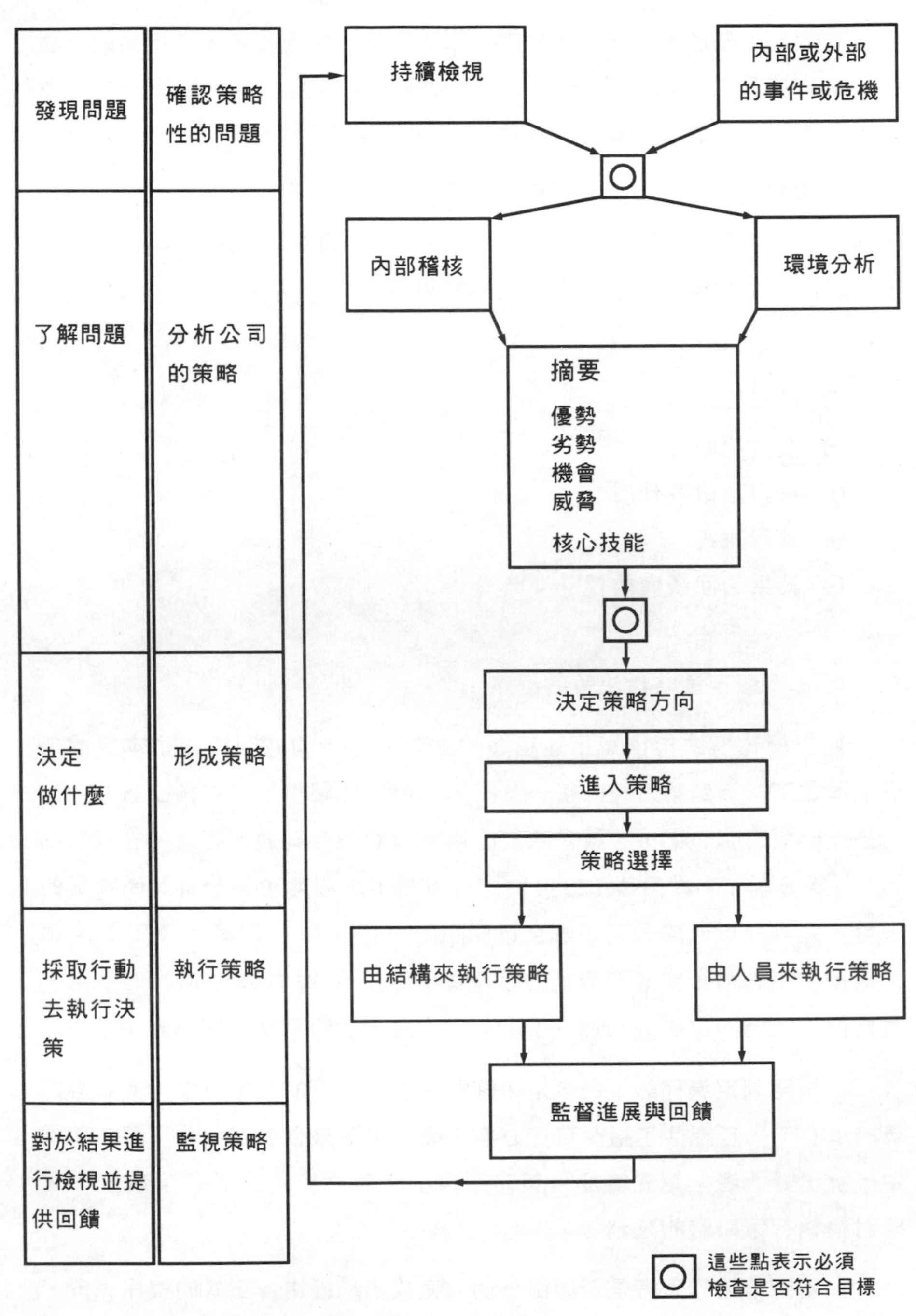

圖 2.2 策略性決策的制定程序

2.3 企業規劃

策略制定的過程中所遵循的方法，將在本書後續的章節中說明。現在，我們可以探討一下以下兩件事：企業各種層次的規劃之間的關係；以及規劃週期與企業組織的關係。

霍佛與斯勘道爾（Hofer and Schendel）對組織的策略，曾區別三種主要的層次[1]：企業層次（Corporate）、事業部層次（Business）、與功能層次（Functional）（見圖 2.3）。企業層次的策略是最高層次的策略決策，相對於其他層次的策略，多發生在多分部組織或多事業部的公司內。這些決策包含：高階的財務政策、收購與撤資、多角化、及組織結構。

至於事業部層次的決策者，更關心的是產業/產品與市場等議題，以及如何使公司個別的功能單位以最有效率的方式整合在一起。新產品開發與市場區隔，爲此等決策的要角，涵蓋的範圍橫跨生產、研發、人事、及財務等等。

功能性策略正如其名稱所指，涉及單一功能如何營運及其中的活動。此種層次的決策在組織中往往被視爲「戰術」，但是這樣的策略仍要遵循及受限於整體策略的某些考量。例如，產品多角化策略需在事業部整體策略的架構下思考，縱使產品的決策實際上由行銷專家做成，畢竟此等投資有待核准（財務上），並且必須確保所需的生產設備（製造上）及人力資源能準備好或即將就緒。

董事會做出的決策之涵義，必須加以宣導並貫徹執行到企業各個階層，這一點很重要。在作業的層次上，當政策決定出目標之後，就必須採取相對應的行動。此時若缺乏整合完善的計畫，將給公司帶來嚴重的後果。

在討論策略層次的基本概念之後，我們將能了解應針對上述三類管理職責分別訂出目標與政策。正式的目標，提供了評估組織績效的基準，並

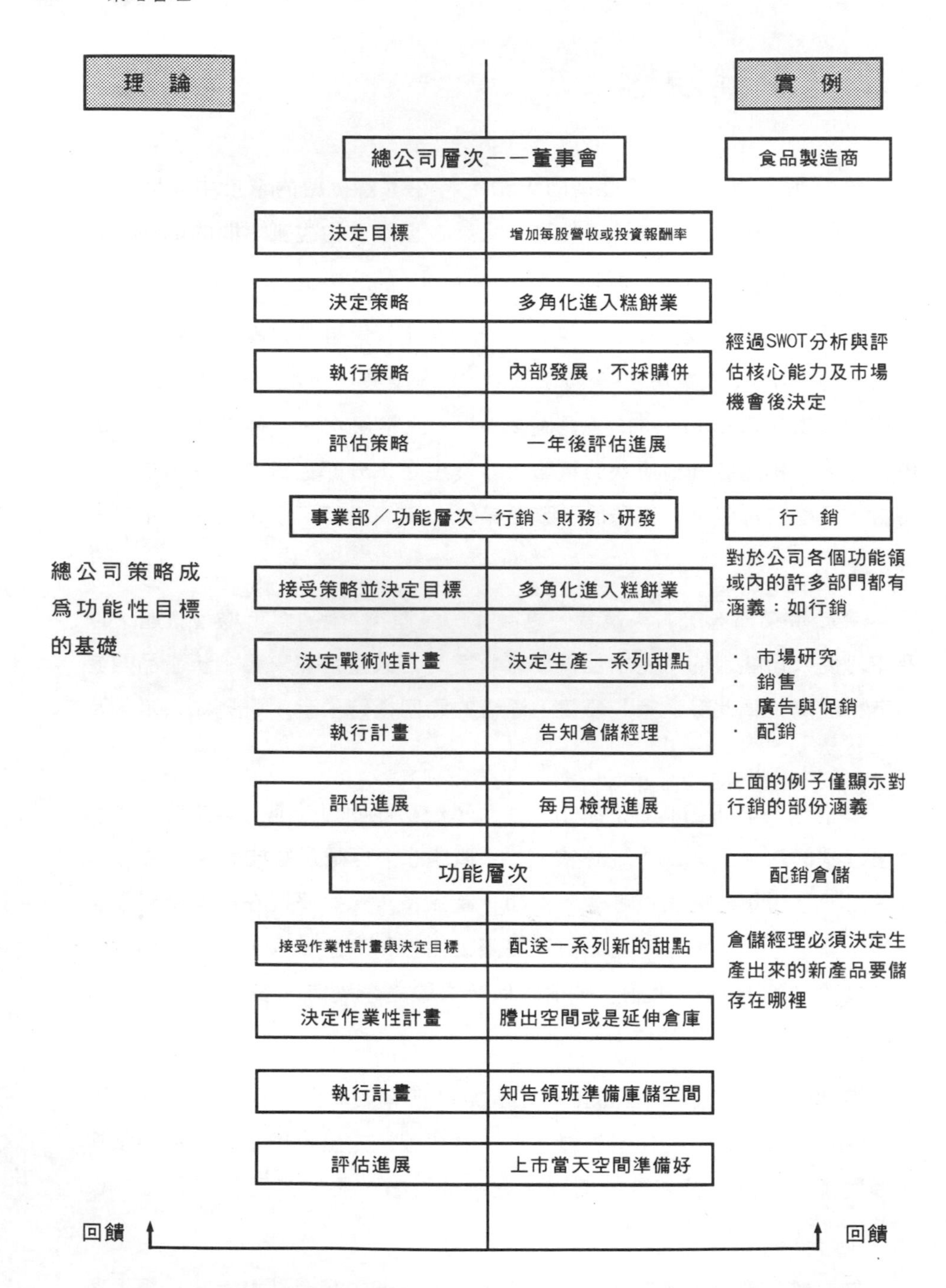

圖 2.3 不同層次的策略所隱含的意義

且在必要時應加以調整，來因應環境的改變。同樣的，此等評估程序能以更正式的方式分配資源，進而進行監視與控制、及檢視規劃的效能。

雖然本書並非專注於企業規劃程序的各種細節，不過我們仍會大略提到一些相關議題。一個重要的問題便是規劃週期應確定在何時該啓動哪些程序及取得哪些資訊，使決策可以在規劃週期開始時便能做出。負責規劃的單位也很重要：要包含哪些人，進行到何種程度，以及應協調哪些參與者的活動？至於需要多少資訊，哪些人帶來資訊，則是另外的關鍵議題。更新策略計畫的規律性也很重要。

最重要的一點，我們在此強調，規劃必須是**主管與下屬、總部與事業分部間的對話**。「由下而上」或「由上而下」的規劃方式，容易導致過程無效率。**以務實、不過度樂觀或悲觀的計畫進行對話，是規劃能夠成功唯一的途徑**。

附註

1 Charles W. Hofer and Dan Schendel, *Stategy Formulation: Analytical Concepts* (West Publishing Co. St Paul, Minnesota, 1978).

第三章　價值觀、文化、及權力

前言→價值觀與文化→文化與策略的形成→策略績效與文化→文化與組織→權力→管理上的結論與檢視清單

3.1　前言

一般人在一開始接觸策略管理時會有個錯誤的概念，認爲策略規劃制度本身就能確保我們可以找出正確的問題，進行正確的分析，以及發展出適合的策略。事實上，這個觀念忽略了基本事實，即系統本身不從事任何以上這些任務—它們是由人們執行的。因此事實上，組織係透過人們—無論是個人獨自或群策群力—對變動的環境做出策略性的回應。如果將策略方程式中人的面向視爲一複雜的因素，我們將有進一步的認識；事實上這正是眞實世界的情況。因此，本章的目的在於初步探討策略制定過程中，個人或團體之行爲面的重要變數。

3.2　價值觀與文化

許多讀者可能很熟悉工作場合的一些說法，例如「我們在這裡做事的方法」、「這不是我們想進入的行業」、「在這裡我們與衆不同」等等。這些說法通常表達了組織的價值觀與文化，也是決定組織如何運作的重要關鍵。除此之外，以宏觀的角度來看，人們一直討論著國家文化、以及它對於產業榮枯的影響。

文化是管理風格一個重要的決定因素，它會影響人員招募、資源分配與管理、以及組織設計一事實上會影響組織所有的層面。圖3.1爲麥肯錫（McKinsey）的7個S架構，顯示了文化與組織之間的關係。

共享的價值觀（shared values）是一組價值觀與期望，支撐著組織的目標宣言，因此是組織中最基本、最根深柢固的元素。無論是否正式宣達，共享的價值觀在組織中無所不在，通常會驅動著架構中其他的6個S。

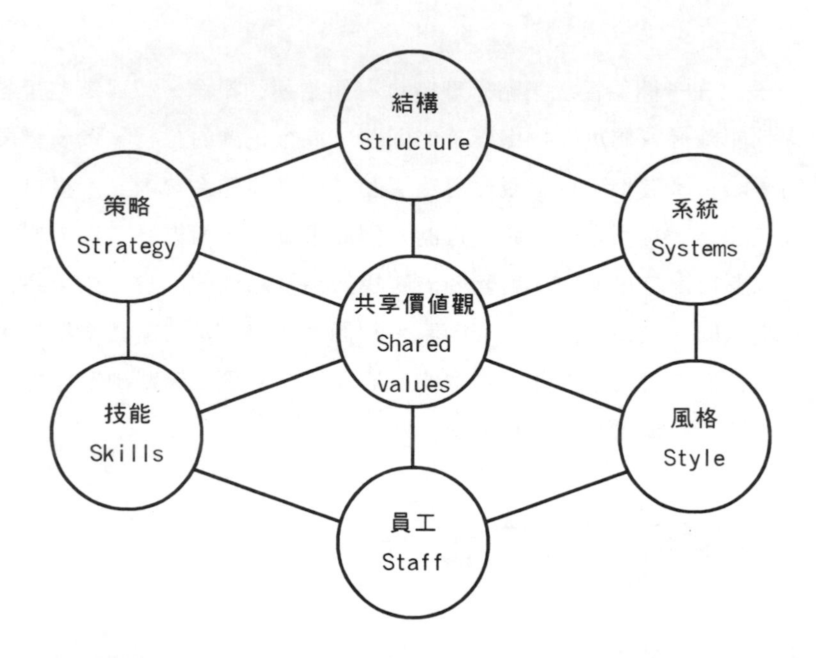

圖3.1 麥肯錫公司的7-S架構

3.3 文化與策略的形成

一些學者已指出文化的類型，以及它們對策略性決策的影響。明茲柏格（Mintzberg）等其他學者指出開創型、適應型、以及規劃型三種組織[1]。開創型組織的特徵是成長、尋找新機會、執行長握有權力。這類組織通常面臨劇烈的變動。

沒有訂出明確目標的組織，往往採行適應性策略。此類策略通常是高階主管們持有互相衝突的目標下之產物。主管們以此方式來回應環境的變動，決策通常是漸進的，反映著組織內的權力衝突，使得策略性決策支離破碎。規劃型組織的特徵是，對於預期的決策會加以協調整合，導致對未來的情況會有許多研判看法，並各自搭配不同的策略。這種作法對於分析的架構與分析人員的編制很有價值。

組織所處的環境與組織的策略文化之間，有清楚的關係。還在成長的環境，對開創型組織可能較有利。變動的環境適合適應型組織，而穩定的環境則有利於規劃型組織。不過，我們應該更注意的是擁有多元化產品、多元化市場的組織，因為它們面臨不同的環境，所以這一類組織會有許多結構型態。

其他學者則以組織長期的文化與策略回應所衍生的行為面來分類。例如麥爾與史諾（Mile and Snow）就分出以下四類組織[2]：

1　防衛型：傾向保守、採用已試行多次的作法、低風險；
2　探勘型：未成熟、風險較高、尋求市場機會；
3　分析型：強力監督策略的執行、正式的組織結構；
4　回應型：環境不容易適應、危機管理。

依以上的分類來看，我們可知不同的組織在遇到類似的問題時，會有不同的回應方式。舉例來說，當面臨營收下降時，防衛型組織會尋求降低成本，以維護毛利，企圖「亡羊補牢」；探勘型組織會尋找新的市場與機會；分析型組織會在進行改變之前，花時間找出原因，以便完全掌握變動；回應型組織會在營收下降開始造成傷害後，才會有所反應。

根據格林耶爾與史班德（Grinyer and Spender）的研究指出，許多組織在策略性決策中，會透過創造「秘訣」(recipes)[3]來顯示文化。這些秘訣往往是對於何者行得通所持堅定的信念。這些方法回應變動的環境，在過去已證實運作成效良好，因此深埋在組織中。它們通常不被人們懷疑，因爲這樣常會打擊到組織的終極目標，而這些目標彰顯著高階主管的價值觀，他們是透過這些「秘訣」而獲得他們現有的地位。如同組織的許多文化面向，它們創造了一個知覺架構，強調高階主管對環境與組織的

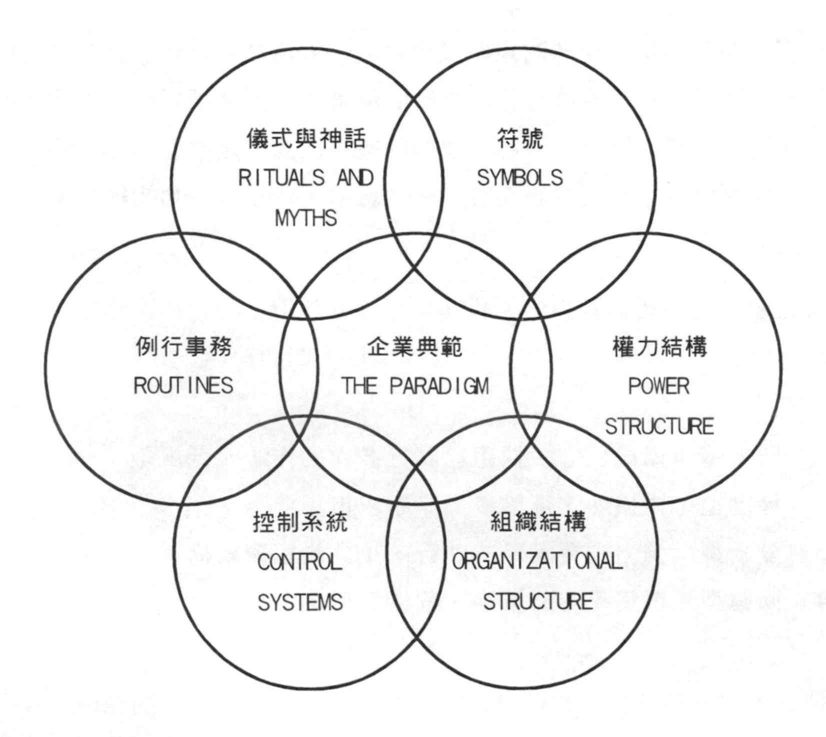

圖 3.2 組織的文化網

觀點，並成爲策略性行動的限制。強森[4]（Johnson）更進一步發展出「文化網」（cultural web）的觀念來界定他所稱的「支配典範」（dominant paradigm，見圖3.2）。即組織任何的策略回應，都是此一典範的產物。此一典範是經理人對這個世界形成觀點的知覺過濾器。當面臨不滿意的表現時，經理人們寧願先修正目標，再來是修正策略，典範是最後才被懷疑的元素。當高階主管階層有劇烈的變動，例如成功的接管、防衛不友善的收購、新任CEO到職、或是循環性的績效不振等大事發生時，才會造成此一典範的轉移。

3.4　策略績效與文化

既已明瞭文化與策略之關係的性質，有幾位學者試圖發掘出組織績效與文化間的關係。迪爾與甘迺迪（Deal and Kennedy）研究美國的企業，發現成功的公司（長期績效在平均以上），是那些相信有某些事物須貫徹整個組織內部的公司[5]。他們進一步指出，除了固有的信念之外，員工會因遵循這些信念而受到獎勵。基本上，探討文化與公司是否成功的幾個主要理論多半強調，關鍵成功因素與價值觀有密切的關連。這些價值觀充分貫徹到組織中，制度化爲組織的儀式。它們通常由那些建立文化、具遠見的經理人們灌輸到組織中。強勢的文化有助於訂出解決問題的優先順序，也給予員工一個架構，讓他們明白公司對他們有什麼期望。

另有其他釐清文化與績效間關係的卓見，例如彼得斯與華得曼（Peters and Waterman）在《追求卓越》（In Search of Excellence）[6]一書中就有提到。儘管本書遭受一些學術批評，而且書中作爲例子的卓越公司，也不再符合卓越的條件，不過此書、以及作者們後續的研究，仍提供了一些有趣的註解，來說明企業成功與文化之間的關連性。彼得斯與華得曼提出卓越的組織有八大特質如下：

- 偏好行動；
- 親近客戶；
- 自動自發與企業家精神；
- 經由員工來提高生產力；
- 受到價值觀的驅策；
- 強調團結；
- 人員的精簡結構；
- 同時有寬鬆與緊縮的特性。

彼得斯與華得曼的研究，成為此一領域中其他書籍的催化劑，例如哥德史密斯與克拉德別克[7]（Goldsmith and Clutterbuck）的《成功的紋路》（The Winning Streak），不過在引用這些研究結果來做為追求成功的秘訣時，我們必須謹慎。如果經營企業果真如此簡單，每個人都能經營。這些研究首先引發了什麼才是成功的文化之議題，其次是成功的文化是否能被移植，以改進企業的績效。不過這些觀點只談到了有限的要素，包括文化難以定義、組織對新文化的接受度、以及進行文化改變所要歷經的時間長短。如果公司遭遇重大事件，例如營業損失、或是惡性的收購接管，文化要改變可能容易很多。上述這些是短期、劇烈的改變。不過無可避免地，文化一定會漸進改變，而且確實會發生，這通常要花很長的時間，因為任何組織都有歷史的牽絆；人們首先將認知到目前有哪些事物不合時宜，文化改變由此而起，接下來人們進而會去界定替代事物是什麼。

3.5 文化與組織

組織效能是策略規劃的基本概念。組織設計的面向將在第二十章中說明；此時適合說明文化與組織間的關係。

漢地（Handy）的研究提出架構來解釋此一關係，他定義出組織有 4

類文化：權力、角色、任務、與人員[8]。

1. 權力：此類組織通常有強有力的中央權，規定不多。傳統上此類企業處於開創期，有高風險，由強勢的個人經營。
2. 角色：較沒有個人色彩，較官僚，各種角色、系統、以及做事的程序均定義清楚，較厭惡風險。
3. 任務：問題解決導向，十分倚賴專家與團隊，個人較不重要，通常爲矩陣型組織。
4. 人員：以滿足成員的需求爲宗旨，在一些專業型組織特別常見，例如律師事務所。先前三類文化中，也多少包含這第四種文化的影子。在此文化下要管理人員通常很困難，因爲個人權力或專家權力派不上用場。

由以上可知，漢地的分類與組織內的權力十分相關，也突顯了組織的結構、團隊合作的效果、及企業家的人格。

3.6 權力

權力一詞本質上指人們參與某事務的涉入能力，因此對於執行策略變革十分重要。權力同時具有內在與外在的含意。外在權力將在往後幾章中討論；本章將只限於內在的面向。

任何討論到組織內的權力，都必須考慮職權與控制等更深層的概念。權力有其背景因素、或牽涉到人際關係。舉例來說，職權是組織內，某個角色或職位所擁有的最終權力；它通常來自上級的授權，因此一位經理人所擁有的職權之多寡，要視執行長願意授予多少職權給他。很清楚地，組織內權力與職權能合一有不少好處，許多系統的設計，例如獎勵系統，與此大有關連，不過有時權力與職權也會分家，尤其當非正式權力出現時。在過去的歷史中，非正式的權力會因專業技術或分工、內部的政治角力或其他原因而出現。如果權力團體成為優勢團體，他們可以影響、甚至阻礙必要的策略性變革。要檢視權力對決策的影響範圍有多大，有效的方法是重新檢視重大決策的制定過程。許多組織都一直面臨一個問題一有權力的人控制了其他人能獲得權力的系統，以及人們之所以能爬到上位，是因為他們遵守優勢權力團體認定的價值觀，這因而使其他更好的意見、方法，不得其門而入。

3.7 管理上的結論與檢視清單

本章試圖介紹策略制定過程中重要的行為構面。在此我們須強調，組織「本身」並不會去回應環境的改變，而是組織中的「人們」。因此文化、價值觀、權力、與職權，對於策略的形成及成效，有很大的影響力。對顧問或分析師而言，要找出組織的價值觀並不容易；他們必須提出一些問題，分析其答案，還要觀察員工的行為，才可得出看法。不過對扮演高階主管這個角色的人來說，更重要的是他們要了解文化與價值觀的確會改變，也必須改變，所以主管們必須善加管理文化與價值觀，這意味著在訂定策略時，要能充分了解文化與價值觀。

價值觀與文化

1. 資深主管們做了哪些關於「文化」的陳述？
2. 文化如何影響重大決策的訂定？
3. 你會將貴公司歸為防禦型或探勘型？
4. 貴公司對風險抱持的態度為何？為什麼？
5. 你會將貴公司歸類為開創型、適應型、或規劃型一為什麼？

6. 你認爲貴公司的主流價值觀爲何—它們從何而來？
7. 有關彼得斯與華德曼提及的卓越特質，有沒有證據支持？
8. 你如何依查爾斯·漢地的分類法，來確認貴組織的文化？
9. 貴公司有強勢的策略秘訣嗎？

權力

1. 在貴組織中誰擁有權力？
2. 權力來自何種基礎？
3. 回顧貴組織的決策，是由誰做成的？
4. 中級經理人對高階經理人的態度爲何？
5. 如果你對貴公司及其策略有不同的看法，你認爲要讓別人傾聽你有多容易？

附註

1 H. Mintzberg, 'Strategy Making in Three Modes *California Management Review* 16, no. 2 (1973), pp. 44-53.

2 R. E. Miles and C. C. Snow, *Organization Strategy, Structure and Process* (McGraw-Hill, New York, 1978).

3 P. H. Grinyer and J-C. Spender, 18ecipes, Crises and Adaptation in Mature Business *International Studies of Management and Organization*, 19, no. 3 (1979) p. 113.

4 G. Johnson, 18ethinking Incremantalism *Strategic Management Journal* (Jan-Feb 1988).

5 T. Deal and A. Kennedy, *Corporate Cultures, the Rites and Rituals of Corporate Life* (Addison Wesley, London, 1982).

6 T. J. Peters and R. H. Waterman Jr, *In Search of Excellence*: Lessons from America旧 Best Run Companies (Harper & Row, New York, 1982).

7 W. Goldsmith and D. Clutterbuck, *The Winning Streak* (Weidenfeld and Nicolson, London, 1984).

8 C. Handy, *Understanding Organizations* (Penguin, Harmondsworth, 1976).

第四章 使命與目標

前言→使命→使命宣言的範例→目標→資源→目標與策略→目標的特質→非營利組織→管理上的結論與檢視清單

4.1 前言

有句古老的諺語這麼說：「如果你不知道你將往何處去，你不可能會迷路。」這句話會令某些經理人感到寬慰，不過經由前面幾章的討論，我們了解策略規劃是針對未來，做出有意識的決策之程序，其中涉及有意圖的策略。人們或許沒有目標也能思考未來，不過有意義的策略必須有其目的（目標），以及為了達此目的，所擬定的手段（策略）。

目前已有許多文獻討論目標的本質，例如長期與短期目標、財務與非財務目標、策略與目標有何不同，以及如何訂定、由誰訂定等等。

將目標加以分類或許有些幫助—有些目標著重宏觀的意圖，而有些則著重可數量化、可衡量的標的，並且兩者都有長期、短期之分。宏觀性的目標在於詢問組織的角色為何，將往哪裡去，而數量化的目標則訂出有利於評估的特定目標，並做為控制的機制，以監視組織朝宏觀性目標前進做得有多好。

4.2　使命

使命是弘遠的目標，通常包含長期策略與期望的結果等元素。使命由高階主管撰寫，通常會反映著組織基本的價值觀與哲學觀。

實務上，各公司宣達使命所採行的方法各自不同；有些公司積極出版小册子，發給社會大衆，有些則只限在公司內流通，向所有的員工傳達，而有些則只針對高階管理團隊。在有各種策略事業分部的大型公司內，每個子公司可能有不同的使命宣言。研擬與宣達使命宣言的基本邏輯是，它們不但能傳達願景與激勵員工，而且說明了組織的主流價值觀，即公司爲何存在，組織欲進入何種產業，以及後續會採取哪些行動。

使命宣言通常被批評太過模糊，以至於對任何組織都適用；它們也被批評爲「慈母」（Motherhood）宣言，因爲詮釋者會說「你也會這麼認爲，不是嗎？」如果使命宣言說得太特定，可能又得不到經理人更深一層的認同。當組織成功的作爲能反映與宣揚使命宣言時，使命宣言似乎最爲有效。

4.3　使命宣言的範例

Allied Domecq 公司

我們在選定的飲料、食品、及餐飲等全球性市場區隔中，將群策群力，期使股東的投資報酬日益成長。我們樂於提供最佳品質，這可透過品牌的知名度及客戶對我們產品之價值的認定來衡量。

BBC 公司

BBC的目標在於服務大衆。我們的義務包括，不只要做出高品質、優秀的節目，同時也要使授權本公司的機構獲得金錢上的利潤，以及完全爲我們的績效負起責任。

4.4　目標

有關目標的爭論，有各種不同的觀點。經濟理論說公司追求「利潤最大化」。此一論點提供有用的起始點，不過也遭受其他論點的批評，例如包莫爾（Baumol）等人，即提議公司的目標應重新定義，改為「銷售額最大化」，另有其他人建議採用成長模式。此處不擬延伸與探討各種不同的說法，而著重於目標從何而來，意圖為何，以及本質為何？

4.5　資源

在設立目標時，所有組織都要考量環境的要求面。環境的要求很複雜，也會造成組織設立衝突性的目標。探討利害關係人（stakeholder）的要求所造成的壓力，便足以了解環境對組織的要求。

組織的利害關係人	**需求與興趣**
股東或業主	收入、資本增值
供應商	公司能持續興盛與下單
顧客	在合理價格下提供優良品質的產品
員工	薪資、福利、飯碗
政府	稅收、對 GNP 貢獻度
社會	環境議題、消費者保護、污染

以上顯示了公司一些重要的利害關係人，以及他們對公司的期望。另外我們也應關心高階主管的價值觀、以及他們的期望，因為他們個人的

「好處」也會影響目標的設定，並記住，這些經理人可能是股東。

除此之外，不同利害關係人的期望，將對公司造成不同的拉力。解決這些衝突的方法之一是各個擊破，但即使不危險，也難以執行。將目標排序成某種層級形式或許較有幫助，特別是從按照制定策略性決策的角度來排，不過對大多數的組織而言，最重要的目標仍是獲利力。如果公司無法獲利，所有利害關係人的期望都無法達成。另外，非營利組織的目標很清楚不是獲利力，我們將分開討論如下。

因為處於資訊受限的真實世界中，經濟學家對於公司追求獲利最大化的初始觀點應予修正。人們總是追求行為最佳化的說法值得懷疑，因為人們往往已能滿足於足堪令人滿意的績效。除此之外，組織是否能有不同於高階主管的目標，此點也一直有諸多爭議。

4.6 目標與策略

許多組織說它們的目標是「多少％的市場佔有率」、「高品質的產品」、「擁有快樂且薪資不錯的員工」等等。問題出在這些說法是目標或策略。顯而易見地，舉例來說，在一個對價格敏感的市場中，降低價格可讓公司增加佔有率，但是獲利也可能因此縮水。同樣地，另一種危險是，當公司以以功能性措施來提高市場佔有率的同時，很可能會做出一些對組織有害的事情。這類的說法本身意味著手段，而不是目的。當連同獲利性目標一起陳述時，它們是達成財務性目標的限制。

4.7 目標的特質

目標最大的目的，在於設立標的或標竿，讓績效得以衡量。因此為了有益於組織，目標應：

- 可以衡量；
- 可以達成；
- 實際；
- 清楚明示；
- 彼此間不衝突；
- 容易與別人溝通；
- 述明期間。

許多組織有目標階層，如下所示：

使命
↓
策略性目標—高階主管
↓
戰術性目標—中階經理人
↓
作業性目標—領班與低階經理人

目標之間要彼此契合，中階經理人在設立目標時，不能超出高階經理人所作決策之範圍。每個階層都有特定的目標，高階經理人的角色在於斟酌折衝各種目標，以取得各利害關係人的共識，而中階經理人的角色著重於執行策略，並訂出功能性目標。

4.8 非營利組織

非營利組織面臨的主要問題在於，明顯缺乏單一的目標（例如獲利力）以設立標竿。如同營利性公司，這些組織也有多項目標，不過這些目標之間通常難以妥協。因此這類組織的目標，通常屬於質性，而非數量性，而且互相衝突、複雜、以及難以衡量。除此之外，非營利組織的利害關係人可能對組織的目標有重大的影響力。

一般來說，非營利組織的績效難以衡量。何謂好的非營利組織迄今沒有定論。舉例來說，如何評估博物館、美術館、學校、或醫院運作良好？用利害關係人的滿意度來衡量似乎不錯，不過也難以執行，因爲哪些是利害關係人通常難以界定，遑論他們的需求可能相互衝突。依序詢問他們，或根據他們需求的強度，來排出優先順序，是較好的做法。通常會使用間接衡量法，例如參觀人數、病人數、或大考通過率，不過這些指標經常會受到外在因素的影響。

正確的做法也許是衡量你所能衡量的，但要確保是以利害關係人的角度與使用正確的衡量工具。這就需要組織能多了解利害關係人的需求爲何。營利性組織也無不同。英國的建築資金融資合作社（building society）就是合法的「互助會」，由存款者與貸款者擁有。當有合作社邁向企業化，原先的互助關係也會蛻變，擁有者成爲股東，比起過去所能期待的僅是利息，未來則是股利與資本增值。

4.9 管理上的結論與檢視清單

目標基本上是任何組織對其績效水準所做的描述。不過只要是營利性公司，一定會有財務性目標，市場藉此衡量公司的績效。由於公司的財務目標必須對外揭露，高階主管有責任「向投資大衆報告」，因此財務目標現在已成爲訂定策略時的主要考量。

組織設定目標的過程也是高階主管關注的焦點，因爲它會影響動機、士氣、以及經理人對標的之投入。此一過程須不斷反覆檢視，即考量公司當前的優勢及外在環境，進而討論目標，這些是隨後幾章的主題。

1. 組織是否有一組明示清楚的目標？

2. 這些目標可達成的程度為何？

3. 這些目標與過去的作法之契合性為何？

4. 這些目標是否吻合已宣達的策略？

5. 這些目標如何形容：長期、短期、財務性、或非財務性？

6. 這些目標是否指出組織在長程與短程的獲利表現應如何？

7. 這些目標與使命宣言，是有力的利害關係人之意見？

8. 這些使命與目標，與高階主管的權力或主流團體的相關性為何？

9. 使命宣言是否具有任何作業上的意義？

第二篇

外部分析

第五章　環境分析

前言→企業所面臨的環境→訂定策略→預測環境→管理上的結論與檢視清單

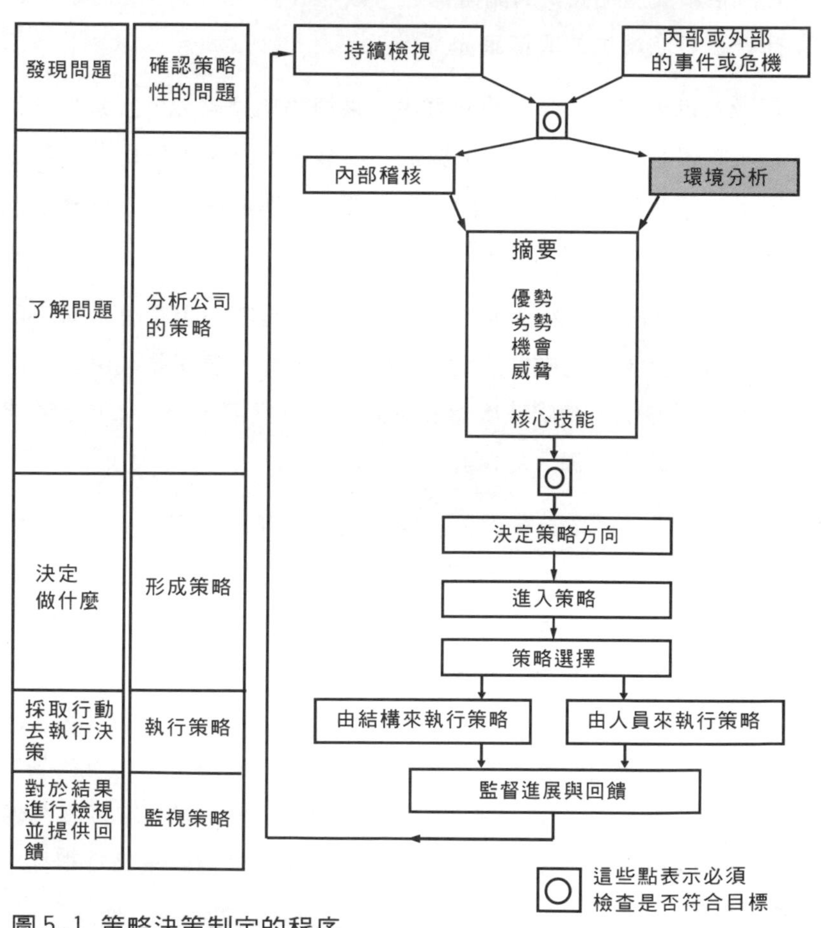

圖 5.1 策略決策制定的程序

5.1 前言

環境的變化是影響企業與其他組織之績效的重要因素，並且大部份超乎管理當局的控制能力。經理人稱他們必須管理的是「動盪的環境」，這一點也不令人意外。

對某些公司來說，其環境因素比其他公司須面對的更爲動盪，甚至對某些公司來說（例如煙草公司），環境的任何因素都具有威脅性；例如因健康意識抬頭使產品長期的銷量低迷，政府在課稅和廣告上的規定趨嚴，以及社會上日漸增加的異樣眼光等。

因此每個公司都必須有一套方法，來掃描周遭環境，觀察其變動，以找出公司有哪些機會與威脅。由於這些都發生在未來，因此可說是一種預測。不過，即使公司只觀察其環境中已產生的明顯趨勢並加以分析，這些資訊通常已足夠用於掃描環境。

圖5.2的架構可用來綜觀在某一時點上，有哪些因素會牽動公司的經營，以及這些因素目前有哪些變化（趨勢）、有什麼涵義。由於公司均處於某一產業環境中，產業環境對公司而言十分重要，圖5.2中產業結構的部份，於第七章有更深入的探討。

圖5.2與第一章的組織與外在環境的模式不同，圖5.2更強調這些環境之間彼此的不同，並指出不同的公司對這些環境的重要性之認知不同。一家公司對政治、經濟等大環境，可說無從掌控，不過對於向誰買原料、將產品賣給誰，卻有某程度的裁量權。同時任何公司也必須了解，這些能裁量的環境之本質與動態變化，又是其他已知、較大環境的函數。以規劃的角度來看，雖然公司無法直接影響這些已知的環境，但仍可透過策略性決策，改變公司對這些環境的敏感度；例如審慎選擇工廠要蓋在哪個國家、以及要採用何種技術。在做出決定後，新的環境將成爲規劃程序中的「已知」條件。

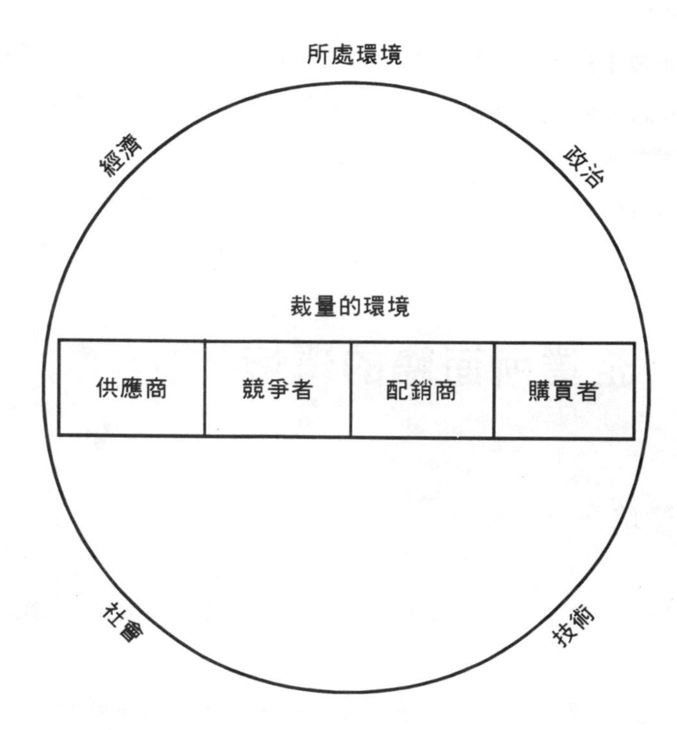

圖 5.2 企業與其環境

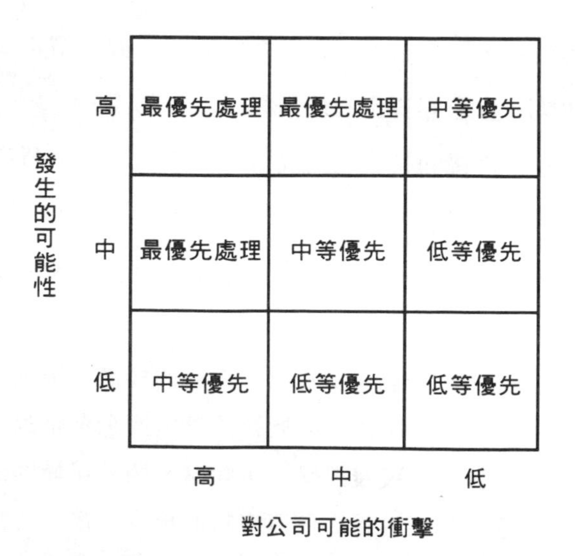

圖 5.3 議題優先次序矩陣

對組織來說，執行環境掃描的任務有兩項：首先要找出組織對哪些環境變數敏感，第二是收集資料，以便了解這些變數的變動趨勢。然而要完成第一項工作並沒有捷徑。本質上這是一種「學習」，即學習環境會如何影響公司目標的達成。本質上，這項工作是替環境變數排定優先順序，即按其發生的機率以及對組織的影響來排序。圖 5.3 顯示了上述概念。

5.2　企業所面臨的環境

經濟環境

經濟力量會影響組織所有的活動，主導各種蛻變。經濟環境會影響資源的價格—無論是實體資源或人力資源，另外也會影響需求面、企業主的認知與信心。明確來說，一個企業必須診斷它與關鍵經濟變數的關係，這些變數包括：

- 通貨膨脹率，以及它如何影響企業的成本與定價；
- 經濟政策—會影響資金的成本與匯率波動；
- 稅收，包含直接的營業稅與間接的員工所得稅與貨物稅；
- 景氣循環處於哪個階段，以及對企業績效的影響；
- 營運地主國的經濟狀況，會影響企業的投資意願與風險性。

雖然所有的企業都會受到全球經濟、政府的經濟政策之影響，不同的企業受影響的方式與程度各不同。因此經濟環境對企業來說，同時代表著機會與威脅。舉例來說，一段衰退期，可能讓某個公司轉而生產低價的產品，或甚至出走；通貨膨脹的壓力使原物料的成本升高，可能迫使公司尋求進口更低廉的原料，或是改善製程；消費大眾若有較高的可支配所得，對企業來說可能是全新的市場區隔機會。

我們必須了解經濟環境的本質與動態趨勢，以及它對公司有哪些影響，這是策略規劃程序中重要的一環。通常在規劃程序之初，公司要追蹤重要的經濟指標，例如國民生產毛額（GDP）、通貨膨脹率。對經理人而言重要的課題是：要用什麼指標、如何得到、以及這些資料是否可靠。政府、銀行、專業機構、報紙、或雜誌等都會提供經濟資訊，資料可說垂手可得。所有的公司都會受到總體經濟變數之變動的影響，不過隨著公司的學習經驗不同，敏感的程度也不同。公司要由何處取得這些會影響基本需求面的重要經濟指標？在此舉例如下：

大英國協總帳目（United Kingdom National Accounts）（CSO藍皮書）（年報）	全國總GDP
帳目（CSO藍皮書）（年報）	各部門的GDP 總民生消費支出、以及按貨品別之民生消費支出
英國商業雜誌（British Business Magazine）（週刊）	躉售價格、進出口數據、國際間的數據比較
家計花費調查(Family Expenditure Survey）（年報）	家計單位的收入與支出
就業公報（Employment Gazette）（月刊）	就業率、零售物價指數
重要人口統計數字（年報）	英國人口數與成長率 全國與地區性的資料
英國銀行每季公告（Bank of England Quarterly Bulletin)(每年的摘要）	匯率、國際間的比較、多種經濟變數的長期資料

以上這些出版品對公司很有用，尤其有助於公司預測未來。不過歷史資料的特性就是，它在事件發生很久後才會出版，爲了規劃所需，公司必須自行觀察未來的經濟走勢如何。某些公司的做法是，請人整理諸如庫藏

股制度、或倫敦管理學院對英國經濟發展的模型等相關的財經報導。另有些公司則設法自行發展模型，特別是函數模型，因爲建立模型也可說是公司的競爭優勢之一，它能使公司對那些會影響公司、產業的經濟環境，有更多、更進一步的認識。由於建立模型時必須顯示變數間的關係，就規劃的意圖來說，這個程序與得到的結果同樣有用。

社會環境

社會環境變動會影響人口數、人口結構、社會價值觀與期望等因素，雖然一般來說改變的速度較慢，但一定會持續進行。某些社會趨勢的改變很快速，例如時尚與流行，不過一般的趨勢都需要好幾年，例如女性能擁有高薪的職位。企業不只會受到其產品被接受的程度之影響，也會受到員工的工作態度、工作方式、以及生活型態之影響。原本看來各自互異的社會現象，可能會結合成一股勢力而影響到企業。例如一次購足店家之所以形成，除了因人們工作型態的改變，還有人們週末休閒行爲的改變，再加上大衆漸能接受公司採行密集的廣告。同樣地，人口年齡層結構的改變，爲嬰兒產品、銀髮族產品、及服務市場，創造出機會與威脅。社會環境的改變不限於只影響消費性產品或服務的廠商。一個倍受爭議的例子就是一是否該以核能發電做爲能源的來源。

技術環境

近年來某些產業的技術改變得如此快速，使產品與製程的生命週期均大幅縮短。以新技術爲根基的產業更是如此，例如電子工程、機器人科學、以及電腦業等。某些產業或許免受技術改變的牽動，不過對於與技術發展相關的產業來說，影響就很大。舉例來說，包裝業在材料技術上的升級，就對罐頭業產生深遠的影響。

技術的發展在潛力上，可能使公司的採購更大量、提高品質、以及以資本取代人工。一些產業因爲本身不斷蛻變，受技術的影響相當大，例如汽車業利用機器人來大量生產車輛。

政治環境

中央或地方政府也會影響企業的經營，這不只是透過諸如法律、政策、及其公權力等面向影響到企業每日的營運，也經由創造出機會與威脅，而在策略層面上影響到企業。明確地說，之所以會產生這些威脅與機會，是因爲政府：

- 能透過對獨佔與限制性交易實務的立法，而影響產業的結構；
- 有權推動地區發展方案與產業轉型計劃，因此是會計利益與交易利益的供應者；
- 經由推動國防合約、公共建設、教育、衛生等事業，是很大的客戶；
- 透過對競爭的立法，能保護國內產業免受海外公司的競爭；以及
- 能經由民營化或國營化而影響企業的處境。

所有的企業都會受到政治環境的影響，有些企業拜政府之賜，有幸成爲國防合約的承包商，或提供教育硬體設備、醫療設備等。依某個意義而言，這類公司倚賴政府政策而存在，但往往在每次政治大選之後，商場生態就會完全改觀。

要素市場

要素市場包含公司所需之進口原物料、勞工、以及資金，依公司所在地不同，這些要素也會不同。我們於第七章將進一步說明企業與供應商之間的關係。爲了進行環境分析，針對要素市場在此有兩個議題值得重視。

首先，要素的取得性是個重要的面向。原料取得若很困難，將迫使企業往後整合，將原料的供應市場內部化。若招募勞工不易，對企業來說是極大的問題：因此一些公司必須替新進員工設立教育課程。第二，要素的價格也很重要，通常與取得性有關。其價格的波動，會使公司的財務規劃更加困難，也會導致極想要替換原物料或供應商。一些企業對原料價格很敏感，例如那些要素料成本就佔總收益80%之多的企業。無論使用的要素爲何，其價格的波動總會對企業的競爭力造成深遠的影響。

產品市場

競爭環境是如此重要，因此於第六與第七章專章詳細討論。

5.3 訂定策略

管理的重要課題在於，必須確保企業與環境間的關係能使企業順利達成目標。企業會走下坡的一個重要原因是，企業與環境的搭配不良。因此在制定策略時，公司不只要了解環境的特質與動態性，還要特別注意企業所敏感的環境變數。這不是一項簡單的工作，因爲並沒有簡單的技術，可以幫助企業確立它與環境間的關係；這大部分要靠經驗或組織學習。不過由於成本的限制，很少有企業能全面監控環境，因此只能去掌控企業最敏感的環境變數。企業在制定策略時若與環境搭配不良，絕對是很大的風險，而且可能來自環境的任何部份，例如技術的沒落、社經環境的改變使市場區隔消失、法令的改變、原物料的短缺與競爭等等。因此，公司必須審愼評估環境未來的變動。

5.4 預測環境

以各種角度觀察目前的產業環境對企業固然有用，不過企業在制定策略時，也很容易因此忽略了未來會變動的特性，因此在制定策略時，更重要的是能夠遠眺未來。如何預測、以及用何種技術來預測未來的環境，依公司的本質而不同。只在單一市場區隔、只銷售單一產品的公司，比起在多元市場上、銷售多元產品的多角化公司，在分析時一定比較簡易。除此之外，較大型的公司，有較多的資源可投注於預測未來，使用的技術也較複雜。一般來說，多數公司均採用非正式的方法來預測環境，通常是透過口頭討論。例如與環境中的關鍵人物及產業分析師討論、或閱讀管理出版品。這些方法相當簡單，成本也低，不過缺點是無法界定出環境的動態性與公司的成敗之間的關係。如果公司希望以較科學的方法來分析上述關係，目前也有不同複雜程度的分析技術。最簡易、也最常見的，是單一變數外插法。與許多預測技術相同，此法假設過去可用以預測未來。如果應用於產品生命週期，就是假設公司目前的行爲，會影響其未來的走向。

公司若能找出關鍵的環境變數，就更有用了。如果公司的銷售額與某一環境變數非常相關，例如個人可支配所得，那麼在預測銷售額時，直接採用直線迴歸分析即可。不過對許多公司而言，單一的環境變數並不夠，最好能採用多元迴歸技術。若要更複雜、更進一步的技術，像是因素分析、投入-產出模型等也許會用到。如先前所述，這些技術多半假設過去可預測未來；而一般情況似乎也是如此，不過當此假設改變時，以上的方法就不再適用，制定出來的策略也會失誤。學者一直不斷開發不需要高度倚賴過去資料的預測方法。在本質上，這些方法雖很主觀，不過功能性強，尤其當企業缺乏過去的資料來預測未來時。這些方法包含專家意見法，又分成高結構性（例如疊慧法，delphi techniques）與低結構性（例如情境分析）。疊慧法尤其適用於預測技術，此方法是取得某一領域中的專家們，對未來的技術改變之共識。

情境分析方法不需要使用模擬模型，適用於回答「如果…則…」(what if) 等問題。公司先採用專家意見假設出不同的未來環境，進而擬出策略來回應這些假設的環境變動，並探討執行策略後可能對公司有哪些影響。情境分析在預測非常長期的環境時十分有用，尤其適用於技術領域。

基本上有兩種建構情境的方法。其一是假設組織無法影響未來的環境改變(無條件成立)，另一是假定公司已將未來的環境變化考慮在其策略中(有條件成立)。因此假如公司是在正視其產品-市場策略等主要面向的改變下，來假設出各種情境，這就相當接近於公司透過自己的決策來創造出自己的環境。在實務上，公司常依不同的假設，發展出不同的情境，以涵蓋各種環境的變動。例如大型的原油公司，會發展出政治風險的情境、環保風險的情境、全球經濟/能源風險的情境等，它們提供公司各種會影響當前決策的未來，特別是在以情境因素的產生做爲規劃程序之一部份的地方。

在策略性環境預測的領域中時常遇到的一個問題是，公司應該要預測多長。這大部分要視公司需多少時間來回應環境的變動而定，這接著又會受到公司採用的生產技術之影響。例如要使一間鋼鐵工廠達到設計產能，所花的時間會比產生一套新軟體要來得長。如果公司希望以策略來回應未來的環境變動，那麼在策略的決策上必須考量這段時間。此一概念可以用圖 5.4 的缺口分析技術來表示。

F1線是理想的策略參數，如市場佔有率，而F2線表示若策略不予更動，將會是何種情況。如圖所示，因此到了第2年，缺口就開始出現。主要問題是，何時要做成決定才足以塡補缺口。像之前提到的整合性鋼鐵工廠，2年可說是很短的期間，因爲在2年內不太可能讓一個工廠從新蓋，就衝到最大產能。因此在預測未來時，公司就需要考慮到工廠的設計、建造、與發包時間，否則就要考慮採行其他可行的策略，像是直接購併其他工廠，或乾脆將製造產品的功能外包。

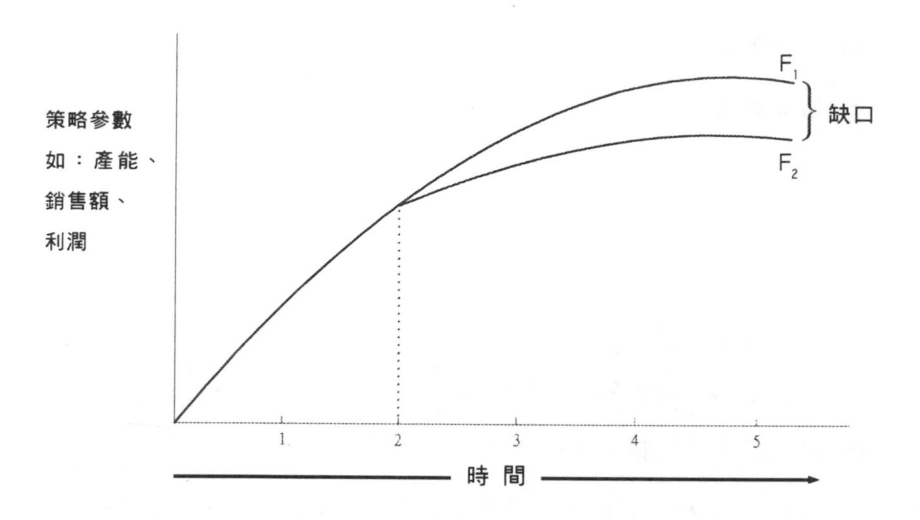

圖 5.4 缺口分析

公司爲了訂定策略而對環境進行預測時，或許不需如其他預測模式般那麼要求精確度，尤其若時間軸很長；不過也不像短期預測，此等預測的結果可能使公司投入大量的資源，以做爲策略的一部份。因此風險與正確性無法兼得，公司只能持續監測環境，藉著策略制定的過程中所獲得的經驗，來增加預測的正確性。

5.5 管理上的結論與檢視清單

以下提供的大綱範例，可提供企業在掃描各種環境時，所需注意的議題。

經濟環境

以下這些經濟變數的變動，可能會對公司的營運產生哪些影響？

- 經濟成長率；
- 失業率；

⦿ 物價水準與物價變動；

⦿ 國際收支。

以下這些政策與議題，可能對公司產生哪些影響？

⦿ 貨幣政策；

⦿ 財金政策；

⦿ 顧及國庫收支平衡特殊的管制，例如關稅、配額、匯率變動等；

⦿ 對於價格／收入的特定法規；

⦿ 減少失業率的措施。

除此之外，如果營運與擴張將在公司未曾有經驗的新國家中進行，則公司可能需要以下進一步的資訊：

⦿ 國民生產毛額（GDP）的規模，以及平均每人GDP；

⦿ 所得分配情形。

社會環境

關於下列社會議題，會對公司產生什麼影響？

⦿ 衛生與社會福利；

⦿ 休閒的需求，例如運動、藝術；

⦿ 教育；

⦿ 生活品質—住屋、生活舒適度、污染；

⦿ 工作環境；

⦿ 社會改變—歧視、平等性、人口成長趨勢。

技術環境

以下技術環境的發展，會對公司產生什麼影響？

⦿ 運輸技術；

- ⊙ 能源的使用與成本；
- ⊙ 生物科技；
- ⊙ 材料科技；
- ⊙ 機械化與機器人的採用情形；
- ⊙ 電腦化。

政治環境

以下政治環境的發展，會對公司產生什麼影響？

- ⊙ 社會經濟制度：所有權、控制、管制、與解除管制；
- ⊙ 競爭政策：法令對於獨佔、限制性實務、與廣告的規定；
- ⊙ 政府：公共部門組織、雇主、採購者、個人的監護、以及地區性與全國性的議題。

要素取得

勞動市場與工會

- ⊙ 公司所需的勞工技術，無論是手工或機器操作，其來源是否穩定？
- ⊙ 與工會之間對於職責劃分、工作實務的意見是否相異？
- ⊙ 產業內是否有公會或正在籌組公會一其涵義爲何？

原料與服務

- ⊙ 取得原物料是否有困難？海外取得的管道是否可行？
- ⊙ 價格是否大幅波動？
- ⊙ 產業是否越來越朝垂直整合，以致影響供給？

資本與金融市場

- ⊙ 目前企業所處的產業以及未來欲進入的區隔，在募集資金方面是否有困難？

- ⊙ 最好在哪個國家募集資金？
- ⊙ 未來利率的走向如何？

產品市場

我們將於第六與第七章中，詳細分析此一市場。

顧客

- ⊙ 誰是我們的顧客與潛在顧客？
- ⊙ 他們的購買談判力有多大？
- ⊙ 對公司而言，前十大的顧客有多重要？

競爭者

- ⊙ 我們的競爭者與潛在競爭者是誰？
- ⊙ 競爭者的能力有多強，以及他們是否隸屬於某個企業集團？
- ⊙ 來自賣方或供應商的談判力是否增強？

第六章　顧客與競爭者分析

前言→找出競爭者→競爭者分析→顧客分析→買方行為
→管理上的結論與檢視清單

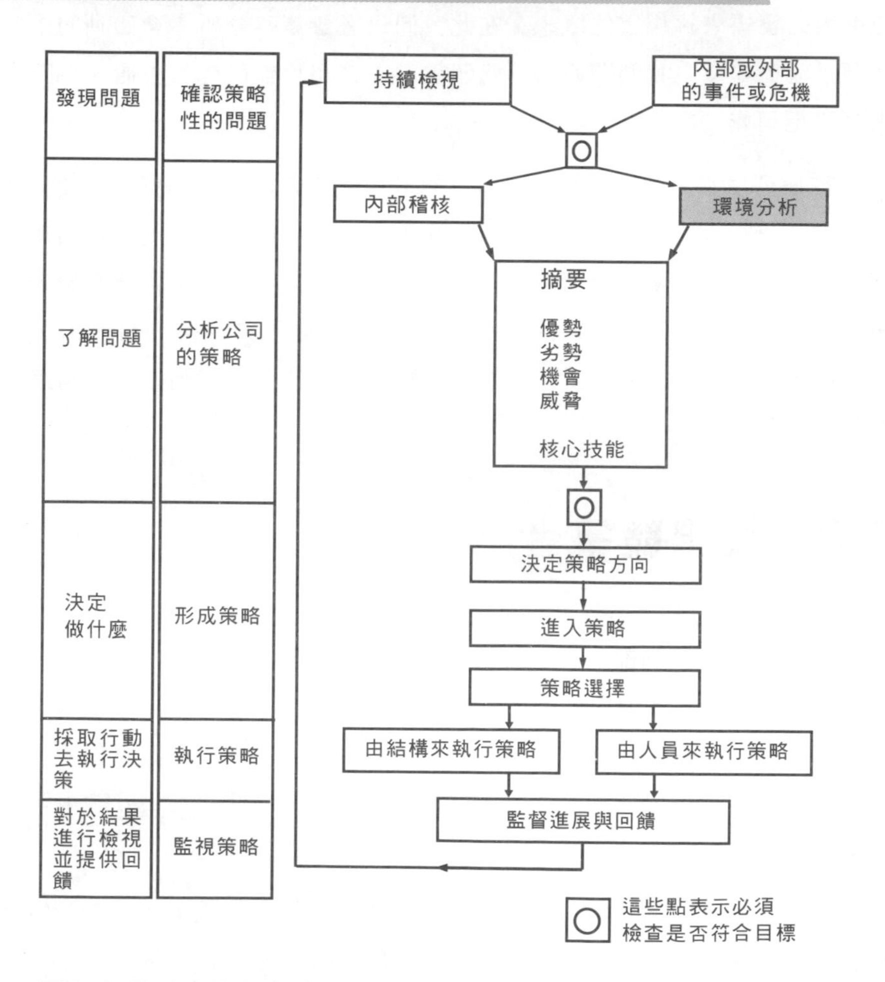

圖 6.1　策略決策制定的程序

6.1 前言

雖然公司都肯定顧客與競爭者對公司的獲利力有絕對的影響，不過並非所有的公司都會採用系統性的方法，來分析顧客與競爭者。於是有關顧客與競爭者的資訊，要不是成爲公司的「軼事」，就是絕少記錄下來。

在本章中，我們試圖討顧客與競爭者的微觀面向，到了第七章，我們會探討此二者加總後的交互作用。這並不代表我們會如許多行銷教科書，花很大的篇幅來解釋這些概念，在此我們只考量策略分析者會碰到的重要議題。因此本章中我們關心以下兩個重點：公司目前所處的位置、以及它未來將朝何處去。

許多公司都是被動回應，亦即它們是在顧客與競爭者的舉動之後再來反應。有一些公司超越這個階段而變得主動因應，亦即它們能去找出客戶的需求，並採取適當的回應。公司欲追求亮麗的獲利成績，目前有個新方法是「用競爭者模仿你過去行動更快的速度，來創造企業明日的競爭優勢」[1]。若公司不採用系統性的方法來分析顧客與競爭者，絕對做不到這一點。

6.2 找出競爭者

對競爭者進行細部分析，能帶給公司許多好處。首先，這種分析將幫助公司確認市場中的競爭態勢。第二，它讓公司能在多個不同的績效指標上，與其他競爭者相互比較。第三，它將能從競爭活動的成功與失敗中孕育出智慧。第四一也是其他益處的結果，公司將能因此制定出好的策略，有助於使獲利更佳。

分析任何競爭的態勢，立刻會面臨的問題是：誰是競爭者。在開始分析前，一定要確保**所有的**競爭者一不只是那些**顯而易見**的競爭者一都包含在評估中。舉例來說，如果公司在國際市場中營運，但只做了國內的比較，則公司會得出錯誤的結論。

企業持續面臨直接競爭者、間接競爭者，以及那些不太有威脅性等公司的競爭。因此分析師要先判斷，哪些競爭者要包含在分析中。

分析師要處理的另一個複雜問題是，如何定義市場區隔。應該要把它視爲是某市場的一部份？或是一個獨立的市場？區隔可以用顧客的數目、類型、需求、或購買款項、或以上變數的組合來定義。6.5節將對市場區隔做進一步討論。

6.3　競爭者分析

一旦決定出競爭者的數目，接下來要考慮的，是要用哪些標準來做公司間的比較。不同的市場，重要的變數也會不同，表6.1即爲一例，不過並非能適用於所有的情況。另外，每個比較的準則都會分配權重，因此在評估時，檢視關鍵的議題即可。爲了方便比較，每個準則都必須指定一種衡量方式，無論是量化或質性。分析的結果對於決定策略的走向很有幫助，我們往後所討論的五力或其他模型，也都採用此種競爭者分析得出的資料。

大多數的公司會認爲競爭者都具有敵意。不過波特[2]（Porter）認爲，競爭者也具有策略上的益處。企業的競爭者可以：

- 增加企業本身的競爭優勢；
- 改善目前的產業結構；
- 幫助市場開發；
- 阻斷進入者。

因此，波特認爲競爭者也分好的與壞的。

表 6.1 競爭者分析

因素	衡量	權重	公司的地位	1 號競爭者	2 號競爭者
A.策略					
1. 母公司的活動					
2. 可能的報復活動					
3. 目前的策略					
4. 產業的假設條件					
B.管理					
5. 年齡結構					
6. 訓練					
7. 領導者的才能					
C.財務					
8. 獲利率					
9. 槓桿率					
10.現金流量					
11.附加價值					
D.行銷					
12.廣告					
13.銷售					
14.市場研究					
15.新產品開發					
E.客戶服務					
16.有缺點的機器					
17.發生故障的時間					
F.組織					
18.目標的明確性					
19.溝通					
20.資訊科技					
G.人事					
21.人員流動率					
22.薪資率					
H.作業					
23.工廠的彈性					
24.廠齡					
25.經驗曲線效果					
26.製造成本					
I.設計					
27.新產品的數量					
28.人員的素質					
J.原料					
29.價格					
30.瑕疵					

6.4 顧客分析

許多研究報告與行銷教科書，都著重於最終消費者的分析。的確，所有的產品與服務最終都要滿足消費者的需求，不過仍存在著許多中間產品，其市場特質無法以消費者模式完全解釋。因此建立一個能適用於所有顧客類型的架構，是重要的課題。

7.4節將介紹哪些特徵促成消費者的買方力量，這些特徵可做爲細部顧客分析的基礎。表6.2提供的一些問題，則有助於建構下一章才會討論到的五力模型。

表6.1的準則項目，它們對某一市場的重要性要一起評估，另外爲了利於比較必須有衡量的方式。某些準則項目很明顯需要同時使用好幾種衡量方式才恰當。

表 6.2 顧客分析

因素	衡量	權 重	公司的地位	1 號客戶	2 號客戶
1. 顧客的產品中我們的產品所佔的比例 2. 顧客群的剖析 3. 顧客能夠進行向後整合嗎？ 4. 顧客是否能感覺到競爭產品之間的差異性？ 5. 顧客能夠很容易就換用其他產品嗎？ 6. 顧客的產品處於生命週期的哪個階段？ 7. 顧客的顧客之未來前景如何？					

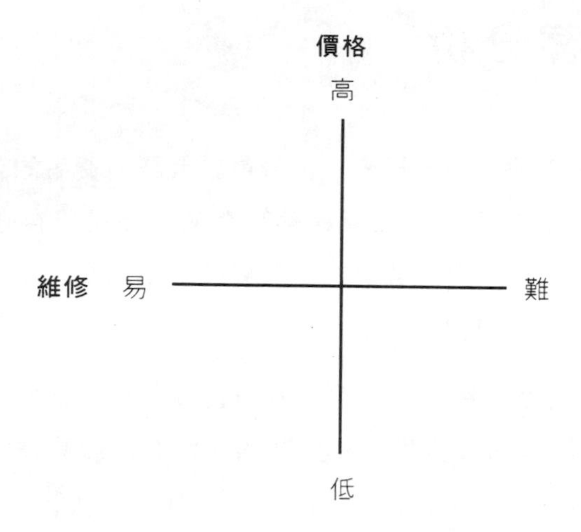

圖6.2 產品空間圖

6.5 買方行為

分析市場時一項很基本的考量是，須釐清需求面的特性。如果一昧假設買方一定會買公司出的產品，未免也太簡化。許多企業逐漸對於顧客何時買、如何買、為何買、以及多久買一次等問題感興趣。對買方行為的深度瞭解，是行銷功能的領域，但其結果對公司策略非常重要。任何企業提供的產品，都代表企業對市場的看法，因此可說是企業對環境發出的有形訊息，包括企業的形象與社會地位等等。所以企業應注意市場分析的策略涵義。

很少市場由同質性的買方需求所組成。正是買方需求的差異性創造出市場區隔的機會，以及後續的產品定位策略。買方的需求是由人口統計、社會、經濟、心理等變數所組成，當有足夠特殊型態的買方時，才能在市場中形成一個能存活的次集合，公司就可考慮針對此區隔發展出特定的策略。為了存活，市場區隔必須能獲利、可辨識、以及能與之接觸溝通。以上條件若缺少一個，都會使區隔化難以進行。

基本上，企業有三個選擇。第一，可以認爲區隔內的顧客差異不重要，而採行全面性行銷策略，提供的產品沒有任何差異。第二，認爲區隔間有差異，並生產差異性的產品，策略也會針對每個區隔而訂定。第三，選擇專注於某個區隔。這個選擇要看自身的能力以及風險/報酬的交換情形而定。重要的是公司是否能考量不同的區隔，將策略調到最佳。

市場分析之後，則是替產品定位。再一次，這也需要公司對買方的行爲有深入的了解，公司必須思考產品的特性，才能在市場中立足。舉例來說，假設一個公司希望行銷新的手工具，而且也知道消費者購買時有兩大考量：價格與維修。因而該市場，就會有一個如圖 6.2 的產品空間圖。

策略要能配合產品的定位。公司需要從事以下的工作：除了將競爭公司的產品位置標出之外，還要加上公司本身現有的產品；公司要了解消費者對於相異、類似產品的知覺差異性、潛在獲利性，以及公司在消費者心中的形象爲何。

在區隔與定位中，可以看出瞭解買方行爲對策略的重要性。許多公司就是因爲無法了解市場分析中的此一重要面向，就這麼「輸掉」市場。

6.6　管理上的結論與檢視清單

本章介紹競爭者與顧客的系統性分析，雖然以上兩個因素對企業的成功與否十分重要，令人驚訝的是，通常公司只是嘴上說說，沒有實際去分析。本章說明公司爲何無法切實執行的理由，也提供執行時的大綱。爲了不再重複這些大綱，以下的結論將只針對幾個重要議題。

- ⊙ 公司是否針對競爭者與客戶，進行經常性、詳細的分析？
- ⊙ 這些分析是否包含競爭者與客戶目前與未來的走向？

⊙ 在進行顧客分析時，公司是否仔細探討顧客的改變、他們的購買行爲、以及他們未來會買什麼？

附註

1 Gary Hamel and C. K. Prahalad, *Competing for the Future* (Harvard Business School Press, 1994).

2 M. E. Porter *Competitive Advantage*, ch. 6 (Free Press, New York, 1985).

第七章　了解產業與市場

前言→分析產業與市場→產業內的競爭→買方力量→供應商的力量→新進入者→替代性產品→產品的生命週期→規模經濟→學習曲線→管理上的結論與檢視清單

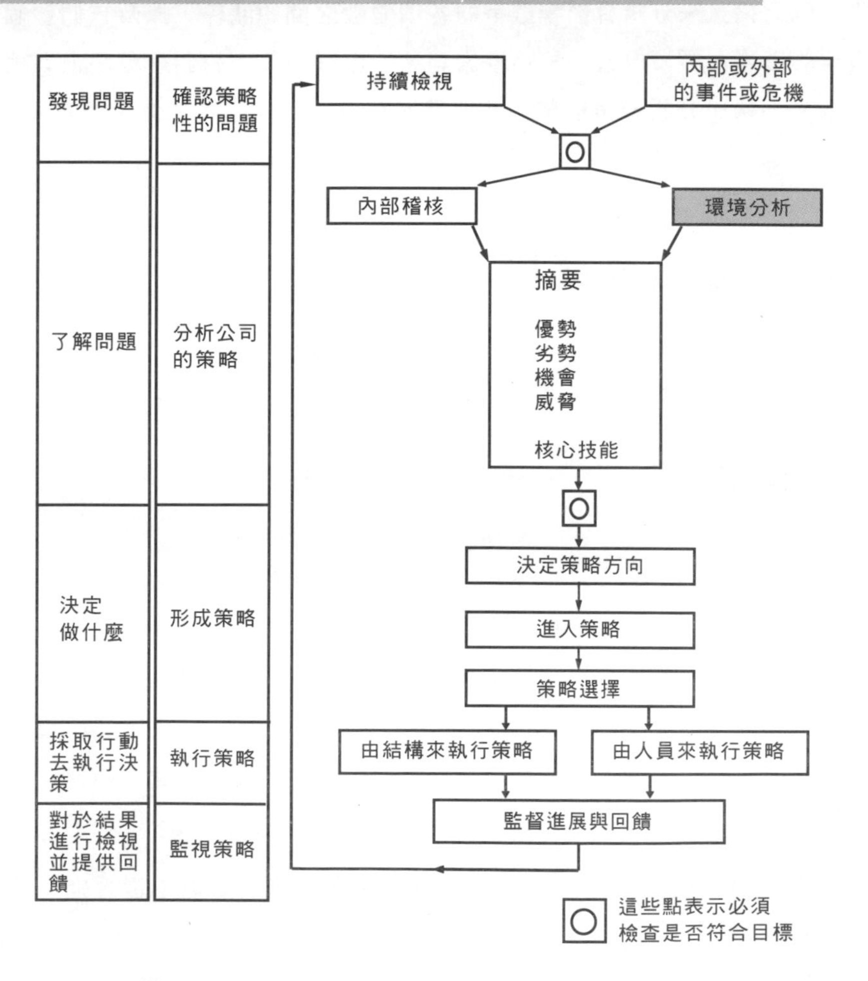

圖 7.1　策略決策制定的程序

7.1 前言

我們已介紹了一部份的環境分析，本章特別挑出競爭環境，有以下幾個原因。第一，許多企業認爲這是它們所面臨之最重要的環境[1]。第二，許多公司花許多資源在競爭環境上，尤其是行銷這一環。第三，它是企業直接面對的環境，影響不但持續且直接；是企業每日都要面對的。

不同產業內的競爭環境，其競爭本質在程度上有很大的差異。企業需要一個架構，來分析會影響競爭的各項變數之間的關係，以及它們整個對獲利的影響。經濟學家、策略學家等，均已提出許多對競爭程序很有用的洞察。不過，分析競爭態勢的首要問題在於，如何定義產業。這在6.2節已討論過。

7.2 分析產業與市場

顯示一些變數與其來源的模型見圖1.1，但此圖用於示意而非分析。

五力模型

「五力」(Five Forces)模型由哈佛管理學院的麥克・波特[2](Michael Porter)所提出，在描述諸多市場的情境方面，此模型非常有力，也受到廣泛的應用。不過，我們稍後會提到此模型的一些限制。此一模型是根據產業經濟中一些十分成功的研究而建立。波特發展出模型架構，若已知市場的特性，公司可藉此模型預測出可能的結果—特別是獲利力。

在此我們將介紹此模型的基本概念，在隨後的章節中還會進一步討論。五力爲：

- 產業內的競爭（見 7.3 節）；
- 公司產品的買方力量（見 7.4 節）；
- 公司供應商的賣方力量（見 7.5 節）；
- 潛在的新競爭者（見 7.6 節）；
- 替代產品威脅的程度（見 7.7 節）。

除了這五力，傳統的 PEST（政治、經濟、社會、技術）等領域中的改變，會在傳到這五力之前先出現。這些環境的變動，終究會牽動五力模型中的變數，但它們可能不會直接影響到企業，不過重要的是企業在被直接影響前，往往能夠觀察出變動的重大徵兆。舉例來說，如果你是成衣製造商或房屋建造商，出生率的變動，對你的事業或許沒有直接的影響，不過終究它將使需求增加或減少。越早得知這些徵兆，可使企業對未來更有判斷力。

我們可以觀察到，政府的法令之所以會變，源自環境的微小變動，通常在政府主動偵測到、並採取行動之前，小變動會在其他的環境中發酵，並集結其動能。

因此關鍵的領域在於政治環境。它對產業的立即影響，可分四個方面：

- 競爭政策—獨佔、公平交易、安全性；
- 產業政策—政府對破產企業、研究發展、融資等方面的支援；
- 勞工政策—工時、最低薪資、安全性；
- 環境政策—污染、保育。

針對某一產業，可能還有其他的政治議題。在第五章中已討論過這些與來自其他環境的議題，但是上述的四項對於競爭態勢有直接、立即的影響。

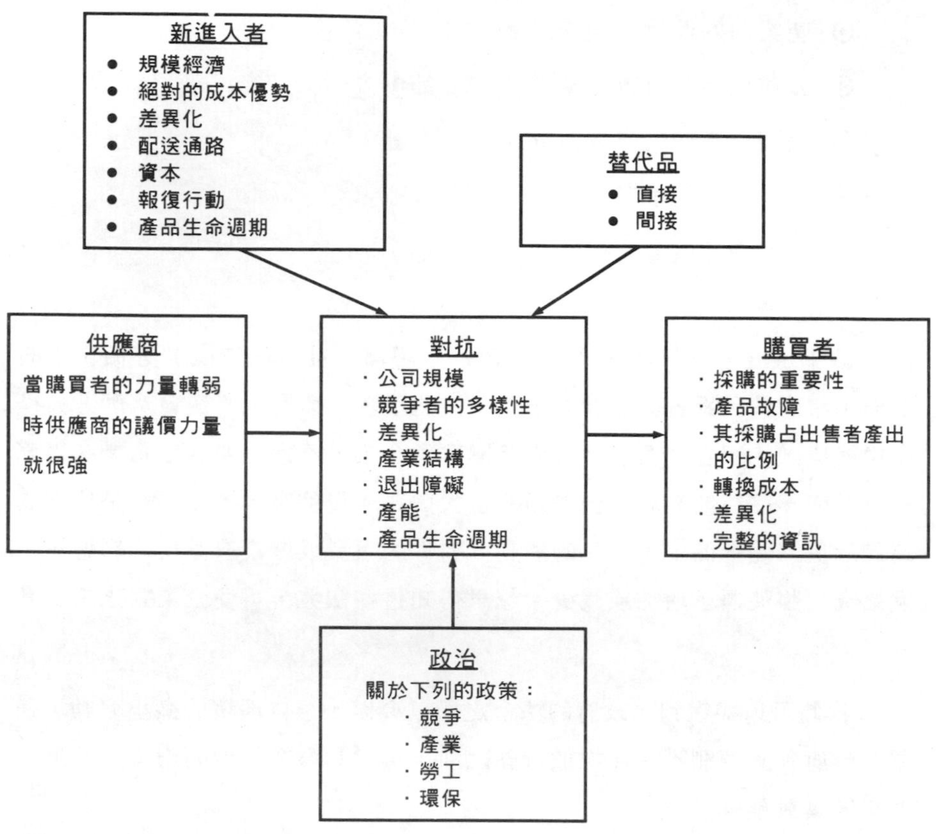

圖 7.2 競爭的決定因子

如何定義市場

在6.2節中曾說明進行市場定義時，所遭遇的一些困難，不過爲了釐清五力模型，我們有必要在此進一步說明。企業究竟要將哪些公司視爲「敵人」，此一問題沒有直接的答案，雖然要解決此一問題並不容易，不過考量一些關鍵參數卻很重要。

定義市場的困難之一──市場的界限是什麼？舉例來說，「戰神棒」（Mars bars）屬於巧克力棒、巧克力、糖果、零食、還是食物市場？在此例中最接近的產品，應是巧克力棒，它也最有可能成爲戰神棒的替代品。另外，企業如何定義市場的地理範圍一地區、全國、好幾國(例如歐盟）、還是全球？

經濟學家利用需求的交叉彈性來衡量替代性，以解決這個困難。交叉彈性在概念上很容易了解，不過實務使用上卻非常困難，因爲計算交叉彈性時相當麻煩。雖然並沒有完備的解決方法，可讓公司順利定義市場，不過若能理解上述的缺點，將有助於使策略分析在使用此一模型時更爲愼重，以及在下結論時額外小心。

一般性策略

五力模型能幫我們了解產業內競爭的特性與程度，在某些情況下並能提供洞察給管理階層去制定出合適的策略。波特發展了一個規範性模型，視公司的產品位於模型中矩陣的哪一區，就提供公司一組一般性的策略。以下兩個問題的答案，成爲矩陣的兩軸。

- 公司是否尋求以低成本或差異化，來取得優勢？
- 公司是否在許多區隔中經營，或只集中在某些區隔而已？

圖7.3顯示根據以上兩個問題所提供的合適策略。除了矩陣所顯示的四個策略之外，還有第五個策略，用於描述還不清楚策略是否平衡、該往何處衝刺，以至於「卡在半路」的公司之處境。其他的策略則說明如下。

成本領導（cost leadership）策略，亦即公司是最低成本的生產者，強調嚴格的成本控制、持續追求減低成本。因爲以低成本爲主，此策略也假設消費者所重視的，是低價帶來的各種好處。

差異化(differentiation)策略要求公司有很強的行銷，另外，很強的研究發展能力通常也是條件之一。除此之外，產品要能讓顧客感到有

		策略優勢	
策略標的	多市場區隔	成本領導 (Cost leadership)	差異化 (Differentiation)
	少數幾個市場區隔	低成本集中幾個區隔 (Low cost focus)	差異化集中幾個區隔 (Differentiation focus)

圖 7.3 一般性的競爭策略

特殊之處，使得他們願意付較多錢購買。

集中（focus）策略，指企業並非著重於產業中所有或大部份的區隔，而是某個或某些區隔，它們能接受公司獨特的產品。以整個產業來看，此種公司經常不具有競爭優勢。

使用模型時的問題

雖然五力模型在幫助公司分析產業與制定策略時很有力，分析師必須注意模型使用上曾經出現的一些問題。最主要的問題在於如何爲產業定義：此一產業的界限何在？此一問題先前已提出。

第二個問題在於五力模型的靜態性質。此一模型的基礎是產業的現況，還是明日的走向？如果是「明日」，則所有公司的行動以及競爭者的反制行動，是否能一一評估？如果是「現在」，則模型根本未考量到未來可能發生的事。

第三個問題則與低成本-差異化這一軸有關。許多消費性產品並不會絕對落入任一類別中，另外，雖然對大多數的工業產品來說，低價是買主很重要的考量，但是還會受到其他許多因素的影響。因此低成本-差異化的分界並不清楚。

7.3 產業內的競爭

雖然不同產業內的競爭態勢顯著不同，企業間的競爭通常都是五力中最爲激烈者。競爭可能發生在價格、產品特徵、服務、廣告、或產品保證。除了獨佔之外，企業間爲了尋求競爭優勢，增加獲利，彼此的角力必定經常發生。接下來我們將會看到，有些作法能使企業成功，而有些則會失敗。這些改變競爭態勢的議題（見圖 7.2）討論如下。

企業的相對規模與所有權型態—越大型的企業，或隸屬於大型母集團的企業，更有能力面臨需求面的波動，比起小型公司，它們更能在價格戰中支撐下去。

競爭者的多角化程度—競爭企業若均致力於產品、生產、通路、銷售等方面的差異化，則產業內將可避免只在價格上大興戰火。

產品差異化—在一個擁有高度差異化產品的產業內，競爭多集中在非價格因素上。

產業的結構與集中度—產業內如果只有少數企業，產品的價格會差不多相似，如果彼此不以價格來提高獲利性的話，價格會長時間維持穩定。不過當產業內的供應商增加，這種穩定情況就難以維持，價格也會變得越來越重要。

退出障礙—如果企業退出產業很困難，例如有昂貴的工廠無法移轉用途，也沒有其他的市場，企業會繼續留在產業中，維持低水準的獲利。

產能水準—產業內如果產能過剩，公司可能會削價求售，讓工廠的產出有出路。不幸地，這種做法通常只看得到低價，但公司的銷售額卻不會提升，獲利還是很低。

處於產品生命週期的哪個階段—見7.8節。

7.4 買方力量

有許多因素會增強市場上買方的力量。在大多數的市場中，除了「產業內的競爭」以外，五力中此一力量最爲重要，在某些產業中，這兩個力量可說均等，買方力量甚至可能更強。例如零售商—特別是食物的零售商，如同許多工業買主，就擁有強大的採購力量。

以下說明有哪些因素會使買方的力量增強。

對買方的重要性—如果產品對買主來說是很大的支出。

產品的瑕疵—如果買方不太在乎產品功能有瑕疵。

佔賣方產出的比例—如果這些採購佔賣方產出的絕大部份。

轉移成本—買方很容易就能轉向其他供應商，轉移成本很小。

產品的差異化—如果產品不具差異性。

向上整合—如果買方有向上游整合的能力。

完整的資訊—當買方對於其他潛在的採購來源有足夠的資訊時。

7.5 供應商的力量

對某些產業來說，供應商的力量確實會威脅到獲利性，不過此一力量在大多數的市場情境中並不如其他四個力量。與此種力量有關的因素，可說是買方力量的相反，已經討論如上，於此不再贅述。

7.6 新進入者

如果產業在某些方面很吸引一家公司，它會選擇進入。一開始，公司可選擇自行提供產品或服務，或與另一家公司合作。最極端的進入方法，是購併產業中的企業。選擇進入的理由很多，例如市場正在成長、市場與公司現有的產品互補、或是產業內有超額利潤。

新進入者與替代產品不同之處，在於新的公司將提供與現有公司相當類似的產品。企業進入產業的容易度，依進入的障礙而定。以下條件如果能部份成立，新公司要進入產業可說相當容易。

規模經濟—如果很小、或甚至不需要（可見 7.9 節）；

絕對的成本優勢—如果不存在經驗曲線的優勢或掌控物料來源的優勢。

產品差異化—產品沒有差異性，品牌忠誠度低。

通路管道—如果通路很開放。

資金—如果資金需求很低。

報復—如果競爭者的報復對公司的影響很小。

產品生命週期—處於週期的早期階段。

7.7 替代性產品

替代產品的競爭，可能來自某個完全不相干的產業，因爲技術突破，替代品就忽然出現了。雖然這種新競爭的出現方式並不常見，但原料價格的改變、或是消費者品味的改變，使得原本不被公司認爲是競爭者的公司，也進入產業而產生替代性競爭。

另一個議題，則與先前討論的市場定義議題有關。一個看似完全不同的產品，也可能成爲替代品。舉例來說，一個海外假期方案爲了爭取遊客多花錢，可能提供車子、或將旅館的房間重新裝潢。這類替代方案不一定在技術上競爭，適當的廣告也有可能影響消費者的決策，因此不容忽視。

7.8　產品的生命週期

公司要有效地進行市場分析，一開始可以觀察整體的市場或任何需要分析的區隔之成長性。此時產品生命週期的概念就很有用，雖然應用在策略規劃上有些限制，因爲企業的作爲會改變曲線的形狀，而變得較像是自證預言。

當使用產品生命週期的概念，來分析單一產品、以及產品所屬市場的週期時，有些重點需特別注意。市場分析、產品生命週期分析，兩者都有利於策略分析，不過我們應更注意市場的生命週期。週期中每個階段的策略討論如下（見圖 7.4）。

導入期或萌芽期

在此階段，市場微幅成長，消費者的需求可能有些差異性。不過企業的花費，大部分用於研究發展，以及產品、製程的設計。除此之外，行銷成本將會很高，那是由於公司要進行行銷研究、試銷、促銷、以及建立通路管道。因此此一階段不會有獲利。公司要在此階段開始前一亦即在產品開發與上市前，就制定出重點策略。任何位於此階段的企業，都要從事上市前分析，以便預測、期待下階段的表現。公司必須確實監督市場中產品的表現，如果市場沒有成長性，策略的重點就要放在是否要撤出市場，以免進一步賠本、損失商譽。

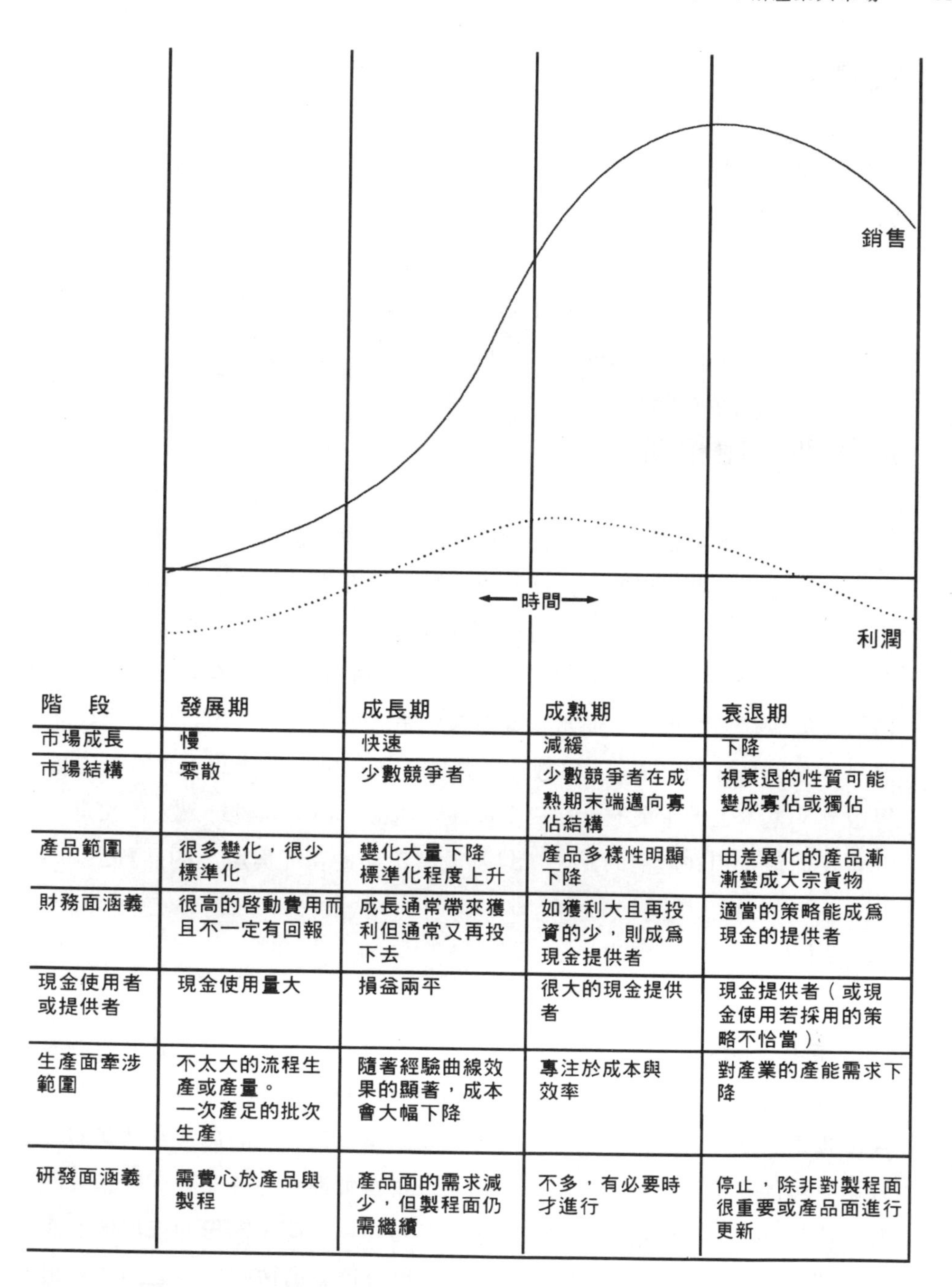

階　段	發展期	成長期	成熟期	衰退期
市場成長	慢	快速	減緩	下降
市場結構	零散	少數競爭者	少數競爭者在成熟期末端邁向寡佔結構	視衰退的性質可能變成寡佔或獨佔
產品範圍	很多變化，很少標準化	變化大量下降標準化程度上升	產品多樣性明顯下降	由差異化的產品漸漸變成大宗貨物
財務面涵義	很高的啓動費用而且不一定有回報	成長通常帶來獲利但通常又再投下去	如獲利大且再投資的少，則成爲現金提供者	適當的策略能成爲現金的提供者
現金使用者或提供者	現金使用量大	損益兩平	很大的現金提供者	現金提供者（或現金使用若採用的策略不恰當）
生產面牽涉範圍	不太大的流程生產或產量。一次產足的批次生產	隨著經驗曲線效果的顯著，成本會大幅下降	專注於成本與效率	對產業的產能需求下降
研發面涵義	需費心於產品與製程	產品面的需求減少，但製程面仍需繼續	不多，有必要時才進行	停止，除非對製程面很重要或產品面進行更新

圖 7.4 產品生命週期對策略的影響

成長期

此階段的特點，在於銷售額與獲利的快速成長。由於企業的產出增加，使得獲利上升。由於規模與經驗的效果，較高的市場佔有率可以導致價格槓桿與較低的成本。由於市場具成長性，企業要增加佔有率所需的成本不高。另外，一些邊緣企業可能已被市場淘汰。產品線已能穩定下來滿足市場的獨特區隔，以及標準化將可帶來更低的生產成本。

成熟期或飽和期

大多數的市場位於此階段。此階段的競爭非常激烈，企業必須非常努力，方能維護市場佔有率。因此行銷與財務，就成爲企業策略中的關鍵功能。另外，此階段存在著相當多的市場區隔。要在此階段增加市場佔有率，企業必須付出很多，但相對只能獲得小幅的成長。要從競爭者手中奪得佔有率，代價也很高，通常也會引來競爭者的報復行爲。要在此階段中成長，必須倚靠像GNP、人口數等變數的變動，因此在預測未來時反而變得容易。基本上，企業不會在研究發展、產品、與製程設計上大作文章。花費反而直接用在產品的修正、以及改善工廠的產能與產品的品質上。

衰退期

市場成長率下降，並不一定代表企業就要退出。企業留在衰退的市場中，也有可能獲得很高的佔有率，不過這種策略也有其限制，即100%的殘渣也不一定值得慶幸。在此階段，各功能中以財務功能最需特別關照。公司有可能在生產時，力求降低成本，以維持獲利，同時並減少促銷或產量，或是其他方面的縮減。同樣地，產品可藉由生產小部份的市場所需而獲得利基（niche），在此區隔中也較有機會擁有高佔有率。產品亦可出口至海外市場。此階段中，任何策略都依市場的衰退率而定，企業會看利

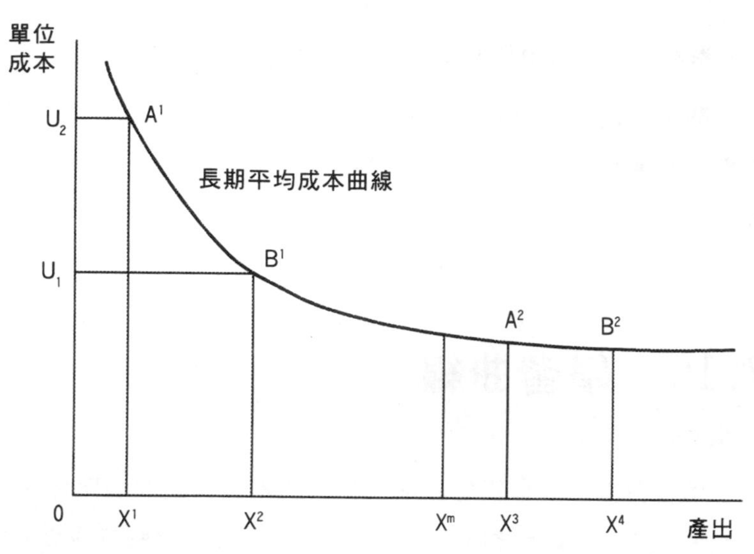

圖 7.5 單位成本與規模經濟

潤受衰退效應影響的程度，來決定是否撤退。許多企業太早撤出市場，其實小心的財務決策仍能維持產品的獲利力。此階段中有另一議題，即何時要讓新產品上市，以取代舊有產品。這對某些活動特別重要，像是售後服務、庫存、通路、與生產等。

7.9 規模經濟

規模經濟指當企業的營運規模增加時，單位成本會減少。此一效果是因為將研究發展、工廠、廣告等成本分攤到較大量的產品上。

圖 7.5 顯示 A、B 兩家企業長期的平均成本線，它們的營運水準不同。圖中假設市場中沒有任何的規模不經濟，在 Xm 之後多生產的量，將不會使成本再下降。B 公司在B^1點，相較於 A 公司在A^1點，有顯著的成本優勢（U_2-U_1）。如果公司們在其他點上營運，雖然（X^4-X^3）的產量差距，與 A^1 點與 B^1 點的差距（X^2-X^1）相同，但 X^4-X^3 在成本花費上卻不再有差

異。表示若公司再增加產出，也將不再享有成本優勢。

圖中X^m產量即爲最低的有效率規模產量（MES）。此一產量依不同的產業而不同，而長期下來，大多數產業的MES會增加。當產品的MES比全國的需求來得大時，這會變得更顯著。舉例來說，英國飛機製造商生產的數量，就無法達到MES，除非公司至少能銷售到全區域（整個歐盟）。

7.10 學習曲線

學習曲線，或稱經驗曲線，代表成本與產出間的關係。不像規模經濟，學習曲線的成本之所以會下降，是因爲企業學到如何更有效地生產，亦即累積經驗。傳統上，產出每增加一倍，製造成本就會下降約20到30%。此一效果不是自動產生，企業必須有能力，能了解可節省哪些潛在成本。因此一個企業若位於經驗曲線的80%處，當產出增加一倍，它可預期成本應能下降20%。如果勞工、原料與資金等等物盡其用，成本節省的幅度會更大。一個公司可經由研究與投資，自行製造機會來累積經驗。

7.11 管理上的結論與檢視清單

市場與競爭之分析很有用，且是涉及整個組織之策略分析的核心部份。企業能全盤了解市場，對策略而言極爲重要。從某種意義來看，企業的產品或服務，代表了它對市場了解的程度，並立即接受消費者的「投票」。要了解市場結構與動態，在策略制定的過程中，必須要問以下我們總結的關鍵問題：

1. 市場集中的程度如何？要計算集中度，公司必須知道：

（a）競爭者的數目；

（b）每個競爭者的市場佔有率。

2. 每個競爭者的規模如何？是否隸屬於大集團？

3. 競爭產品之間的替代程度有多大？

4. 是否有任何進入障礙？

5. 是否有任何退出障礙？

6. 我們的買主擁有何種談判權力，影響有多大？他們是否可能向上游整合？

7. 我們的供應商擁有何種談判權力，影響有多大？他們是否可能向下游整合？

8. 是否有任何尚未製造產品或提供服務的公司，可能進入市場？

9. 技術或其他的改變，是否可能帶來替代性產品？

10. 產品位於生命週期的哪個階段？

11. 競爭環境中有哪些變動，涵意爲何？

12. 對我們所處的產業而言，規模經濟的影響如何？

13. 我們的公司位於學習曲線的何處？我們的競爭者呢？

附註

1 W.F.Glueck and L.P.Jauch,*Business Policy and Strategic Management* (4th edn, McGraw Hill, New York,1984),p. 134,for examples of surveys of the views of strategists concerning the importance of different externals environments.

2 M.E.Porter,*Competitive Strategy*(Free Press,Glencoe, 1980).

進一步建議讀物

B.Lowes,C. Pass,S.Sanderson,*companies and Market*, (Blackwell Oxford 1994).

第三篇
資源與能力分析

第八章　內部稽核

前言→優勢與劣勢→分析→目標→策略→組織結構→財務→行銷→生產→研究與發展→人力資源管理→系統與程序→讓內部與外部環境能夠配合→管理上的結論與檢視清單

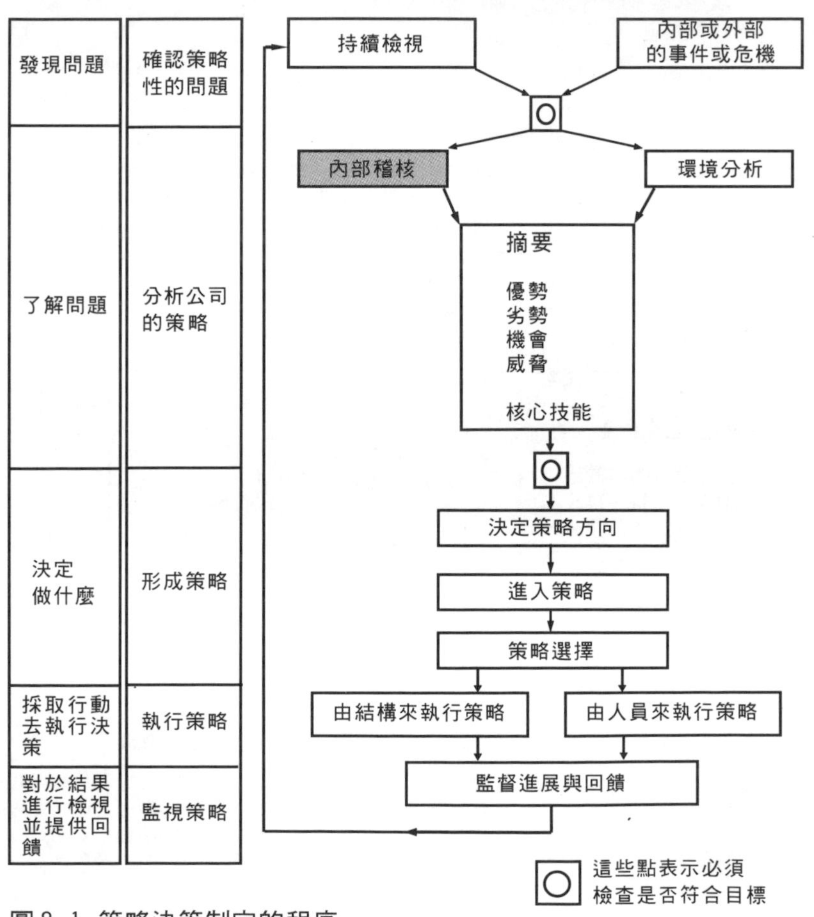

圖 8.1　策略決策制定的程序

8.1 前言

策略分析的主要任務，就是讓組織能觀察本身，以便找出目前的策略位置。簡單來說，組織透過分析，可找出其優勢與劣勢。這類分析並不容易，公司必須能冷靜的審視自己，對大多數的公司而言，卻很難不主觀。除此之外，我們要記住，任何的企業優勢，只能由策略上的重要性來定義—除非對整個組織有利，否則即使公司擅長於某些事，仍不能稱作優勢。不過若是企業所擅長的事，對促進營運效能很有用，我們就可設定這對公

企業資源

- 企業形象與聲譽
- 公司規模（克服進入障礙）
- 政府的影響
- 有彈性及可調整的結構
- 有效的研究與發展
- 有效的管理資訊系統

生產與作業要素

- 垂直整合的利益
- 物料的取得性與成本
- 生產與製程的技能
- 經驗曲線的效果
- 生產設備的彈性
- 副產品之處理
- 建築物與土地

市場與行銷要素

- 形象與聲望
- 垂直整合的利益
- 有效率的配送及區位
- 促銷力量（廣告、公共關係）
- 銷售及售後服務
- 專利保護
- 行銷研究

財務要素

- 有彈性的資本結構
- 整體的財務優勢

人事要素

- 管理的技能與經驗
- 勞動力的技能與經驗
- 勞動成本
- 工會關係

圖 8.2 核心技能與關鍵資源

司的價值很高，也就是公司在此一領域，的確擁有獨特的能力。圖8.2顯示各種不同的獨特能力。策略分析有更進一步的用途，即一旦公司審視過自己的優勢與劣勢後，不僅可得出策略性稽核的結果，這類資訊也能提供公司做爲未來策略的切入點一將自身的優勢與未來的環境機會相配合。另外，公司也可著手改善其劣勢。

8.2　優勢與劣勢

我們在上面指出企業應善用其優勢，改進其劣勢，這已假設了公司已了解其目前的位置。不過公司如何明白它哪些做得好，哪些做不好？任何公司的能力都由兩者組成：哪些事情公司做來很有「效率」，以及哪些很有「效能」。它們並不互斥，而公司也不能犧牲一方來得到另一方。以策略的觀點來看，此二者的區別非常重要。我們以廣告爲例，最可清楚說明二者的區別。任何廣告活動的「效率」，可以從成本、抓住廣告機會等等來看，而「效能」指的是設計的創意、容不容易複製等等。在某些時候，效能可以彌補效率的不足，反之亦然。舉例來說，一個小型的製造商，無法達到大型競爭者的生產經濟，此時可以針對某一區隔，提供特殊產品，因此只要行銷策略可行，小製造商的行銷效能將可彌補上述的效率弱點。另外，在一個價格敏感的市場中，生產效率導致的低價格可用以彌補公司薄弱的行銷力。因此，任何有關企業優劣勢的分析，都應該掌握效率與效能這兩個重要變數，做爲思考策略時的最高原則。

8.3　分析

企業進行評估前的首要步驟，是要知道該評估什麼。從某個意義來看，公司必須要評估「全部」的事物，不過一份有用的清單，便足以涵蓋企業的關鍵要素一通常是企業功能。此一清單包括：

- ⊙ 目標
- ⊙ 策略
- ⊙ 組織結構
- ⊙ 財務
- ⊙ 行銷
- ⊙ 生產
- ⊙ 研究發展
- ⊙ 人力資源管理
- ⊙ 系統與程序

根據企業的本質，以上的某些項目會非常重要；其他的項目也很重要，因爲它們都與組織整體有關。以後者而言，很重要的項目包含目標、策略、與財務。它們值得於其他章節中分別討論(見第四章目標，第四篇策略，以及第九章財務)。不過爲了完整性，企業必須一起檢視策略性內部稽核中的所有要素，因此那些在其他章節還會深入介紹的項目，仍將於此一併討論。

8.4 目標

目標對策略性內部稽核的影響有兩方面。第一，內部評估的結果，將對企業如何制定目標有深遠的影響。因此企業會根據評估的結果，配合公司特殊的能力與優勢，來制定出目標。第二，在企業內評估績效時，目標將提供指引，成爲衆多功能之績效衡量的依歸。如此將可依照是否有利於或阻礙目標的達成能力，將重要的內部因素區別出來。

由以上可知，目標是企業績效的參考點，因此必須訂定清楚。若要目標發揮最大的效用，它必須可以衡量、可以完成、切於實際、以及可以溝通。若對成長與獲利性敘述模糊，欠缺精準，不但使績效難以評估，也將使分析困難。

合理的目標，通常以經濟的表現爲重心。因此就包含了對獲利性的敘述。獲利本身究竟是手段、還是目標仍有爭議，不過它的確被企業普遍接受，用以評估企業努力的成效爲何，因此獲利可說是主要的目標。換成非營利組織，像是博物館、美術館、慈善機構等，就無法將獲利設成目標。非營利組織的困難，在於如何決定出可衡量績效的參數。

公司經常遇到的另一個問題是，策略與目標的區別。高階主管訂出的企業使命宣言，通常兩者兼備。舉例來說，像增加銷售額、海外成長、撤資、改善產品品質、花更多錢在研究上等等，都可說是組織部份的目標，整體而言，它們不過是公司爲了達成更大的目標一亦即獲利一必備的手段。

以策略的角度來看，公司必須替企業的功能性部門而將目標轉換成較低階的目標，如圖 8.3 與圖 2.3 所示。因此公司的目標與營運部門的目標必須有內在的一致性。舉例來說，如果一個公司，決定其目標爲資本報酬率達 20%，此一比率可分解成其各個要素部份；或（以此例而言）如果公司進一步要求平均毛利率要達 10%，因爲

$$20\% = 10\% \times 2$$

圖 8.3 企業目標及營運間的關係

這就表示，若已知資本報酬率（ROCE）與毛利率這兩個目標，資本週轉率必須達到 2。爲了內在一致性，組織必須有此績效。總之，爲了達

成一致性，目標可說是達到此一致性而反覆修正的結果。

8.5 策略

策略在過去廣泛運用在軍事領域，不過現今此詞已被企業廣爲運用。以過去的軍事術語來說，策略被定義爲「達成既定目標所採行之手段」。策略的重點在於統合企業內的活動，分配稀少的資源，使公司達成當前的目標。在策略規劃的程序中，需注意決策不是孤立的，企業的任何行動，都可能遭遇競爭者、消費者、勞工、或供應商的反彈。因此應在決定前，就評估這些反彈。考慮後，企業可能放棄該項方案，或採行權變計劃，或擬定盡量減少反彈效果的計劃。

以上已概略介紹策略以及策略與目標的核心概念。接下來討論策略的營運意義。

策略關心的是：（a）產品與技術；（b）市場與顧客。唯有滿足顧客，公司才能在市場中生存。因此，若給定某個財務目標，公司必須決定要供應哪些市場與顧客，要提供何種產品來滿足顧客，以及要用何種方式來生產。

要記住，可供企業選擇的策略嚴格來說並不多。企業很少能採行與競爭者完全不同的行銷方法，來銷售產品給某一群顧客。因此企業所關心的，通常不只是策略的效果，也關心該策略是否有其效率。策略是企業政策中最重要的面向，我們已於第四、第五章深入討論。

8.6 組織結構

任何策略都要透過組織來執行，因此評估策略的一項重點是它是否適合於組織的結構設計。

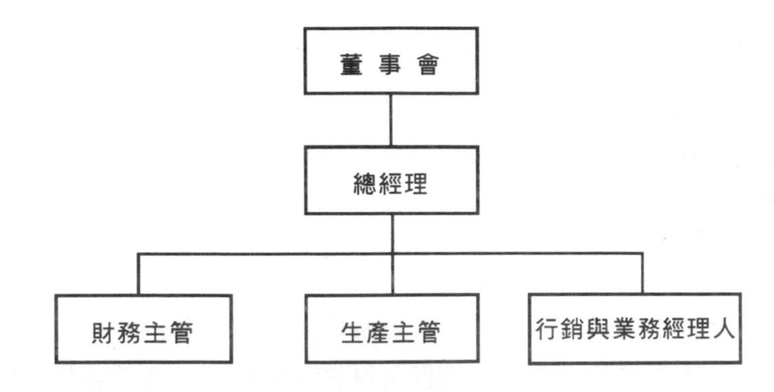

圖 8.4 功能別組織結構

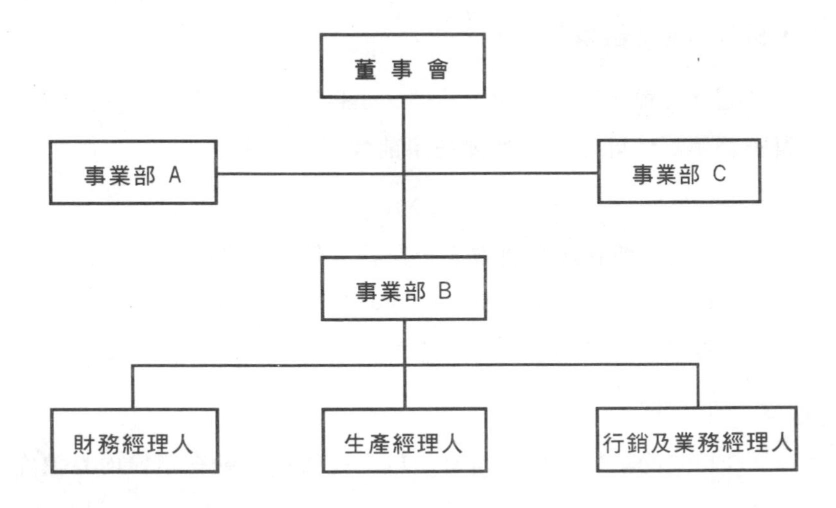

圖 8.5 事業部組織結構

圖8.4顯示功能別組織的簡圖，公司內每個功能別主管都向執行長負責。最終領導與控制的責任在董事會，而功能別主管可能是、也可能不是董事會的成員。（如果是，他們將是董事。）

圖8.5顯示分部別組織結構的簡圖，其特點在於每個分部、子單位均半獨立式營運，單位間各自區分。此類的結構較適合多角化經營的公司，例如一個分部從事陶瓷製造，另一個從事織布。分部間通常不會有什麼關連，因此舉例來說，不會有一個總管所有行銷活動的行銷經理。在此類的

分部結構中，我們可預期不同分部各有不同的績效，董事會根據產品與環境，替這些分部制定出不同的目標。董事會擁有財務控制權，將投資在它認爲有最佳回報的領域。因此我們可觀察到來自某一分部的獲利，可能會投資到另一分部，由董事會做出最合適的決策，而非各個分部的管理階層；至於產品與行銷決策則交給分部，由分部經理負責。

多分部、多角化的公司，已經成爲最重要的組織結構，它讓分部擁有行銷與生產獨立權，而中央則保留財務控制權。然而並非世上所有的組織型態均如此。對小型公司、以及只限於專長某一產品/行銷領域的公司來說，採行功能別組織即可。

不過，在擬定策略之後，我們必須自問組織目前的結構，是否適合執行與監督策略性計劃。我們要在事前問以下的問題：

1. 公司目前在產品流方面，是否有任何企圖？舉例來說，公司是否有垂直（或水平）整合的行爲？而這些內部交易（例如產品若在各單位間流動，資源流需要反向平衡）是否會影響到目前所供應的市場？
2. 目前的組織結構是否有助於上述這些流動在組織內外運作？
3. 如果公司劃分出子單位（功能別部門或分部），這些劃分是否能符合公司所欲採行的績效評估與薪酬等辦法？

若將最後一點做簡單的說明，舉例來說，行銷經理的表現，依據的是銷售額、存貨出清等。如果他或她與生產經理一其表現由降低存貨成本來衡量一發生了衝突，則「組織結構」在績效衡量方面無法相容。因此爲了改善衝突情況，組織結構必須改變，或是分派給子單位的績效標準要改變。

矩陣型組織

有些組織，因爲有兩方面的作業均需予以管理，矩陣結構因而出現。舉例來說，直線管理是一個領域的管理，而幕僚管理則是另一領域。相同地，產品或市場的管理可能很重要，而功能別管理也很重要（見圖 8.6）。研究發展的管理是一個例子（見圖 8.7）。矩陣型組織結構與營運的規模大小無關，此種結構有一些獨特的好處。它能平衡管理上優先順序的競爭，因此能改進決策的品質。任何在矩陣中的經理人，都必須與他人協調合作，藉此能改進組織內的溝通。不過此結構的缺點是，經理人可能難以妥協互相衝突的任務。責任歸屬往往難以追蹤，而冗長的協調過程也可能拖延決策。

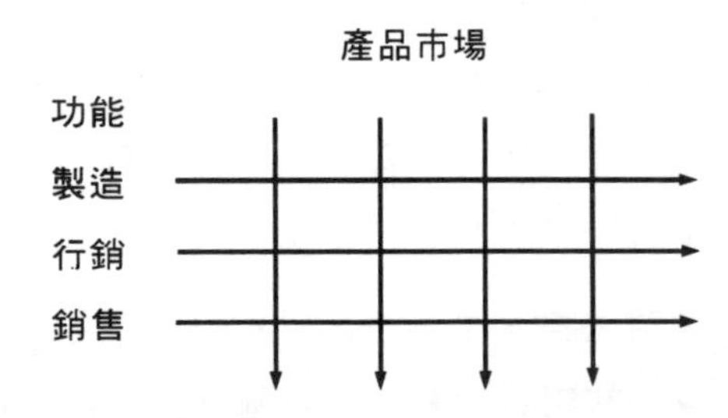

圖 8.6 產品市場管理矩陣

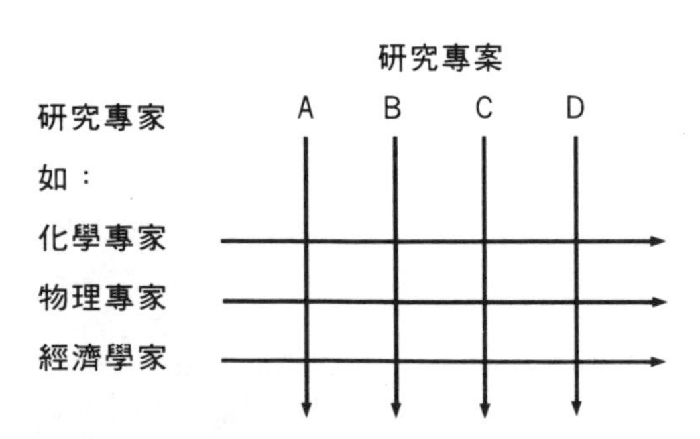

圖 8.7 R&D 管理矩陣

8.7 財務

財務是公司的主要功能之一，它的許多層面會影響策略，如下所示：

- 如何獲得資金；
- 資金如何使用，包含方案的評估；
- 提供訊息給外界人士，包含提報年度報表；
- 提供來自內部的資訊一屬於管理會計的功能；
- 提供來自企業外的資訊。

雖然財務不是直線功能，公司仍可對財務功能如同其他部門，檢視其優勢與劣勢。基本上來說，此一功能包含兩部份：第一，所有與公司籌措資金有關的活動；第二，所有監督這些資金流向的活動。後者與監督及控制系統有關，涵蓋組織所有層面的活動。

籌措資金與投資決策，是企業策略的根本。長期與短期債務的金額與組合，對企業的績效有深遠的影響。舉例來說，資本結構意味著未來公司必須償還的債務與股利。因此一個企業若要借貸資金，必須要確定該投資的收益，最少要能涵蓋未來的利息支付。另外借貸資金的成本也很重要。這暗示著不同來源的資本有不同的成本；因此，財務功能部份的責任是清楚資本市場。

資本投資決策與策略及資金籌措決策的關係密切。如何評估這些決策，以及可使用的模型，就屬於財務的領域。因此，財務功能是否健全，部份可由企業對資本投資評估技術及其限制之知識的多寡來衡量。

財務功能擔任資料來源與資訊提供者的角色，對策略的控制很重要。任何策略的一項重點在於設立與啓動控制系統，以追蹤其績效。因此策略的制定過程中，必須重視資訊的更新頻率與數量，而財務功能則要負責這些資訊的品質。財務資訊通常有兩種形式，一種經常用於監督策略的績效，另一較少用到，不過較深入，例如對潛在購併對象的財務評估、新產品評估、新市場評估、撤資分析等。這些資訊若更新速度不夠快、品質不佳，將導致決策的品質粗劣。

分析公司績效，對於非會計系的學生與分析師會是個問題，因此於第九章有進一步的討論。

8.8 行銷

以企業的背景來看，行銷有兩個重要功能。第一，任何的策略分析都可能檢視整體企業的市場走向。就此點而言，行銷已超出行銷部門的功能，因爲它涉及公司各個功能面，是公司整體的表現導致顧客的滿意。第二，行銷是企業中涉及需求管理的主要功能。就此點而言，行銷的功能負責替公司提供的產品進行定位。這包含市場研究，重點在於對某一市場區隔須進行哪些行銷回應。其他重要的任務，目的在於組合公司的行銷策略，指的是訂出行銷組合。行銷組合涵蓋產品政策、促銷政策、定價政策、以及通路，目的在於滿足市場區隔的需求，使企業具有競爭優勢。

企業花多少資源在行銷上，依市場的特性而定。舉例來說，企業所處的環境若高度競爭、有許多買主、各有不同的需求（例如流行的消費品），比起買主較少、特殊需求有限的產業，會投入較多資源在行銷上。無論投注多少心血在行銷上，行銷功能永遠非常重要，因爲它是公司與顧客之間的連結，而且行銷策略會立即在環境中看到效果的好壞。

競爭讓公司有比較基礎去分析行銷功能的優勢與劣勢。這可以與其他公司比較，因爲競爭者採行的行銷方法，不太可能與公司相去甚遠，因此公司不用擔心無法比較。外部比較不是唯一的方法，行銷與其他功能間的關係也很重要。舉例來說，行銷要求產品的品質與數量爲何？行銷是否提供可靠的預測，供其他功能參考？

8.9 生產

生產功能一般定義為，將有形的原物料轉換為可銷售的產品與服務。許多用在製造實體產品的技術與概念，亦可應用到服務上。另外，評估策略的方法同時適用於評估產品與服務。

任何對製程的策略評估，都會探討工廠設備與勞工的效率與效能，這進而又必須分析製造成本、產能、工廠位置、以及生產所需的各種系統，例如維修、品質控制、存貨控制、以及生產排程。

公司若有能力在已知的品質水準下，比競爭者花費更少的生產成本，以及擁有更好的生產排程、或更具彈性的工廠，能快速回應需求的改變，這些將產生顯著的策略優勢。這種能力來自生產團隊能買進正確的工廠與機器，並致力於成本改善。生產成本的特性與其影響，對企業的策略非常重要。舉例來說，若有兩家公司，有不同的成本結構，A公司的固定成本占總成本的比率很低，而B公司很高，如圖 8.8 所示。

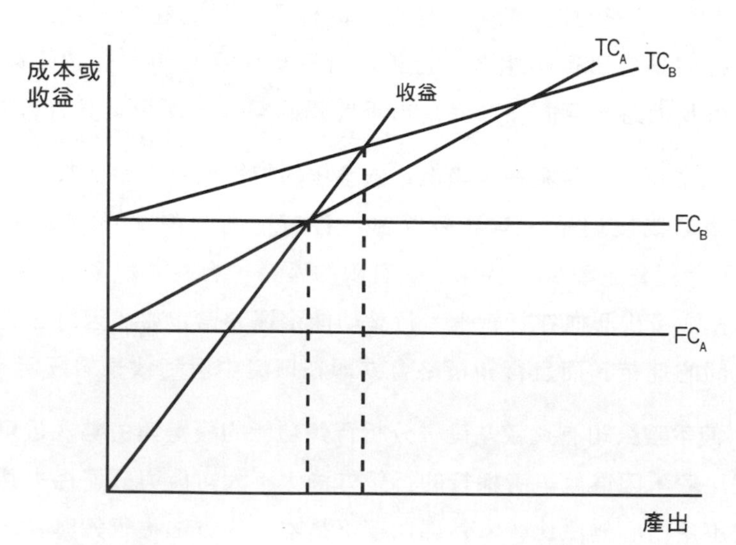

圖 8.8 生產成本結構

TC：總成本(total cost)

FC：固定成本(fixed cost)

我們且讓它們有相同的銷售曲線，如此可簡化分析。如圖所示，B公司有較高的損益平衡點，A的損益平衡點較低，不過一旦過了此點，B獲利成長的速度就比A快的多。因此B公司對產量較敏感，若產量下降，對B的影響會比對A來得大。我們可推論，公司若投資較多在工廠上，將會增加固定成本，特別若這些投資能取代人工，則公司需要有很大的產量，才能損益平衡。在服務業中特別是如此，例如銀行、保險公司等固定成本對變動成本之比率很高的公司。不過，如果公司能有很大的銷售量，多一個工廠，將能使公司獲得規模經濟，或是因經驗曲線而帶來成本節省。公司能夠量產，通常表示公司有較好的技術，有較專業的員工。

8.10　研究與發展

研究發展功能包含的活動很多，從基礎研究，到產品改善。一般來說，公司付出研究發展成本，在於促進新產品的開發、產品的改良、以及製程的改善。

公司若決定致力於研究發展，就是一種策略，即公司決定內部自行改善產品或製程，而不是向外買進所需，或者公司選擇成為創新者、領先者，而不是跟隨者、模仿者。與研究發展花費相關的風險，要視企業推出新產品、或節省生產成本的能力而定。若不支出研究經費、或支出不夠，則相關的風險是流失技術專家、缺乏新產品與製程的構想，以及過度倚賴可用金錢買來的構想。

研究發展策略的關鍵在於，要支出多少金額在此一領域，以及在此寬廣的領域中如何分配稀少的資源。雖然一些以技術為主的產業，花在研究發展的經費很驚人，這並不表示產業中的每一家企業，都一定要遵循這種花錢如流水的政策；一些公司可能傾向快速模仿，以避免高研究支出。不過，這些模仿的公司，多少也必須具備某種技術能力。

研究發展經費所衍生的不確定問題，一種作法是給予研發功能一個清楚的市場走向，使發展方案能以潛在的市場利益來評估與控制。不過，企業不應因此而將焦點轉移，減少對研究發展進行根本性的策略分析，即評估該功能的技術能力。

8.11　人力資源管理

以企業策略的角度來看，人力資源功能的主要角色在於，確保員工的品質與其職位相稱。因此人力資源管理一其功能遠超出人事部門一包含招募、發展與評鑑員工，以及設計獎勵與福利制度。

如果管理得宜，公司的員工會有高士氣，各階層互動關係良好，員工流動率與曠職率低，進而導致很高的工作滿意度。要衡量以上這些要素可能有些困難，不過若管理不當，會有很明顯的症狀出現，例如曠職率、員工流動率提高，以及工會的抗爭增加。

除了以上的因素，要評估人力資源，都必須探討企業內的團隊：某些團隊，例如董事會、資深管理團隊、專案團隊等如何運作？對某些策略性任務而言，這些非常重要：例如制定政策、開發新產品、企業規劃、以及策略評估。

近幾年來，市場變得較具敵意，企業紛紛尋求開發產品與創新製程，以維護策略性優勢，許多企業試圖在組織內，培養員工的開創精神。在較官僚的組織結構中，這較難達成，不過許多公司開始創造孕育開創精神的文化，亦即鼓勵員工勇於承擔風險。很清楚地，要鼓勵員工擁有這種精神，高階主管有責任開創這種文化。文化的改變既不容易也不快，但是它的效應能遍及組織，影響人際關係與管理中的許多面向。

8.12　系統與程序

企業在評估策略時，通常會忽略公司內部的一些系統，不過從某個意義來看，這整個的課題是企業規劃系統的一環。這些系統，包含資訊系統、溝通系統、預算系統，影響企業所有的層面，不一定依附在某個功能下。它們是否具效率與效能，對組織的生存影響很大，組織規模越大，它們的影響越甚，並且企業規模越大，這些系統越顯複雜。新科技的到來，提升了企業處理必要資料的能力，不過這些系統仍必須依企業而量身設計，也必須能依策略的變動而改變。有兩個課題很重要：第一，企業是否有特殊的系統，以及第二，其運作成效如何？如同先前所述，我們可預期當企業成長時，會納入新的系統，而原有的系統也會變得更複雜(見表8.1）。

因此對一個大公司而言，不太可能沒有企業規劃系統。它運作的成效如何，要視使用者的需求而定，畢竟系統必須要能滿足決策者的需求。因此重點在於此系統將哪些訊息傳達給誰，以及受到何種處置。除此之外，這些系統各自的目標，不能與組織的目標背道而馳。舉例來說，用以避免詐欺行爲的財務控制系統，可能產生某種官僚制度，以致拖延了決策速度；因此組織必須在減少詐欺、以及快速決策的回應之間做必要的取捨。

通常這些系統都不太容易調整改變，但它們是企業中重要的一環，因此需要經常回顧、檢視。

表 8.1 各階段程序稽核準則

準則	階段一：起始	階段二：散佈	階段三：控制	階段四：整合
資料處理部門(DP)				
目標	在電腦中裝入最初的應用軟體	讓電腦技術的使用更廣泛	控制 DP 的活動	將 DP 整合至企業內
人事上的強調	電腦技術專家	使用者導向的系統分析與程式設計師	中階經理人	在技術與管理分工之間取得平衡
結構	深入低層的功能別領域	成長並設立多個DP單位	將 DP 的活動結合到組織的中央單位	將 DP 分層並做適當的調整
陳報階層	至功能別領域	至更高階的功能別經理人	至高階管理主管	副總裁階層陳報至公司的最高管理當局
使用者的察覺				
高階主管	刪減一般職員引發的後遺症	在營運的領域有更廣泛的使用	費用成長的危機 對於推廣至營運單位感到恐慌	接受它是主要的企業功能 參與於提供方向
使用者的態度	「袖手旁觀」 引發的焦慮	表面看起來很熱衷 對應用設計的涉入不足	對於忽然要分攤DP的費用感到挫折	接受責任
與 DP 的溝通	非正式 缺乏了解	太高遠、不實際的目標與排程 形成派系	正式的溝通管道 正式的承諾 累贅	投入應用、預算、設計、維護 接納與進行有意義的應用軟體之開發
訓練	讓大家大致了解什麼是電腦	使用者不太有興趣	提高使用者重視責任	使用者尋求應用開發與控制的訓練機會
規劃與控制				
目標	使費用不超出最先的預算	讓電腦用於各功能性部門的範圍更廣	控制正式化，並包含 DP 的費用	規劃與控制配合DP的活動
規劃	讓電腦能善盡其用	朝向軟體的開發	取得中央控制	建立正式的規劃活動
管理控制	著重於電腦作業的費用	促進軟體開發的活動更快速成長	正式控制的擴散	建立正式與非正式的控制
專案管理	DP 經理人的職責	程式設計師的職責	系統正式化	正式化的系統配合專案
專案審核與排定優先順序	DP 經理人的職責	功能不佳的經理人先進先出	DP 部門的職責 引領委員會	DP與使用者／管理當局共同的職責 引領委員會 正式的計畫發出影響力
DP 的標準	較不能察覺到其重要性	不注意	確認到重要性 積極執行活動	建立標準 製作政策手册
目標	在組織內證明電腦技術的價值性	將電腦技術應用在多種功能領域中	暫停新軟體開發 結合並控制現有的軟體	善用機會來整合系統 先進的技術進行符合成本之應用
應用上的辯護	節省成本	非正式的使用者／經理人核准	節省硬性成本 短期放鬆	效益／成本分析 高階主管的核准

8.13　讓內部與外部環境能夠配合

先前的章節顯示，當公司要分析組織與環境時，有哪些需要考量。從某個意義來看，這些分析與策略稽核很類似，不過不像財務稽核，前者不只關注「現在是什麼」，還探討「將會是什麼」。此時的任務在於將這些分析組合成有意義的模樣，以便規劃未來的策略。重點在於找出企業的優勢與劣勢，以及環境的威脅與機會。圖 8.9 將這些表達為座標圖。

任何策略，都必須踏著優勢來開發機會，並避免威脅與彌補劣勢。這是分析與策略選擇的重要關連，並且雖然看來簡單，能否有效率，則要看分析的品質。要列出組織的優勢與劣勢並非易事，而且列出的結果，通常無法完全揭示整體的情況。問題出在列出的項目，可能是一系列企業的症狀，並非企業健康與否的原因。舉例來說，銷售額下降不是問題，而是症狀，可能有更深入的原因導致如此，然而優劣勢分析卻無法揭示這更深入的原因。分析的關鍵在於，為何組織會擁有這些優劣勢？這個問題雖簡單，卻能引發謹慎、深入的分析思考。公司果真能如此思考，列出的優劣勢清單會短的多，不過都將是核心技能。若以競爭觀點來看，也就是公司要回答這個問題：我們與他人不同的策略優勢各為何？

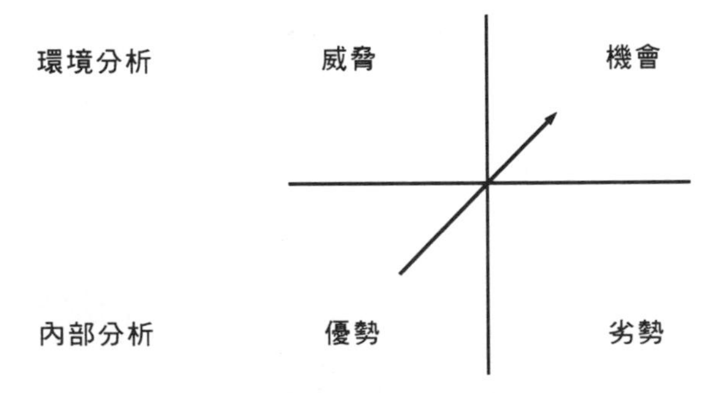

圖 8.9 內部與外部分析的摘要

接下來的步驟很重要，即一旦企業找出其獨特的競爭優勢，或是核心技能，這些知識將成爲未來行動的有力指引。除此之外，它能使公司與產業的關鍵成功因素相比較。所有的企業都必須自問這個問題：我們如何競爭？許多產業中都有關鍵的成功因素，是所有競爭的公司必須具備的，但是有優良績效的公司，一定是因爲擁有某項或某幾項關鍵成功因素，使之處於優勢地位，進而導致高水準的獲利。

8.14 管理上的結論與檢視清單

對企業分析師或個案研究的學生來說，一份檢視清單會很有用。如果能用語意或數字將優劣勢相對的比重列出來，使能進行統計操作或描述，則這種清單會更有效。以下的清單僅爲示意，並不表示包含所有的內容，並按照本章的章節依序列出。

目標

- 目標是否清楚、明示、可以衡量、可以達成、切於實際，以及方便組織內溝通使用？
- 營運目標是否與整體的策略目標一致？
- 目標是否符合業主與利害關係人的期望？

策略

- 策略是否與目標及組織的資源與能力一致？
- 是否直接根據企業的優勢？
- 策略是否能實現企業內部的綜效？
- 策略是否能呼應企業的外在環境？

結構

- ⊙ 組織結構是否與明示的策略一致？

財務

- ⊙ 公司是否能籌措足夠的財務資源來支撐其策略？
- ⊙ 資本的組成是否具有彈性？
- ⊙ 資本的成本有多低？
- ⊙ 公司是否有能力募集新資本？
- ⊙ 財務的規劃與控制多有效？

行銷

- ⊙ 行銷組合的要素多有效率與效能？
- ⊙ 公司在市場中的重要性爲何（以市場佔有率來看）？
- ⊙ 產品開發多有效能？
- ⊙ 公司進行行銷研究、市場趨勢分析、及缺口分析的能力有多好？
- ⊙ 銷售額與利潤的關係爲何？
- ⊙ 獲利與顧客群的關係爲何？

技術

- ⊙ 公司的生產成本是否有優勢？
- ⊙ 公司的生產品質是否有優勢？
- ⊙ 生產技術有多先進？
- ⊙ 維修、品質控制、生產排程、存貨控制等生產系統多有效能？

- 新產品是否容易融入生產程序？
- 公司有多接近最大產能？
- 工廠是否具有彈性？
- 我們是否在正確的地點生產？
- 購買原料是否享有大宗折扣？
- 取得稀少的原物料是否有困難？

研究發展

- 員工的技術能力有多強？
- 實驗室與設備有多好？
- 市場潮流是否趨向研究發展？
- 研究發展的花費有多少？

人力

- 招募的政策，是否使公司在執行策略時擁有足夠高品質的人力？
- 訓練政策是否能培養必需的新技術，並升級目前的能力？
- 管理發展方案是否能提高管理品質，以便執行企業策略？

系統與程序

- 系統與程序是否能提供執行策略的手段？

從本章內容可知，策略性的內部分析是一項大任務。對許多公司來說，這是年度的程序；因此有自己的學習曲線。另外我們必須記住，有許多企業的內部因素，其實不需要冗長的分析，它們通常顯而易見，例如競爭優勢、成本結構、獲利性等因素。公司也可以購買競爭者的細節資訊，或產業部門的分析，它們能提供有用的資料，方便公司比較之用。不過，主要的工作還是要靠公司本身。研究顯示，這些分析有助於破解組織內的許多迷思，並迫使管理當局客觀地正視。然而，除非此種內部分析結果能再對照目前與未來的環境之特性一如第四章所述一否則這份分析將沒什麼價值。

第九章　財務評估

前言→財務報表的特性→資產負債表→損益表→比率分析→股東比率→股票的評價與策略→現金流量→管理上的結論與檢視清單

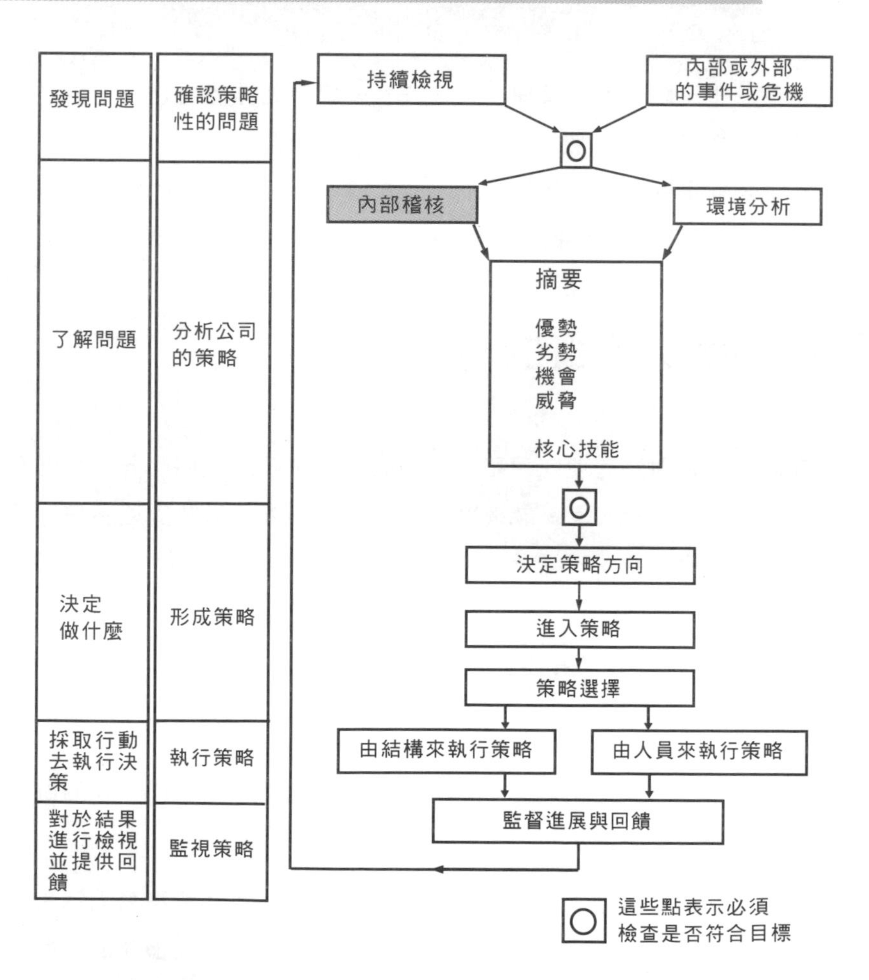

圖 9.1　策略決策制定的程序

9.1 前言

策略績效與財務分析間的關係最爲重要。藉由財務報表來分析組織的績效，是了解策略的根本管理課題。這些分析有兩項要素：

1. 提供重要證據說明組織整體是否具有效能，尤其是與過去的績效或與類似的組織相比時。

2. 評估財務功能是否具有效率與效能，針對財務資源的取得與管理。

這些分析不限於策略管理之用，許多組織外的團體，也會對組織的績效有興趣，例如銀行、股市、公會、競爭者、供應商、以及投資分析師等。這些分析關注組織的財務健全，並且設計來回答關鍵的策略問題。另外，分析師們也很關心公司涉及的風險，以及公司能帶給業主的報酬率。

9.2 財務報表的特性

在開始解釋財務管理在策略管理中的用途之前，我們應先探討財務報表主要的特性。一般來說，最適用的報表是損益表、以及資產負債表。其他報表或許也很重要，不過此二者通常已能提供績效分析所需的資訊。

9.3 資產負債表

資產負債表以標準的格式，顯示公司的經濟狀況。如圖9.2的解析，顯示了公司資金的**來源**，以及擁有哪些**資產**。

事實上，資產負債表並不如一般人所認爲的，可以解釋公司過去幾年來有多成功—這是損益表的功能—資產負債表提供的是在**編表的時點上**，「公司眞實與公正顯示的財務狀況」。

表 9.1 資產負債表

資產負債表科目		
固定資產		
土地與建築物		800
廠房與機械		800
運輸工具		200
設備與配備		100
無形資產（商譽）		100
投資		100
		2100
流動資產		
存貨	300	
債權	300	
現金	100	
	700	
減：流動負債		
銀行透支	20	
應付帳款	200	
應付稅款	200	
應付股利	20	
短期貸款	100	
	540	
淨流動資產		160
淨資產（總資產減流動負債）		2260
融資自：		
一年後到期之負債		100
長期借款		800
負債準備		100
		1000
資本與保留盈餘		
特別股股本		100
普通股股本		900
保留盈餘		260
		1260
使用資本		2260

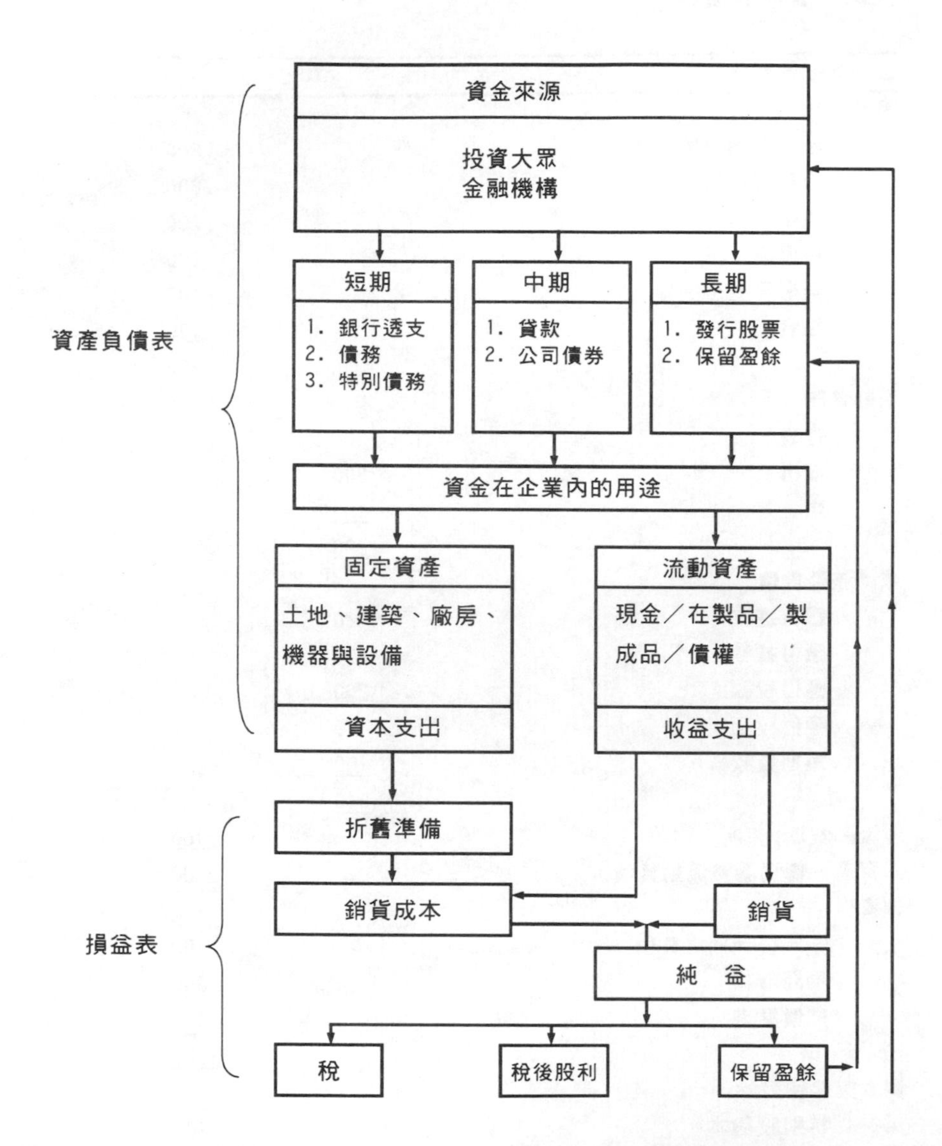

圖 9.2 資金的來源

資料來源：G.Ray, J.Smith, 'Handy Development Ltd', in Text and Case in Management Accounting (Gower).

9.4 損益表

損益表（見表9.2）有兩層意義。第一，它用來計算營業期間公司純益的多寡，通常以盈餘表示，以及第二，它指出有哪些因素造成純益上升或下降。除了年度損益一必須公開給股東一之外，公司每個月與每季都會算出損益情形，做爲管理的參考。

損益表計算毛利或毛利率，它顯示企業主要的收入活動帶來多少收入（損失），以及是否能吸納企業的費用，並留下公司可接受的純益。

毛利＝銷售額－銷貨成本

損益表將管銷費用，自毛利中扣除，以便得出息前稅前純益（盈餘）。

息前稅前純益＝毛利－間接費用

息後稅後純益代表可分配給股東的金額，或留做保留盈餘。

保留盈餘＝稅前純益－稅－股利

表9.2　損益表範例

損益表會計年度截止於…		
	英鎊	英鎊
銷售額	5,400	
減銷貨成本（最主要的成本）	4,000	
毛利		1,400
減間接費用	1,000	
息前稅前純益		400
應付利息	80	
公司稅	90	
稅後純益		230
減宣布的股利	20	
年度保留盈餘		210

9.5 比率分析

對策略評估來說，有五個特別重要的領域：

		會計用語
1	企業是否獲利？	獲利能力
2	營運情形是否令人滿意？	經營周轉能力
3	企業是否有償債能力？	流動性
4	企業是否適當地籌措資金，以及是否正確地使用？	財務槓桿
5	股東是否獲得滿意的報酬？	股東報酬比率

上述問題可帶來財務報表中一大串相關的比率。要使用哪一個，要視問題而定，不過一般來說，一些領域有其一定要算的比率。採用哪些比率、以及用哪個特定公式並不重要，只是要確保每次使用的是同一種，以維持一致性。

獲利能力

三個相關的比率：

1 公司業主的報酬如何？

2 公司投資的資產帶來的獲利情形如何？

3 淨資產的生產力如何？

這三個比率之間的關係見圖9.3。爲了一致性，在此我們統一採用息前稅前純益（PBIT）來計算，計算方式爲銷售額減去銷貨成本與間接成本，即息前稅前純益（盈餘）。各項比率眞正的定義解釋如下。

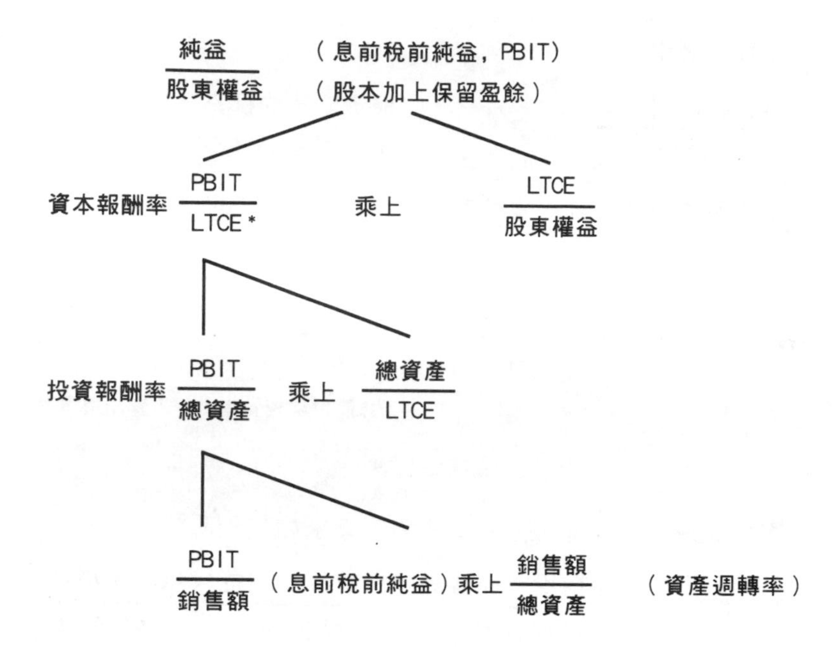

圖 9.3　各比率之間的關係

業主報酬率

$$\frac{\text{稅前純益}}{\text{股東權益}}$$

顯示公司的法定業主之報酬如何。如果分析需要稅前純益（PBT）中可以分配給業主的部份，則稅前純益改爲淨利，亦即扣除稅額與利息後的純益。用後者來計算比率較常用。

資本報酬率（ROCE）

$$\frac{\text{息前稅前純益}}{\text{長期資本}}$$

顯示投入的資本產生的純益情形。

投資報酬率

$$\frac{\text{息前稅前純益}}{\text{總資產}}$$

顯示公司的投資—包含固定與流動資產，可創造多少純益。

總資產報酬率可進一步分割，以顯示獲利從何而來：

$$\text{投資報酬率}=\frac{\text{息前稅前純益}}{\text{總資產}}=\underset{\text{（息前稅前純益率）}}{\frac{\text{息前稅前純益}}{\text{銷售額}}}\times\underset{\text{（資產週轉率）}}{\frac{\text{銷售額}}{\text{總資產}}}$$

資本報酬率也可類似進一步分割，顯示如下：

$$\text{資本報酬率}=\frac{\text{息前稅前純益}}{\text{長期資本}}=\underset{\text{（息前稅前純益率）}}{\frac{\text{息前稅前純益}}{\text{銷售額}}}\times\underset{\text{（資本週轉率）}}{\frac{\text{銷售額}}{\text{長期資本}}}$$

由此我們可以看出純益之所以上升，是來自息前稅前純益率或週轉率的哪一個較重要。在某些產業，例如食品連鎖業，息前稅前純益率通常很低，因此週轉率是創造純益的重要因素。

要計算合適的比率所需的資料來源，顯示於圖 9.4 。

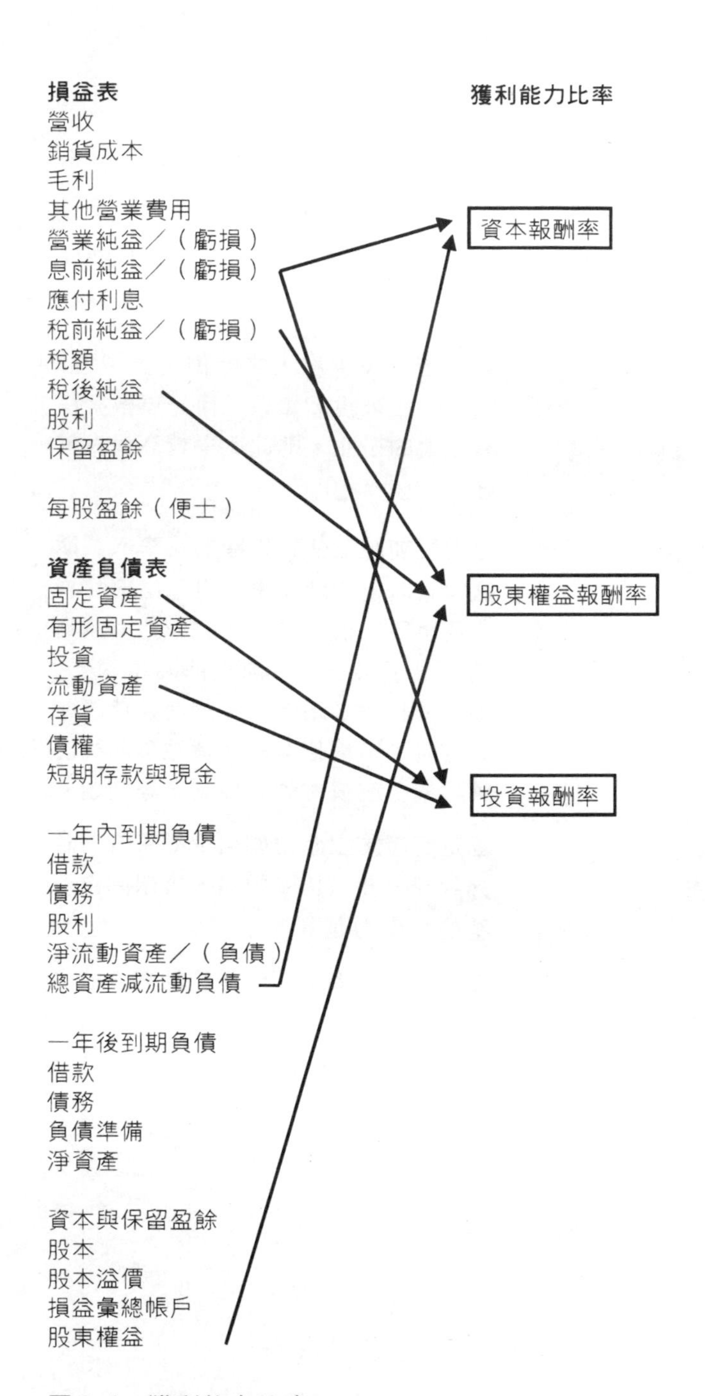
損益表
營收
銷貨成本
毛利
其他營業費用
營業純益／（虧損）
息前純益／（虧損）
應付利息
稅前純益／（虧損）
稅額
稅後純益
股利
保留盈餘
每股盈餘（便士）
資產負債表
固定資產
有形固定資產
投資
流動資產
存貨
債權
短期存款與現金
一年內到期負債
借款
債務
股利
淨流動資產／（負債）
總資產減流動負債
一年後到期負債
借款
債務
負債準備
淨資產
資本與保留盈餘
股本
股本溢價
損益彙總帳戶
股東權益
獲利能力比率
資本報酬率
股東權益報酬率
投資報酬率

圖 9.4　獲利能力比率

經營周轉能力

要檢視企業的經營周轉能力，在分析的設計上是要顯示，在已知的銷售額水準或資產投資下，企業獲得何種報酬。換句話說，分析應顯示銷售額與資產的生產力，以及彼此間的關係。在此一領域的分析中，計算的標準比率如下：

比率	說明
$\frac{\text{銷售額}}{\text{資本}}$	資本週轉多少次，才能創造出銷售額。一般來說，如果任何一項數字沒有太大的扭曲，則此比率越高代表越好。
$\frac{\text{息前稅前純益}}{\text{銷售額}}$	息前稅前純益佔銷售額的比率。長期觀察息前稅前純益率，可看出獲利的主要手段。很清楚地，此一比率越高越好，不過一旦息前稅前純益率下降，分析師必須進一步詢問爲什麼。是否爲了市場佔有率而犧牲息前稅前純益率？或成本失去控制？等問題。
$\frac{\text{銷售額}}{\text{固定資產}}$	固定資產的生產力如何？如果沒有意外狀況，此一比率越高，表示固定資產的生產力越高。
$\frac{\text{銷售額}}{\text{營運資金}}$	如上述的比率，顯示淨流動資產的生產力。
$\frac{\text{銷貨成本}}{\text{存貨}}$	一年當中存貨週轉幾次？

圖 9.5 指出用以計算上述比率的數字來源。

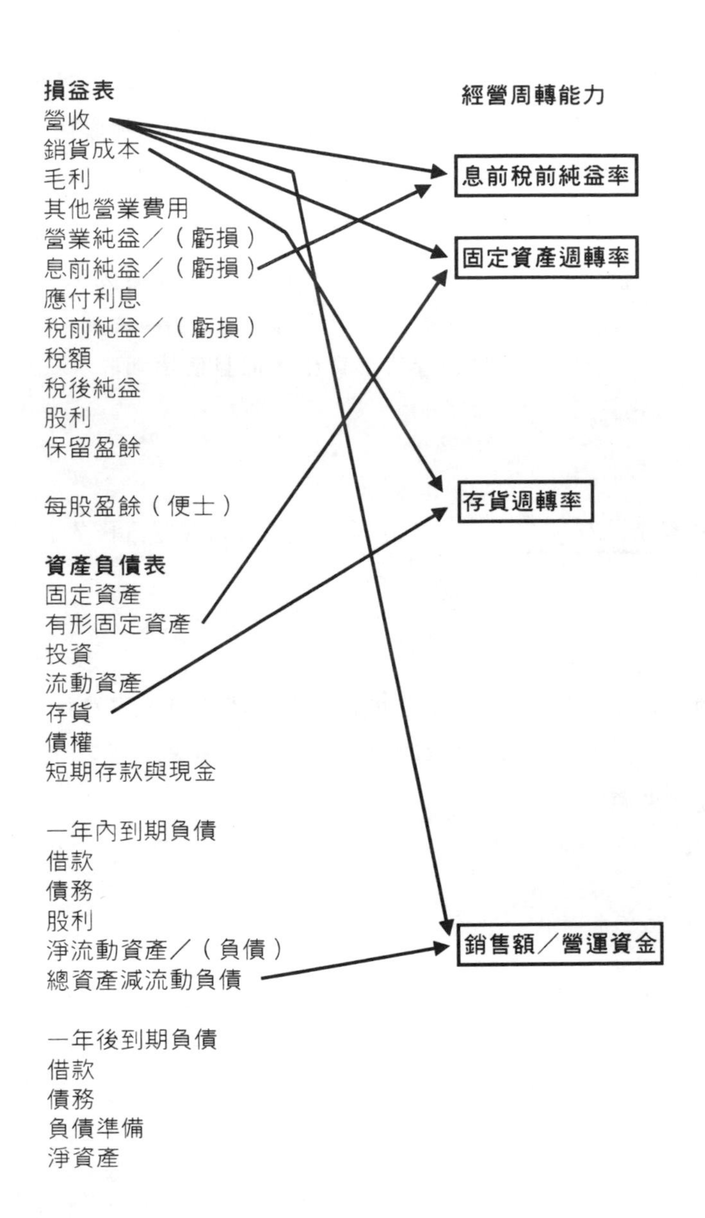
損益表
營收
銷貨成本
毛利
其他營業費用
營業純益／（虧損）
息前純益／（虧損）
應付利息
稅前純益／（虧損）
稅額
稅後純益
股利
保留盈餘
每股盈餘（便士）
資產負債表
固定資產
有形固定資產
投資
流動資產
存貨
債權
短期存款與現金
一年內到期負債
借款
債務
股利
淨流動資產／（負債）
總資產減流動負債
一年後到期負債
借款
債務
負債準備
淨資產
經營周轉能力
息前稅前純益率
固定資產週轉率
存貨週轉率
銷售額／營運資金

圖 9.5　經營周轉能力

流動性

如同許多比率，流動性比率須依產業的特性來看。許多產業的流動性比率通常都很低。另外，比率會依企業間的會計年度截止日而不同，而具有季節性變動的企業，一年當中流動性比率的差異性會很大。

流動比率 $\frac{\text{流動資產}}{\text{流動負債}}$ 基本上引發的問題是：「企業在不久的未來是否具有償債能力，亦即，是否存貨都賣出，而且債權都收現了？」

速動比率

$$\frac{\text{速動資產（流動資產減存貨）}}{\text{流動負債}}$$

「企業是否能立刻償還債務？」

基本上，如果速動比率小於1：1，企業可說無力還清債務，不過我們在這麼認定時，必須特別小心，因為各產業的標準不同。圖9.6顯示用以計算上述比率的數字來源。

財務槓桿

任何企業長期資金的兩大主要來源，分別是負債資金，以及發行股票。企業如何管理財務，是策略性決策，其結果對企業的健全有顯著的影響。這兩大來源之間的關係，可用「槓桿」(gearing) 來表示，顯示如下：

$$\frac{\text{長期負債}}{\text{募集資金（負債＋股東權益）}}$$

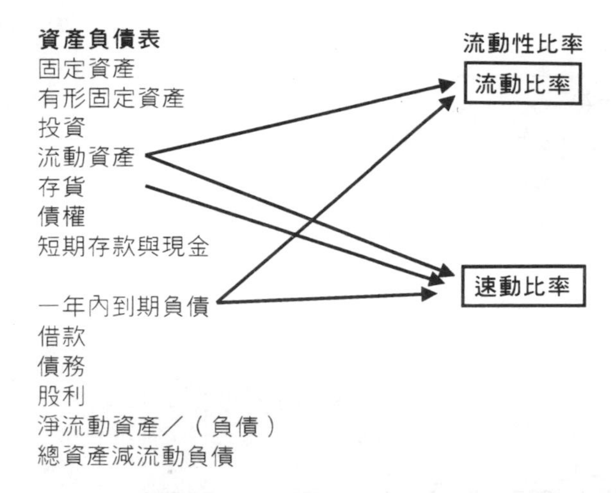

圖 9.6　流動性比率

	X公司	Y公司
面額一英鎊發行股數	1,000	500
長期借貸（利息 10%）	—	500
	1,000	1,000

因此Y公司的槓桿爲 50%。

如果檢視兩家公司的損益表，則可製成如表 9.3。

表 9.3 槓桿的效果

	第一年		第二年	
	X公司	Y公司	X公司	Y公司
	英鎊	英鎊	英鎊	英鎊
銷售額	1000	1000	1000	1000
息前稅前純益	200	200	50	50
應付利息	-	50	-	50
稅前純益	200	150	50	-
稅(50%)	100	75	25	-
息後稅後純益	100	75	25	-
每股盈餘	10便士	15便士	2.5便士	-

槓桿的效應在於，公司透過利息支付，能讓債權人得不到那些可分配、求償用的純益，因此公司支付利息的能力很重要。負債的影響，可由計算利息保障倍數來看：

$$\frac{\text{息前稅前純益}}{\text{應付利息}}$$

不過，高槓桿公司第一年的每股盈餘，會比那些低槓桿公司要來得高，因爲高槓桿公司付的稅額較少。到了第二年，槓桿效應會抵消純益。因此任何企業都必須體認，長期的槓桿會影響公司支付利息的能力，進而影響獲利能力。

先前我們討論到在計算獲利能力比率時，槓桿的效應會顯現。舉例來說，業者的報酬會受到槓桿的影響。相同地，債務的組成也很重要。如以上所示，企業可自行調配長期與短期負債的組合；兩者的關係顯示於表9.1。

計算時所需的資訊來源顯示於圖 9.7。

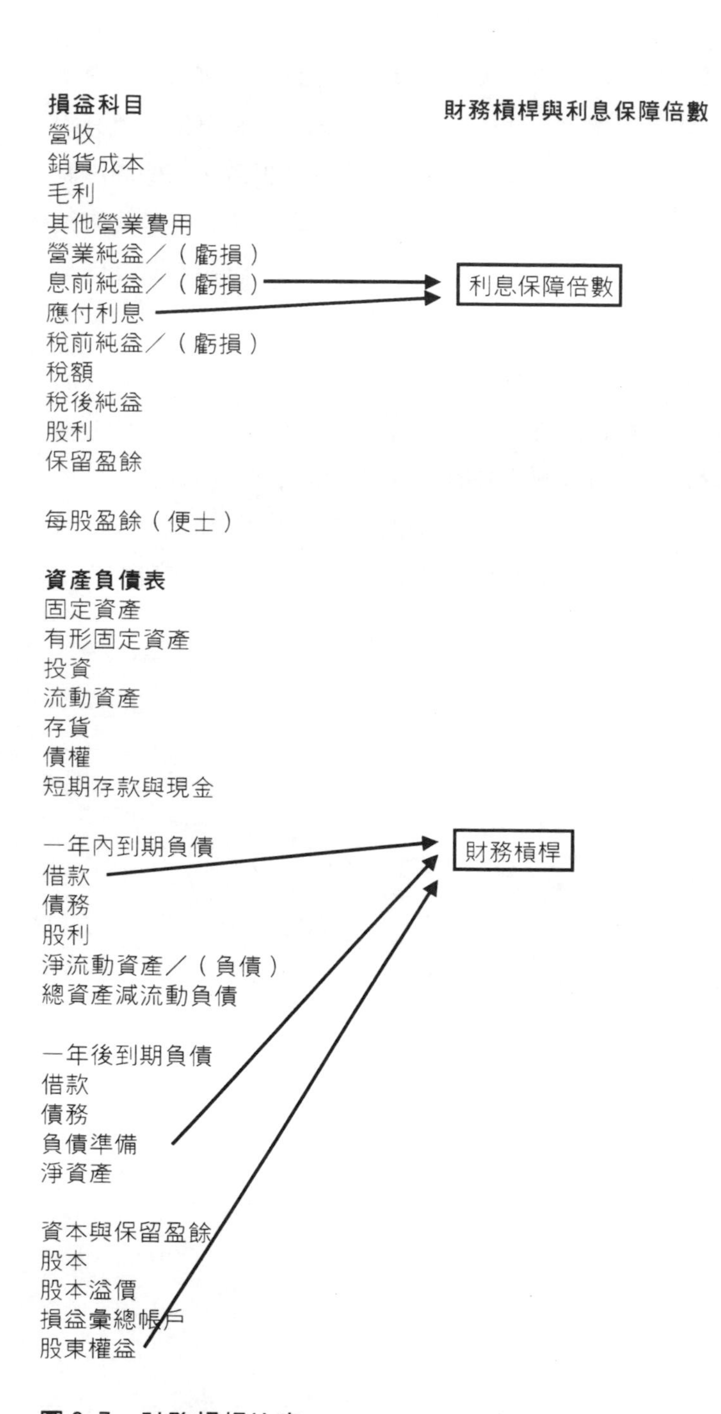
損益科目
財務槓桿與利息保障倍數
營收
銷貨成本
毛利
其他營業費用
營業純益／（虧損）
息前純益／（虧損）
利息保障倍數
應付利息
稅前純益／（虧損）
稅額
稅後純益
股利
保留盈餘
每股盈餘（便士）
資產負債表
固定資產
有形固定資產
投資
流動資產
存貨
債權
短期存款與現金
一年內到期負債
財務槓桿
借款
債務
股利
淨流動資產／（負債）
總資產減流動負債
一年後到期負債
借款
債務
負債準備
淨資產
資本與保留盈餘
股本
股本溢價
損益彙總帳戶
股東權益

圖 9.7　財務槓桿比率

企業可將槓桿擴充到什麼地步，可由其募集資金的能力來決定。資金通常只有兩個來源：向銀行借貸，以及以權益的形式向股東募集。所有的衍生金融，其實都源自此二者。例如保留盈餘就是一種權益，它們屬於股東，但公司卻不分配，所以仍然算權益。類似地，公司向政府遞延的稅額，算是向政府的「借貸」，在未來某個日期必須還清，正如向銀行借貸一般。

要向兩個來源一股東權益或借貸一募集資金的關鍵，在於公司過去的表現。銀行樂於將錢借給成功的公司，而公司績效若能反映在上升的股價上，股東也較願意購買公司所發行的股權，或同意讓公司保留盈餘。因此公司的資本報酬率，加上股利支付率，會形成一個最佳的持續成長率。最佳持續成長率包含兩個變數一資本報酬率以及股利分配率，以下說明之：

$$成長率=\frac{負債}{股東權益}(r-i)p+rp$$

其中

r= 資本報酬率

i= 利率

p= 保留盈餘比率

以下舉一個簡單的例子：

	百萬英鎊
銷售額	840
息前稅前純益	84
利息	12
稅前純益	76
稅額	26
稅後純益	50
股利	25
保留盈餘	25
負債	126
股東權益	200

資本報酬率＝ 84/326 ＝ 0.257

保留盈餘比率＝ 25/50 ＝ 0.5

利率＝ 12/126

成長率＝ 126/200(0.257-12/126)25/50+0.257(0.5)＝ 0.18

如此便能得出公司的最佳持續成長率，如果沒有再募資，明年將達到18%。如果公司期望、或計劃要達到高於18%的成長率，就得在公式中的變數上努力一番。

債權（或應收帳款）與現金流量

公司收取應收帳款的能力，對財務管理而言很重要，可由下式表示：

$$\frac{應收帳款}{銷售額} \times 365$$ ，亦即需多少天可將應收帳款收齊。

時間拖得很長，表示公司在應收帳款方面的控管差，或也可能公司給予買方延長信用期間，以增加銷售額。如同其他許多比率，此一比率也依產業的性質而不同。

有些比率很難由財務報表中的資料來計算，不過一般都可由公司內部取得資料，內部分析師可以分析這些比率間的關係。

9.6 股東報酬比率

有一些比率也是我們想知道的，它們的共同特性在於顯示股東的投資報酬，這通常會以盈餘與資產對投資之間的關係來表示。

每股盈餘

顯示每股賺多少稅後純益。雖然稱爲盈餘，不代表一定會全部以股利的形式分配。

股利保障倍數

這顯示盈餘爲股利的幾倍。數字越高，代表越少的股利分配給股東。數字越低，代表企業保留較少用作未來成長之用的盈餘。許多公司有長期的股利政策，不過很明顯地，這會受到盈餘的波動，以及股東對資本成長的關心與對股利的期望之影響。

每股股利

顯示股東每股可分配到多少股利。

每股淨資產

此一比率顯示每一股值多少企業的資產（要扣除短期負債）。很清楚地，淨資產數字會部份反映出公司的資產折舊及重評價的政策。這是未計列任何商譽的公司價值。以上的比率所需的資料來源，顯示於圖 9.8 。

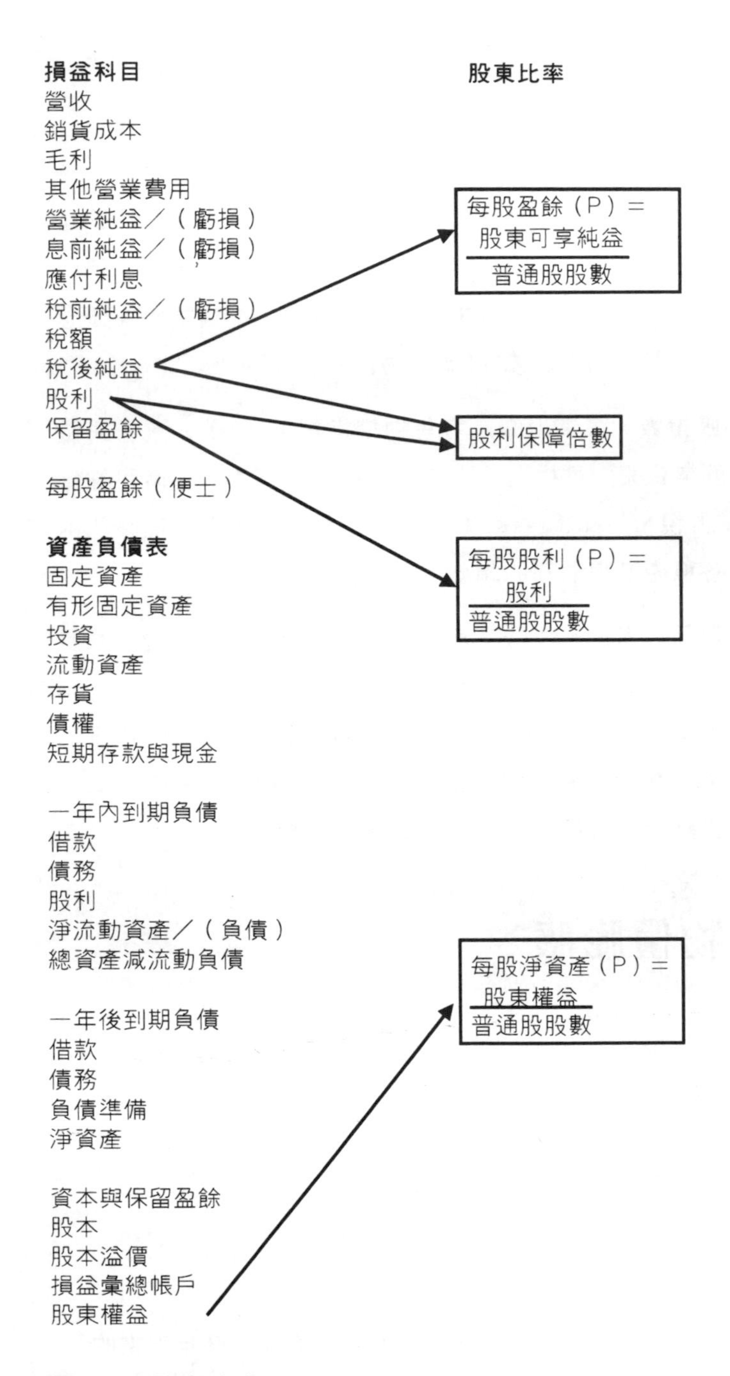
損益科目
營收
銷貨成本
毛利
其他營業費用
營業純益／（虧損）
息前純益／（虧損）
應付利息
稅前純益／（虧損）
稅額
稅後純益
股利
保留盈餘
每股盈餘（便士）
資產負債表
固定資產
有形固定資產
投資
流動資產
存貨
債權
短期存款與現金
一年內到期負債
借款
債務
股利
淨流動資產／（負債）
總資產減流動負債
一年後到期負債
借款
債務
負債準備
淨資產
資本與保留盈餘
股本
股本溢價
損益彙總帳戶
股東權益
股東比率
每股盈餘（P）＝
股東可享純益
普通股股數
股利保障倍數
每股股利（P）＝
股利
普通股股數
每股淨資產（P）＝
股東權益
普通股股數

圖 9.8　股東比率

比較

將任一年的各種比率拿來比較，對分析師而言其實沒有多大意義。爲了有更好的結果，比較分析必須拿過去幾年的資料來比，或與類似的公司比。不過以時間爲主軸來比較，由於有通貨膨脹的影響，比較困難。任何財務評估都必須調整物價膨脹，比較時才有可信的基準。如何調整在概念上很直接，如以下 9.7 節將說明「如何調整物價膨脹」。

有幾個物價膨脹指數，最常用的是零售物價指數（RPI）。貿易與產業部每個月發行的就業公報中可找到。不過某些產業不適用，這時可採用 HMSO 出版的<<企業監視>>(Business Monitor) 系列，其中有現時成本會計物價指數，有各種產品與服務的指數。

與其他公司比較頗爲困難，因爲沒有兩家公司完全相同。不過，我們可以收集它們的年度報表來比較，另外或可向 Inter-Firm Comparisons、Extel、Datastream 等公司購買所需資訊。這些資訊目前大多可由網路上找到。這種橫斷面的比較，目的在於藉由比率的計算，找出公司間績效的差異，並對這些差異採行必要的措施。

9.7 調整物價膨脹

如果考慮兩個年度1980年與1990年的銷售額與純益，表面上兩個數據有「實際」的增加值：

	銷售額（百萬英鎊）	純益（百萬英鎊）
1980 年	1,000	100
1990 年	2,000	125

不過，如果將通貨膨脹考慮進去，會出現不同的情況。歷年下來的通貨膨脹，可由通貨膨脹指數得知（見上述的來源）。它們分別是 1980 年 =70.7，以及 1990 年 =125.7。因此 1980 年 70.7 英鎊可買到的東西，在

1990年需要125.7英鎊。如果要做有意義的比較，則必須按照指數，調整不斷貶值的貨幣價值。

1980 年的英鎊，要乘上 125.7/70.7=1.778

或是

1990 年的英鎊，要乘上 70.7/125.7=0.562

如果數值依照1990年的英鎊爲準，則1990的數字（2,000百萬英鎊與125百萬英鎊）維持不變，1980年的數字要乘上1.778。

	銷售額（百萬英鎊）	純益（百萬英鎊）
1980 年數字依 1990 年物價	1,000*1.778=1778	100*1.778=178
1990 年數字依 1990 年物價	2,000	125

（數字四捨五入）

因此原本看起來銷售額成長兩倍（1980年有1,000百萬英鎊，1990年有2,000百萬英鎊），實際上只增加12.5%〔((2,000-1,778)/1,778)*100=12.5%〕，原本增加25%的純益（1980年有100百萬英鎊，1990年有125百萬英鎊），實際上卻下降29.8%。〔((125-178)/178)*100 = -29.8%〕

9.8 股票評價與策略

本章一開始提到，公司的績效是各方人士關注的焦點。因此公司的績效若反映在股價上，在證券交易所都可查到公開的記錄。公司募集資金的能力將會受股價影響。另外，一些重大的策略性事件，例如購併，也會受證券交易所對公司之評價的影響。此一領域最重要的比率是股價/盈餘比率（本益比），顯示如下：

$$\frac{\text{目前的股價}}{\text{上一期公佈的每股盈餘}}$$

我們可看出此一比率隨著公司每日股價的不同而變動。其實本益比(p/e ratio)本身並不代表特殊訊息，不過它能顯示市場對公司的評價。一般來說，有高本益比的公司，正代表市場對此公司有較高的期望。

本益比還顯示以目前的盈餘比率來看一假設所有盈餘都予以分配，需要多少年，股價才會回到購入時的價格。這假設盈餘成長率為0。在購併的案例中，本益比的角色就重要得多。假設A公司要買下B公司，並有下列資訊：

	A公司	B公司
發行股數（千）	1000	500
去年盈餘（千元英鎊）	100	50
每股盈餘（EPS）（便士）	10	10
每股股價（便士）	100	100
本益比	10	10

B公司的市價為500,000英鎊，即股價（1英鎊）乘上股數（500,000）；因此A公司要買下B公司，必須支付B公司的股東500,000英鎊現金，或A公司的股票500,000股，亦即

公司的價值/股價　或是　500,000英鎊/100便士

如果A的股價為200便士，本益比為20，則只需支付上述一半的自身股票，亦即

500,000英鎊（B）/200便士（A）=250,000

很顯然只付一半的股數較吸引人，那是因爲公司的本益比比「股市的平均」來得高，因此能有此溢價與繼續維持高股價。

本益比在購併時很重要，不過並不是唯一的考量要素。若要更了解有關購併的詳細內容，見第十六章。

9.9 現金流量

現金流量對公司的獲利性很重要，因爲現金代表公司的「活血」，讓公司有能力繼續交易，而一旦公司內部缺乏資金，就必須對外募集，因而衍生出償付利息的能力等問題。舉例來說，要投資新的機器需要資金，對外募集資金需要發行股票，而購併也要看公司的流動性如何。因此，對許多公司來說，現金管理與獲利能力同樣重要。

現金流量可顯示公司是否有一些問題。如果需求具季節性，現金流量也會有季節性，表示生產對現金流入的影響很小；同樣地，如果時間拉長，需求的循環性對現金流量也會造成影響。以策略的觀點來看，公司必須認清這些現象，並建立預測程序，以便事先預見現金的短缺。信用控制系統雖然不會讓現金流量增加，但可確保公司收齊應收帳款的速度，以滿足公司的流動性需求。

雖然以策略的觀點來看，現金管理關心的是未來的流量與金額，不過實務上有個有助於預測的方法，也就是資金的流入與流出分析。基本上，此一分析著重在公司如何取得資金，以及如何運用這些資金。因此資金流入代表資產減少或負債增加，而流出則代表資產增加或負債減少。以下顯示更深入的項目。

流入

- 保留盈餘增加；

⊙負債增加；

⊙發行股本增加；

⊙現金減少；

⊙存貨減少；

⊙應收帳款減少；

⊙出售投資；

⊙出售設備、廠房、土地與建築物。

流出

⊙資產增加；

⊙存貨增加；

⊙應收帳款增加；

⊙應付帳款減少。

由此我們便可掌握資金由何而來，流向何處。目前大多數公開的財務報表，都會包含現金流量表，以便分析資金流量，有利於評價。

9.10 管理上的結論與檢視清單

要進行財務分析，必須分析數組比率與相對應的報表，讓公司能以比較的方式，了解公司財務結構之健全性。因此分析的過程與結果，屬於策略評估的核心部份。

要總結對某公司的財務分析，以下我們舉一個有用的方法：

比率或相關領域	我們公司	類似公司或產業部門	評論
獲利能力			
資本報酬率			
投資報酬率			
經營周轉能力			
銷售額／募集到的資本			
息前稅前純益／銷售額			
銷售額／固定資產			
銷售額／營運資金			
銷貨成本／存貨			
流動性			
流動比率			
速動比率			
財務槓桿			
負債／資本額			
股利保障倍數			
應收帳款收現天數			
股東報酬比率			
每股盈餘成長率			
盈餘／股利			
每股股利成長率			
每股淨資產成長率			

第十章　績效分析

前言→價值鏈分析→設定標竿→市場策略對獲利的影響
→成本與策略→平衡計分卡（Balanced Score Card）
→管理上的結論與檢視清單

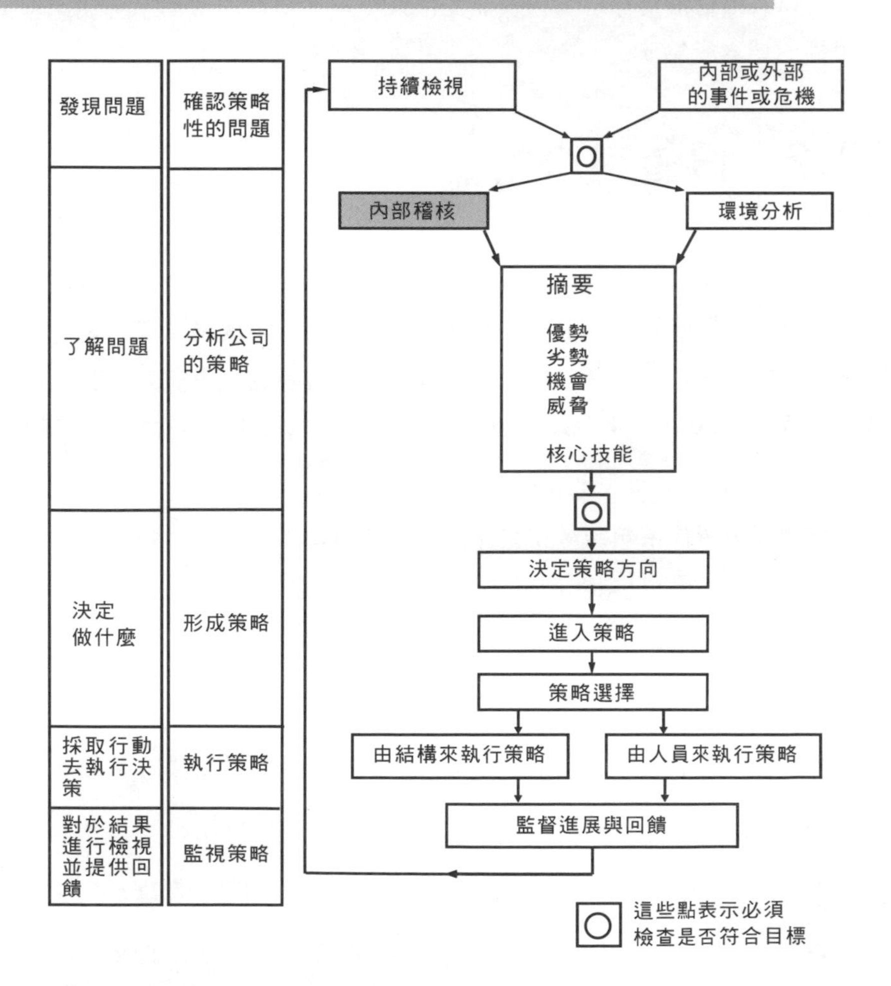

圖10.1 策略決策制定的程序

10.1 前言

第九章只討論策略分析的財務面向。本章將介紹其他方法，用以評估績效，及比較標的公司與其他組織一包括競爭者。所有內部評估分析的最終目的，在於讓公司根據已知的能力來制定策略，並進一步藉企業的資源基礎，開發潛在的競爭優勢。本章分析的重點，在於了解標的企業如何產生附加價值，以及其競爭者如何擁有優勢。因此績效分析非常重要，它讓我們能以其他企業爲標竿，以及能更深入了解在特殊的市場中，與企業策略相關的成本行爲。

10.2 價值鏈分析

企業不斷追求競爭優勢，並試圖透過分析，找出優勢的潛在來源，進而在革新後，抵禦外來競爭。舉例來說，公司若希望透過品質的差異化來與他人競爭，就必須使價值鏈的活動運作得比對手更好，而公司若欲成爲成本領導者，就必須減少與加值程序相關的成本支出，或減少使用的資源。

價值鏈分析採系統觀，視組織由一組轉換程序組成，每個程序有各自的投入與產出。波特[1]（Porter）依據他所稱的主要活動與支援活動，建構出價值鏈模型。

主要活動包含：

- 往內部的物流一所有與接收、儲存外來原物料相關的活動。
- 作業一將產品或服務製造出來。將投入轉換成產出。
- 往外部的物流一所有與將成品運送給買主相關的活動。
- 行銷與銷售一基本上是資訊活動，讓買主與消費者了解產品、服務、以及價格。

- 服務－所有與維護產品售後之功能相關的活動。

除此之外，波特還提出一系列的支援活動，基本上它們是管理系統與程序，用以支援主要活動。包含：

- 採購－管理與採購原物料相關的資訊流。
- 人力資源管理－與招募、發展、激勵員工有關的活動。
- 技術開發－管理組織的知識庫。
- 基本建設－管理支援系統與其功能，例如財務、規劃、品質控制、以及對高階管理團隊的支援。

波特指出這些活動－包含支援活動與主要活動，都可成為公司競爭優勢的來源。

圖10.2顯示這些系統與相關活動的關係。價值鏈分析可以分割成許多依序的步驟。

1 將企業按照關鍵活動分割。這需要按模型中標示的主要與支援活動來歸類。
2 一旦活動都確認了，就可以評估各項活動是否以成本優勢或差異化來產生附加價值。同時任何劣勢也可以探討。（公司是對週而復始購入的原料與服務，來產生附加價值。）
3 公司的策略可能因短暫的優勢而獲利，不過一般而言，任何企業都希望其策略是根基於持久的競爭優勢上。許多優勢過些時間後，可能不再是優勢，需要公司加以革新，因此競爭優勢最主要的來源，在於企業革新的能力，以及能否持續優勢來抵禦競爭者。

這些步驟也會有分析上的問題。企業的某些部份很難加以分割，也可

主要活動

內部物流	作　業	外部物流	行銷與銷售	服　務
倉儲 物料管理 存貨控制 排程	生產 包裝 組裝 維護	倉儲 裝運 訂單處理 排程	定價 配銷— 通路 管理 促銷	售後服務 訓練

支援活動

採　購	人力資源發展	技術發展	基礎建設
採購實體資源	雇用 獎懲 發展 解雇	設　備 學　習	組織設計 人員功能

圖 10.2 一般性的價值鏈

能無法得到所需的資訊；某些活動互相牽連，優勢由這些互動中產生。過度的分割，可能使分析的單元無法產生任何優勢；而分割不夠精細，則可能無法找出潛在競爭優勢的來源。

價值鏈分析能使公司比競爭者更快速地回應。這反過來又會進而使公司更加瞭解品質與回應的概念。

全面品質管理（Total Quality Management）現已成爲有力的取向，能幫助公司了解買方的需求，以及公司內部應採取哪些合適的回應，以提供更高的品質，讓買方滿意。競爭壓力迫使公司要取悅買方，並不只是滿足他們而已。此一概念正深入美國的公司中，在美國有巴氏（Malcolm Baldrige）品質獎，頒給那些在國際上有卓越品質成就的公司。目前歐洲也仿效之，成立了 EFQM（品質管理歐洲基金會），性質類似。EFQM 的一般化模型顯示在圖 10.3。

除了全面品質管理外，一些公司已了解到組織學習與執行策略的速度，也可以成爲競爭優勢。這令人聯想到時間競賽。史塔克與豪特[2]（Stalk and Hout）已說明過公司的回應速度與獲利之間，有直接的關連。對許多公司來說，回應的速度是提供給顧客的價值之一。公司需以整體的角度來思考價值鏈，才能提高回應速度，不過更重要的是視回應速度爲策略。這需要強力的管理，以減少浪費、拖延、及非附加價值的活動。

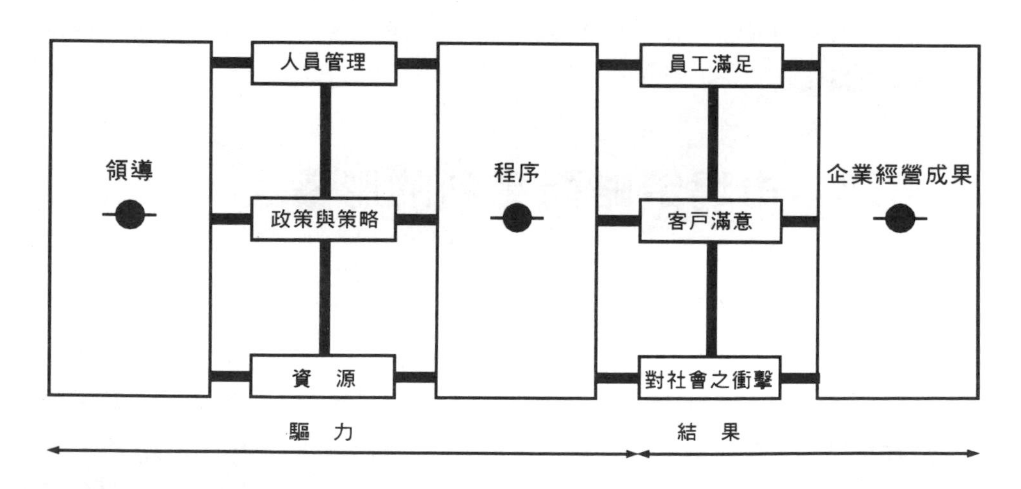

圖 10.3 歐洲全面品質獎模式

10.3 設定標竿

企業與其他公司比較的能力很重要。第九章曾經指出財務比率的橫斷面分析，是策略分析中重要的一環。設定標竿（bench marking）指創造一連續的程序來衡量企業的產品、服務與內部程序，並與成功的競爭者、以及其他產業中的領先公司比較。藉由設定標竿，企業可以找出最佳的經營實務對策以及如何執行。對一些企業來說，將自身與「頂級」的公司相比，以作爲改進績效的方法，已經是常態的作法。這需要與許多不同的企業比較，以涵蓋所有的功能面。

很清楚地，爲了要能有效地設定標竿，任何公司必須知道自身與競爭者的優劣勢，這就需要公司建立競爭知識系統。對很多大型組織來說，因未能比較不同的分部，所以足以設定內部的標竿。競爭性標竿，目前已成爲比較與了解競爭性活動的常用方法。許多企業設定功能性標竿時，並沒有商場壓力，因爲用以比較的頂級企業，可能位於完全不相干的產業。設定標竿的趨勢促使「標竿俱樂部」的形成，諸多非彼此競爭的企業，經常彼此交換資訊。

10.4 市場策略對獲利的影響

某些時候，經理人對於企業規模與市場佔有率的大小，如何影響生產與行銷的成本，會有一份直覺。英國策略規劃協會[3]在過去幾年當中，已建立一個大型的資料庫（稱爲PIMS），包含超過3,000家公司，每個公司有超過100個變數。該協會已確認主要的獲利驅動變數，包含：

- 相對市場佔有率（你的市場佔有率與市場領導者相比）；
- 相對產品品質；

- ⊙ 投資集中度（投資佔附加價值的比例）；
- ⊙ 市場成長率；
- ⊙ 產能使用率；
- ⊙ 作業效能（實際與期望的員工生產力）。

這些與其他變數可讓經理人看出策略性決策的影響。PIMS 的分析結果，使公司以「標準的」範本，來衡量自身的績效（企業輸入資料到PIMS之後，即可顯示應有的獲利率爲何）。

這些標準範本也存在著一些問題，例如：

- ⊙ 大型公司規模龐大的原因，是來自內部管理的效率，或是購買其他公司的能力？
- ⊙ PIMS 的變數是否能在短期內顯著變動？
- ⊙ 如果某些產業頗具獲利性，爲何沒有更多廠商進入？

雖然有這些批評，PIMS 的資料對經理人來說還是很有用，可作爲選擇策略時的參考。基本上，佔有率與規模兩者會影響企業的成本與在市場中的勢力，以下將討論之。

10.5　成本與策略

會影響策略選擇的一個重要因素是，公司內的成本行爲。公司的成本結構與營運規模，則會影響成本行爲。策略性的成本結構分析，可以讓公司了解成本優勢的來源，以及利用這些優勢來制定策略的潛力。除此之外，它進一步提供合適的資訊，可用以進一步降低成本，提高公司的競爭

一般性的成本驅動因子	決定項目	解　釋
規模經濟	不可分割性	並非所有的成本等比例上升，如：廣告
	專業與分工	經由專業的製程設計可以增加產量
學習經濟	增加靈巧性	學習將事情做得更好
	在協調與組織下漸進改善	經由經驗來學習使成爲更有效率及效能的組織
生產技術	經由機械化與自動化減少人力投入	以便宜又穩定的機器代替人力，特別是大量或連續生產
	更有效的使用物料	減少廢料，增加產出，使用如：JIT系統等
	增加精確度（減少缺陷）	使用如：TQM等管理技術
產品設計	產品設計以促進自動化	採用CAD／CAM
	產品設計使物料更經濟	使用如：MRP II及CAD等技術
投入成本	區位優勢（接近低成本投入來源）	當運輸成本佔總成本很高或物料是大批量時，如：電廠
	擁有低成本投入來源	向後垂直整合，如：石油及礦業
	議價能力	經由成爲大買主的方式
	與供應商的合作協議使作業更方便同時降低交易成本	形成策略聯盟或運用協力廠，如：在供應鏈管理中的類別管理
產能利用率	固定成本與變動成本的比例	超過「損益兩平點」之產量的能力
	啓動及關閉產能的成本	降低進入及退出成本，如：合資、對市場改變敏感與抓對時機
剩餘的作業效率	組織閒置產能／無效率	降低固定成本，組織重整，再造工程

圖 10.4 成本優勢的來源

地位。營運規模的影響有兩方面。當產出增加時，一些成本不會同比例上升，規模自動會影響成本。固定成本下降的速度，若比變動成本增加的速度快，則長期來看，企業將能以最低成本生產，也就是工廠之有效規模的最低點。

第二，標準化的產品增加，將帶來生產經驗，使公司「學到」如何將事情做得更好。這個影響並不是自動的，必須要有意識地學習。學習帶來的成本降低，據估計當產出增加一倍，成本會下降 20－30％。葛蘭[4]（Grant）曾列出成本優勢潛在來源的清單，其架構有助於企業分析之用。

近年來一些評論家，例如彼得斯與華得曼（Peters and Waterman），將重點放在管理員工與激勵上，並指出生產力利得可經由適當地管理員工來獲得，其功效如同增加企業規模與效率。最後我們必須一提，這股降低成本的熱誠，可能造成公司的厭食症，亦即公司缺乏成長所需的資源；另外低成本帶來的低價，也可能無法獲得消費者的青睞。

市場勢力可以是佔有率增加帶來的結果。市場勢力讓公司變得較不在意競爭程序，並可轉移市場領導的條件，藉著訂出市場作爲的「規則」。不管競爭的政策如何，爲了獲得市場勢力，公司就需在低毛利、低差異性的市場中增加佔有率。公司若有高的市場佔有率，則可設定價格與競爭行爲的步調，並且這些公司能強力回應競爭者欲削弱其市場勢力的企圖。

10.6　平衡計分卡

有個綜合、追蹤企業績效的方法，由凱普蘭與諾頓（Kaplan and Norton）提出，稱爲「平衡計分卡」[5]（Balanced Score Card）。計分卡設計得兼容並蓄，包含許多一般性的衡量項目，例如：

圖 10.5 平衡計分卡

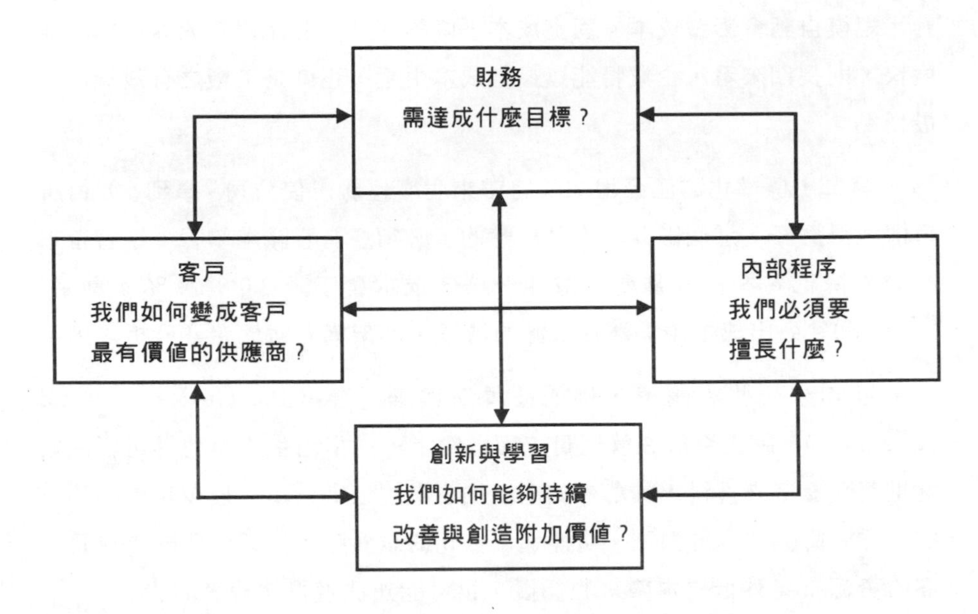

i　財務，像資本報酬率、投資報酬率、每股盈餘、現金流量。

ii　內部的衡量項目，例如成本、生產力、產量。

iii　顧客，例如銷售額、運送時間、與客戶間的關係。

iv　創新與學習，例如開發新產品所需時間、學習時間、技術優勢（見圖 10.5）。

10.7 管理上的結論與檢視清單

價值鏈分析

步驟

1. 描述製造的產品或服務之價值鏈。找出主要活動與支援活動。
2. 探討這些活動之間的連結。這些包括一項活動與另一項活動的成本之關係。如果能找出更有效率與效能的連結，則為企業的優勢所在。
3. 找出各種活動之間的綜效。

設定標竿

1. 比較標的公司與競爭者或「頂級公司」的各種程序。
2. 設定標竿可以採整個組織或特定的功能為對象。

PIMS

1. 關鍵問題

   我們與產業的標準相較後如何？

   針對那些會影響策略績效的策略變數，我們與他人比較後如何？

   是否可能制定出與產業標準不同的策略？

2. 規模如何影響策略的選擇？

成本與策略

1. 規模與經驗如何影響成本？
2. 有哪些其他的管理技術能協助降低成本？

   生產技術

   設計

採購原料能更有績效

管理員工能更有績效

平衡計分卡

1 我們在財務上必須多成功？

2 我們如何維持客戶的忠誠度？

3 我們必須在哪些方面做得更好？

4 我們如何持續改進我們所有的活動？

附註

1 M. E. Porter *Competitive Advantage* (Free Press, New York 1985).

2 George Stalk Jnr and Thomas M. Hout, *Competing Against Time: How Time-Based Competition is Reshaping Global Markets* (Free Press, New York, 1990).

3 Robert D. Buzzell and Bradley T. Gale, *The PIMS Principles* (Free Press, New York 1987).

4 Robert M. Grant, *Contemporary Strategy Analysis Concepts, Techniques, Applications* (Blackwell, Oxford 1991).

5 Robert S. Kaplan and David Norton, 20he Balanced Score Card Measures that Drive Performance *Harvard Business Review* Jan-Feb pp. 17-79 1992.

第十一章　競爭優勢的來源

前言→競爭優勢的來源→結合競爭優勢與市場需求→競爭優勢的持續性→策略是一種伸展與槓桿力→管理上的結論與檢視清單

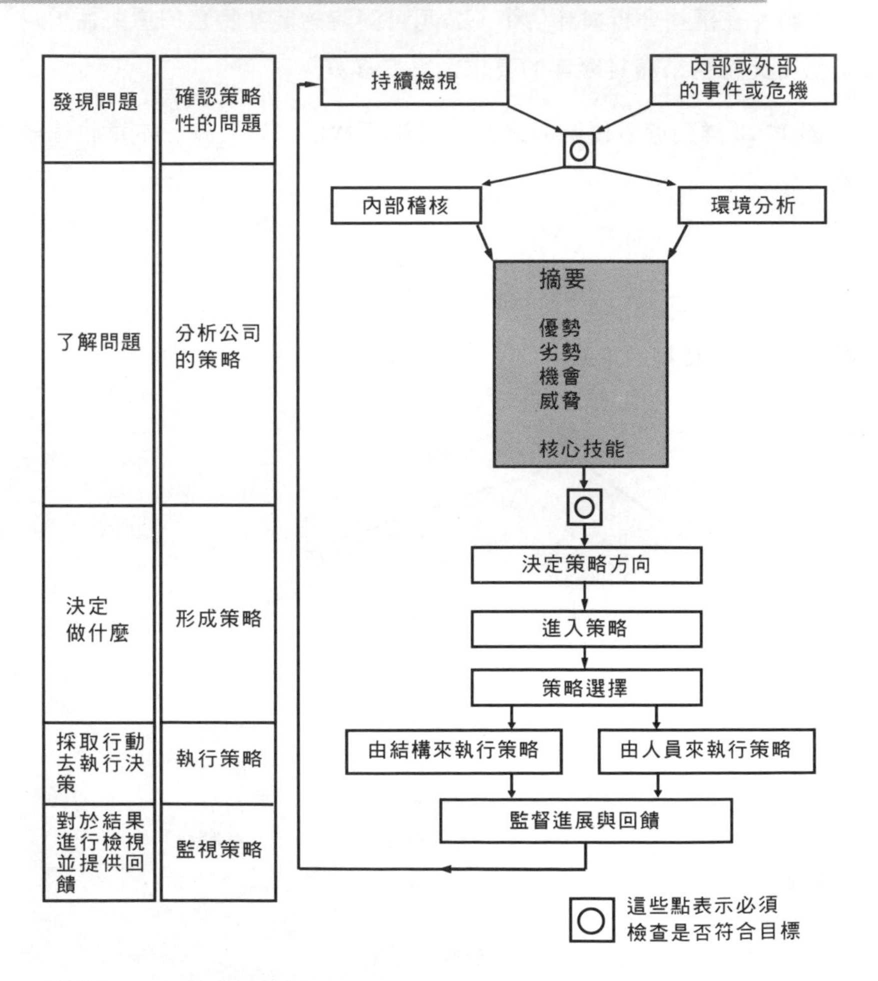

圖11.1 策略決策制定的程序

11.1 前言

在產業中，公司擁有關鍵的成功因素，與它的競爭優勢，其實是一體的兩面。如果公司能好好經營，提供產業中的顧客最需要的產品，將能達成獲利目標。

要分析一個公司的資源與能力(見第三篇)，必須要先進行外部分析(見第二篇)，因為要認定某個特色究竟是優勢或劣勢很困難，只能由市場來判斷。在這些分析與評估中，公司可同時確定某特色的重要性，以及公司利用此特色來滿足顧客的要求做得有多好。

圖 11.2 詳列競爭優勢的來源，在前三章已加以討論。本章將綜觀競爭優勢。

圖 11.2 競爭優勢的來源

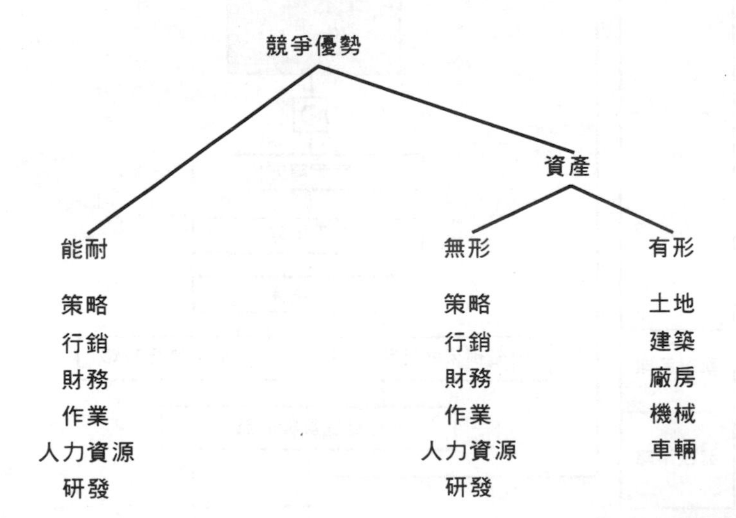

結合「能耐」與有形及無形的「資產」

11.2　競爭優勢的來源

競爭優勢來自以下三個領域：核心能力、有形資產、與無形資產。

核心能力可能是企業的獨門技術，例如財務控制；或技能的整合，例如將購併的公司成功地整合至集團內。其他的例子，包括用比競爭者更快的速度將新產品推出市場；或重整公司轉型，能以最低的成本生產。

有形的資產指土地、建築物、工廠、機器與運輸工具等，存在於企業的製造或運輸部門。研究發展中心也是有形資產的一種。

能力與有形資產，是企業形成差異化優勢較明顯的來源，不過更重要的是無形資產。它們來自公司的核心能力，例如研究發展的技術，讓公司擁有專利權，以及特定的生產技術使公司成爲最低成本製造者，這些就是無形的資產。以下列舉無形資產的其他例子：

- 供應商－合約、授權、特殊管道取得原料。
- 公司－信譽、網絡。
- 產品－專利權、商標、著作權。
- 行銷－資訊、資料庫。
- 作業－優良的製程、適應性強的員工、規模經濟、最低成本的生產者。
- 顧客－合約、授權、忠誠度。

競爭優勢通常由這些因素組合而成，並非來自單一來源。

11.3　結合競爭優勢與市場需求

公司在產品與服務上的任何特色，唯有公司有足夠產量，能滿足消費者需求，並替公司帶來利潤，否則不能算是競爭優勢。消費者需求的總和—亦即市場，於圖 11.3 中以M來表示。

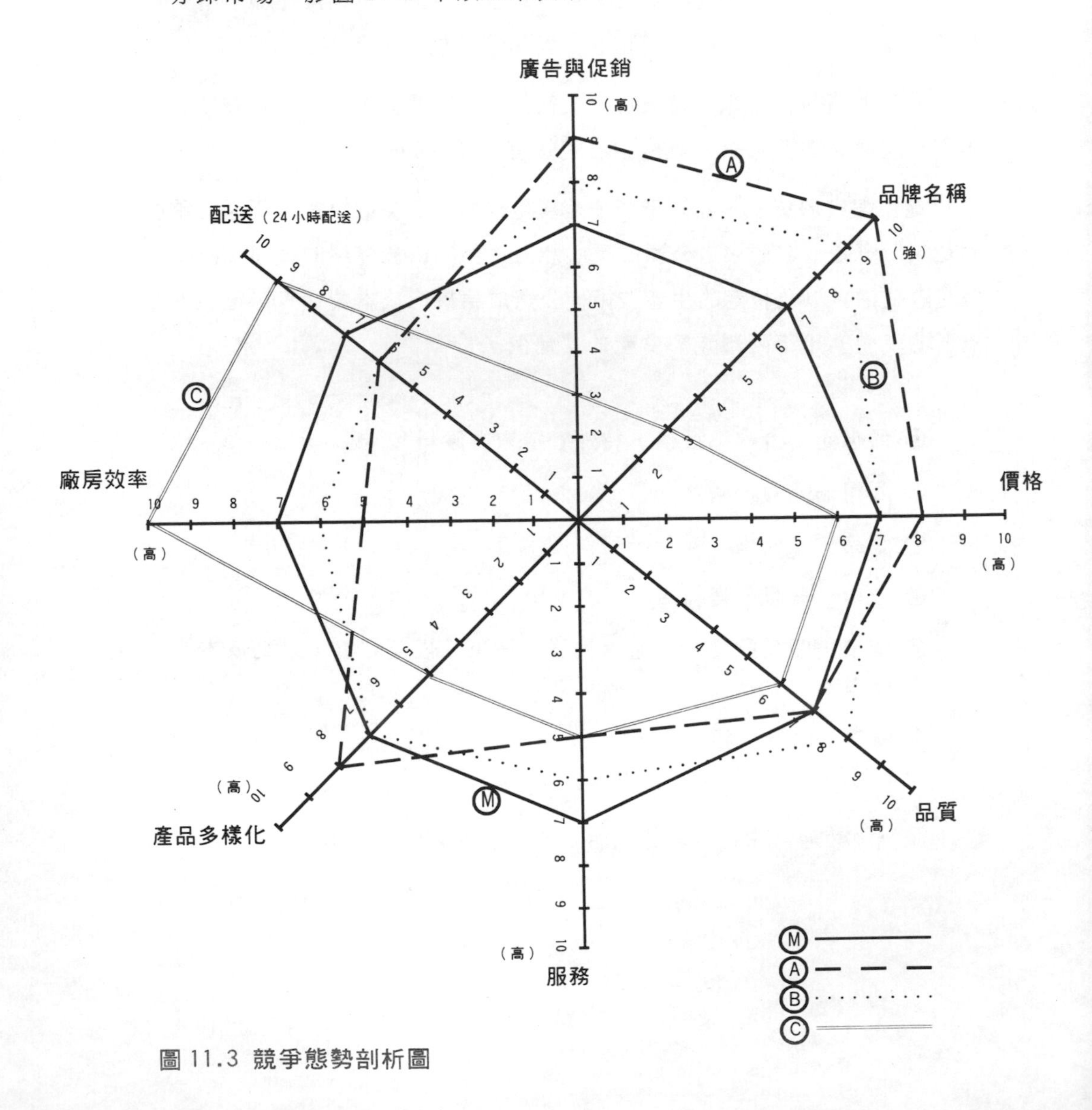

圖 11.3 競爭態勢剖析圖

不過，雖然市場是有類似需求的消費者之集合，他們的要求很類似，但很明顯地，他們之間仍存在差異性。消費者的眼光各自不同，因此，即使企業所處的是最競爭的市場，透過像品牌等因素，也能使產品看來不同。圖 11.3 的例子中，A與B公司就在品牌上有差異。

如果製造商決定生產自有品牌給零售者，則競爭的基礎不同，其解析自然也不同，如圖 11.3 中的C公司。

以上這種解析法，可幫助公司改善競爭地位，並突顯未來可擴張的領域。

11.4　競爭優勢的持續性

企業所面臨的環境經常改變，今日的競爭優勢，到了明日可能榮景不再。因此分析師關心的是以下三個問題：

1　環境的變動，對於關鍵競爭優勢有何影響？
2　爲了未來能持續成功，需要哪些競爭優勢？
3　是否有任何方法，可以維繫住競爭優勢？

針對第一個問題，首要的議題是環境的變動侵蝕競爭優勢、以及企業的獲利有多快？要回答這個問題，可在第五與第十章找到答案，這些章節完整說明了公司應進行哪些內部與外部的分析。針對第二個問題，同樣可在第五與第十章找到答案。公司有哪些現有的技能，到未來可能被侵蝕而變得無用？公司爲了能成功地執行未來計劃，又需要哪些新技能？如何得到？

漢莫爾與普哈拉[1]（Hamel and Prahalad）、漢莫爾與何恩[2]（Hamel and Heene），以及凱[3]（Kay）等人的研究對於競爭優勢的議題有顯著的貢獻，特別是針對問題三一公司應如何發展、維護、及持續競爭優勢。

有一些很顯而易見的方法，可用於維持競爭優勢，像是取得專利權，或建立強勢的品牌。另有其他方法可能很難確認，但或許同樣有效。例如漢森（Hanson）就提出以下的方法；

⊙找出未開發的潛能，讓它浮出檯面；

⊙花些成本在未完全開發的潛能上；

⊙將企業以漢森的經營方式來整合；或是

⊙在適當時機，將企業的某些部份以買進價格加成後賣出；

⊙增強政府財政官員與股市對公司的信心。

任何公司都可採用這些方法，這些方法看起來很容易模仿，但是經過經營公司的高階主管加以組合並執行後，它們將能帶給公司競爭優勢，甚至能保證未來超過 20 年中，都不太可能出現模仿者。不過這並不代表它們在未來能持續適用，最明顯的例子是一家叫 Lonrho 的公司，在過去 20 年間，它有其獨到的營運方式，但是現在已由過去的高點一路下滑，榮景不再。

如果將這些秘訣加以拆解，組成成份通常就只是一些普通的技能與資源，均可獨立複製；但是一旦組合起來，就能形成強大的競爭優勢。這些技能通常來自經驗與訓練不斷的累積，它們是企業發展競爭優勢時，最重要的組成要素。

從公司外部觀察與根據後見之明，很清楚地，一些長期成功的經營模式，不表示能永遠成功，但公司內部的員工不一定會接受這種說法。因此高階管理人員對未來市場的「知覺」，具關鍵重要性。有太多公司被一些想法牽絆，例如「為何要改變目前進行得相當不錯的事情？」，以及「過去 20 年間我們都這麼做，而且一直奏效。」確實，高層管理當局對產業未來知覺的錯誤，是為何一些公司會掉入財務困境（見第十五章）的主要原因。悲哀的是，這些公司都有能力取得必需的資料，但卻無法、或根本沒想到要做客觀的分析。有時是因爲分析的結論令人感到恐懼，或因爲管理當局已對產品、顧客、或員工投注過度的情感，而逃避現實。

學習忘記過去的說法未免也過於誇張，但重要的是應說服決策者相信：未來與過去不同，因此一些事情必須有所改變。公司必須以完全開闊的胸襟，時時回顧競爭能力與所需資源之間的搭配。

11.5 策略是一種伸展與槓桿力

漢莫爾與普哈拉[1]提出「伸展」(stretch)與「槓桿力」(leverage)的觀念，對公司了解競爭力，有很大的貢獻。雖然看起來大型且有勢力的企業，在未來極有可能在產業中呼風喚雨，不過事實卻非如此。1970 年代 1,000 大的公司，到了 1990 年，只剩 140 家仍繼續經營。英國航空、美體小舖、Waterstones Bookshops、以及 Amstrad 比它們的巨人競爭者，例如汎美、博姿、W.H. Smith、以及 IBM，勢力與資源相對顯得十分渺小，它們是如何成功的？「伸展」可定義成「做不可能的事」或「雄心超過資源」。它需要企業投注全數的精力，專注於達成渴望的目標，而且所有員工都能明白、並接受這項目標。伸展代表企業進入新的領域，開發新的事物。如果沒有遠景、必要的承諾、以及擁抱不同未來的熱誠，企業將會硬化，其盔甲也會產生裂縫，並讓具有以上特質的小型競爭者得以趁虛而入。

「槓桿力」指的是「善用每項事物」。它表示公司要善用資源。重點是讓資源有更佳的用途，而不是減少使用資源，例如裁員或組織扁平化。槓桿力可由五方面著手。第一，將資源專門用在關鍵目標上。第二，更有效地累積資源(企業是很大的知識儲存槽，其知識包含生產程序、顧客、其他企業的資訊等，能幫助企業改善競爭地位)。第三，槓桿力在於混合、平衡資源，讓它們有更好的用途。第四，持續地使用資源，以維持其靈活度，此可反映在學習曲線的分析中（見第7.10節），同時還要確保企業不會遺漏任何機會，讓競爭者有機可乘。最後，公司要縮短投入資源與回收報酬之間的時間。

我們將在第十八章，對伸展與槓桿力深入探討。

做為這種競爭優勢分析後的結論，有個有用的作法是：重新定義企業，並闡明其涵義。與其將公司定義成提供產品與服務的組織，不如認為它是「一個學習性的組織，期望能第一個抵達未來」。

上述定義的第一項結果是，高階主管必須花許多時間來設計公司未來的走向。為了完成此一任務，他們必須學習使用一些系統，以便取得分析時所需的資料。在過去，此種任務屬於企業規劃部門，不過太多公司的這些部門變得過於官僚，或層級不夠高，不夠接近董事會。事實上，公司所需要的不是策略規劃，而是策略性思考，不只思考公司未來的走勢，還有公司可醞釀哪些長期的競爭優勢，以及執行的手段。

最後，企業要能持續有系統地學習成功與失敗的經驗－無論是自身或其他公司。並需探討資訊是否為不同的人員所掌握，而他們以模糊、不夠協調的方式共事？在分析的最終步驟，公司要將所有的資訊加以解釋，以確定哪家企業能夠第一個抵達未來。

11.6 管理上的結論與檢視清單

1 競爭優勢的來源

- ⊙核心能力；
- ⊙有形資產；
- ⊙無形資產。

2 結合競爭優勢與市場需求

解析競爭者在市場中具有哪些關鍵的成功因素，這對於改進公司本身的競爭地位，以及找出潛在的擴張領域，有很大的幫助。

3　競爭優勢的持久性

企業營運的環境經常改變，企業必須持續評估自己的競爭優勢與未來的計劃是否搭配？

成功的關鍵，在於將各種技能加以組合；這些技能各自容易複製，但是合在一起，將能通過時間的考驗。

公司要學習不被過去的成功沖昏頭，並發展出能適應未來的經營方式。成功企業的總裁，通常很難接受他們所處的環境不斷改變的事實，因此有必要經常檢視經營方式，必要時進行改變。

4　策略是一種伸展與槓桿力

公司成長後，會傾向變得官僚、自滿，並失去它們原有的開創精神。「伸展」強調開創精神，公司能隨時展望新的、更大的目標，並與員工充分溝通遠景，讓他們能接受目標。

槓桿力強調資源的使用，重點在於如何竭盡使用，而非透過裁員、組織扁平化來減少資源。

附註

1 Gary Hamel and C. K. Prahalad, *Competing for the Future*, (Harvard Business School Press, 1994).

2 Gary Hamel and Aime Heene (eds) , *Competence Based Competition* (John Wiley and Sons, 1994).

3 John Kay, *Foundations of Corporate Success*, (Oxford University Press 1993).

第四篇
確認策略的替代方案

第十二章　制定策略的方向

前言→不改變的策略→垂直整合→多角化→根據其他準則訂出的策略→管理上的結論與檢視清單

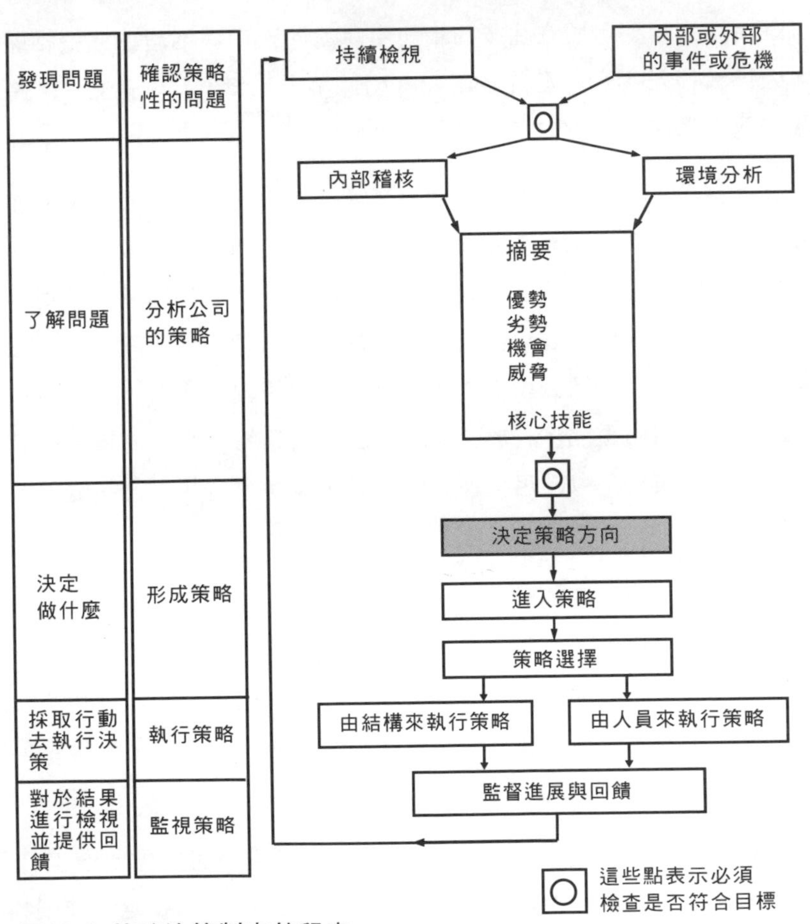

圖12.1 策略決策制定的程序

12.1 前言

有關「公司目前位在哪裡？」的問題，利用內部與外部的分析可獲得答案。接下來，我們所關心的是企業需要採取哪些行動，以確保能達成長期的獲利目標。這就是所謂的制定策略。制定策略的過程包含幾個步驟。首先公司要確定哪些產品與市場最有助於公司達成長期目標。此爲本章的主題。

所有有關「公司要往何處去？」的議題，都將於本章揭示。不過當中有些議題特別重要，將在往後的章節中討論。至於與地理區擴張相關的因素，因爲較複雜，已引發許多研究。因此第十三章「全球策略」，將探討有關地理區擴張的複雜決策。

大多數的公司，其產品都已經歷了產品生命週期的成長階段。如何在日趨衰微的市場中，做好產品管理會很重要，此即第十四章的主題。如果公司針對衰退產品、事業部的策略不當，其獲利將大幅縮減，公司甚至會因此破產。提到破產，它與公司重新復甦通常只是一線之隔。第十五章將討論有哪些因素會引致公司破產，以及在哪些情況下，公司有可能重新復甦。因此第四篇的重點，在於介紹可行之策略選擇，而第五篇，則說明公司應選擇何種策略，以及用何種方法執行，像是透過購併、撤資、或是內部成長。

一般討論企業策略的教科書，都把焦點放在企業的成長，或假設其目標爲成長。不過儘管有這種定見，卻很少定義「成長」，而爲何將成長視爲目標，也很少完整地討論。一般來說，成長代表銷售額與獲利的增加。不過，銷售額增加與獲利性增加並無直接關連。換句話說，無論銷售額成長多少，公司依然可使獲利增加[1]。

所有的公司都必須持續監測產品市場，因爲公司所處的環境經常改變。因此，若改變產品與市場的組合，可能帶來成長、穩定、或規模（按銷售額或資本）的減少。

公司在制定未來策略時，有以下五個基本的方向：

- 不改變：製造或提供同樣的產品或服務，給相同的客戶。
- 向上游垂直整合：製造或提供目前向其他公司採購的產品或服務。
- 向下游垂直整合：製造或提供目前由客戶生產的產品或服務。
- 產品延伸：目前的產品繼續開發，透過改造，成爲全新的產品。
- 市場延伸：繼續開發市場，透過進入新區隔，供應一個完全不同的市場。

產品與市場延伸的組合，可形成各種不同的策略方向，如圖 12.2 所示。

12.2　不改變的策略

公司會選擇於短期或中長期沿用策略，不加以改變，有好幾個原因，儘管幾乎所有的公司長期都一定會面臨改變。

不改變「市場－產品」策略的第一個原因是，希望在產品生命週期的早期階段，維持或增加市場佔有率，因爲此時正是將資源做最適使用的時候，進行多角化不會提高收入。第二，多角化的風險，與預期的報酬並不相稱；第三，公司可能沒有現金或其他資源來進行多角化。

12.3　垂直整合

公司會採用垂直整合策略的原因很複雜。這些原因基本上可說是爲了防禦或侵略。防禦的理由，是爲了確保某些關鍵原物料或零件的供應量與

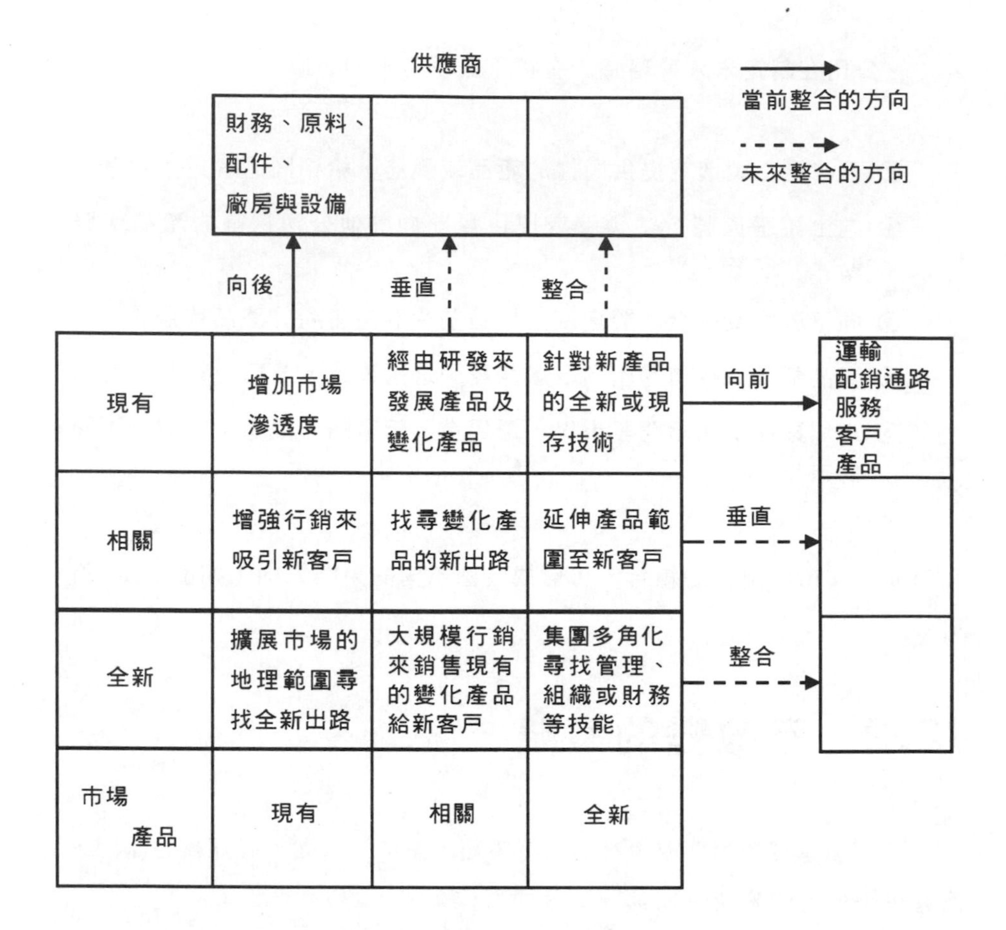

圖 12.2 策略發展的方向

品質（上游整合），或確保產品的通路順暢（下游整合）。舉例來說，許多假期旅遊的經銷商會去預購機票，是為了確保「套裝」(package)旅遊的交通無虞與品質不會受損。在過去，釀酒商會去購買酒館（pub），以確保啤酒有地方可賣。

垂直整合的防禦原因，是企業為求自保，然而卻很少有研究解釋為何有這些原因，以及垂直整合是否能成功。一般認為它是高風險的策略，一個完全垂直整合的公司，比水平分散的公司更脆弱，因為垂直鏈中某一環節的停滯，將影響企業整體。一般也認爲垂直整合不會發生在產品生命週期的早期階段，而且垂直整合通常使企業的獲利下降。同樣地，若企業面臨產品衰退，通常採行讓垂直鏈分家的方法來挽救。

大多數的公司是垂直與水平整合的混合體，企業內的一些子單位，是其他子單位的獨家供應商。舉例來說，一個紙板製造公司，可能將紙板賣給公司內的其他事業部，也可能賣給母公司以外的其他公司。本書的其他章節，將詳細介紹上述的連結關係及其優缺點[2]。

12.4 多角化

學者對多角化策略，目前沒有統一的定義。在此節中，我們將多角化描述爲：「產品組合在產品與市場這兩個構面的擴張」。在此我們特別提醒，許多用以描述與分析「產品一市場」組合的模型（例如圖 12.2），建議使用一或兩種不連續的類別，但是現存的各種產品與市場彼此間的關連性是一連續譜，從最密切相關到毫無相關。

產品一市場組合的改變，對公司會有哪些影響，可見圖 12.2。只有現有產品/現有市場的組合不算多角化，雖然現有的產品或市場移往相關的產品或市場，不會導致目前的活動產生顯著的改變。一般認爲，一個公司若離原來的產品一市場組合越遠，越用不到核心技能與關鍵資源，則失敗的機率越高。不幸的是，多角化及其成效的研究證據顯得矛盾，因此多角化是好是壞，依然未有定論。

我們必須注意，**購併與多角化並非同義詞**。購併不代表會導致多角化（例如與競爭者合併），而多角化亦會發生在單一公司內，不須購併其他公司。因此，下述有關鼓勵公司在目前的生意以外，尋求其他產品一市場的建議，均與多角化有關，而非購併；雖然有些情況同時與這二者有關。第十六章將會討論購併。

追求多角化的首要原因是，目前的產品一市場組合，不再能滿足企業成長或獲利的目標。目標與預期成果之間的缺口，可能源自有野心的管理當局將獲利的目標拉高；或企業的收入與獲利不足；或以上兩者的組合。一項密切相關的原因是目前公司有個可能增加獲利的潛在機會。同樣的，研發部門開發出新技術，使公司有多角化的機會；這類例子包括Doulton陶瓷集團多角化進入房屋防潮事業。

多角化的其他動機還包含：

- 閒錢增加；
- 分散風險；
- 爲了獲得一些特殊的技術或資源，能大幅改進目前事業的績效。

1. **產品線延伸**指增加新的產品屬性，成爲新產品，某些新產品可能利用企業原有的技術，而有些則爲全新的技術。許多製造公司通常都有獨特的科技知識與技術，它們傾向留在原技術或相關性很高的領域，並擴充進入新或相關的市場。公司很少會針對現有或相關的顧客，研發全新的產品與技術。產品線延伸通常由購併的方式來達成；一個例子是Lloyds銀行，它購併了Cheltenham and Gloucester 建築資金融資合作社。
2. **市場延伸**指以相關或全新產品或服務，擴充公司所供應的市場；例如Allied地毯進入窗簾與傢具事業。除此之外，市場延伸可能是擴充營運地理區，由某地區擴張，直到涵蓋全國，Sainsbury逐漸由英國南部，擴充到中部、再到北部，就是一個例子。另外，透過出口、授權、合資、或直接設廠、設經銷處等方法，地理區擴充可能跨越國界。討論至此，國際企業的文獻逐漸有關，國際企業的議題多半於第十三章討論。不過，這些擴張的一些基本動力，可由探討「爲何公司要擴張到海外」[3]等議題得知。幾個常見的原因，多爲防禦性原因：

- ⊙ 克服關稅障礙；
- ⊙ 克服運輸上的成本與延遲；
- ⊙ 因爲在經銷與授權上遭遇困難。

在探討海外擴張的原因時，侵略性策略，像是增加獲利、降低成本等，反不如防禦性策略來得重要。不過，對許多產品來說，規模經濟、以及學習、經驗曲線的效果，使國內市場的規模不再能滿足公司追求最低長期成本的要求時，公司朝海外擴張，就是侵略性原因。

3. **新產品／新市場延伸—集團多角化**（Conglomerate Diversification）是一種特殊的多角化形式。按照定義，指公司進入一個完全沒有、或僅有少數行銷或技術技能的產品—市場領域。或許因爲在這些領域缺乏技能，以及目睹美國一些超級集團企業在 1960 年代晚期的表現，雖然在 1970 年代的感受不是那麼強烈，這些集團猜疑地感受到它們沒有防禦性策略。根據市場效率的假說，這些集團企業的風險如此之低，照理說來獲利也會很低。低風險是因爲集團有大量分散的事業部所帶來的組合效果。不過，一些英國近來的研究[4]顯示，集團企業的報酬很高，而風險很低。此仍須進一步證實，不過此結論的出現，表示那些對集團績效持懷疑態度的研究，都應該重新檢討。由於集團的企業之間並沒有行銷或科技的連結，它們出現的理由，應該是其事業部具有優良的能力，像是財務、企業管理等技能。

12.5 根據其他準則訂出的策略

雖然公司的策略性改變，大多與現有的產品或市場有關，但有些改變則是根據其他準則，特別是財務上。如果一個公司只根據財務準則來制定策略，這通常會促使集團多角化；亦即公司將在許多不同的市場中供應許多不同的產品，而這些市場彼此間的關聯性很小。

一家財務功能很強的公司，可藉此改善公司績效。公司通常透過收購的手段來壯大；而在收購之前，會持續監測收購對象的企業環境。那些財務資源尚未完全使用的公司，最容易成爲顯著的收購目標。它們有未使用的借貸潛力，或累積稅額虧損，公司可在特定情況下，可利用此虧損來沖銷公司的營業稅。

另一個財務方面的準則，是更能善用現有資源的能力，或換句話說，就是增加獲利的能力。大多數的集團擁有此種能力。削減獲利性低的活動，或是引入更好的財務管理方式，或透過其他管理技能，可讓集團充分利用資源。若要增加資產使用率，方法是開發有形的資產，例如房地產，或公司土地下的礦泉水。

以上這些財務導向策略所引發的多角化，其成效曾經引人質疑，特別若我們觀察在 1960 年代晚期，一些非常少數的大型集團之營運成效。由於這些公司的策略焦點不在產品或市場，有時會引起爭議的是，這些公司是否有能力維持長期的獲利，以及這些財務策略都有投機色彩。確實，企業侵略性收購行爲的增加，以及後來垃圾債券的出現，導致以下的情況：企業紛紛只追求單一目標一購入一些大型公司，然後加以分解。這是因爲它們認爲，各拆解部門的價值總和，比整個公司的價值高。

有些證據顯示集團策略比一般性策略更有成效，尤其在經濟衰退時；不過當物價上漲，較專注的策略，又比這些集團策略好。Reed 就是一個十分多角分散的「拼裝」公司。在 1980 年代初期，它還只屬於紙上作業集團公司（paper based conglomerate）的一員；不過近幾年，它已明顯轉型為國際化、專注在少數產品的公司。

12.6 管理上的結論與檢視清單

企業想進行多角化，必須能有系統地思考策略。第一步是找出它應朝哪個產品或市場前進。

1 不變的策略

位於產品生命週期中早期階段的公司，可持續開發現有的產品與顧客，以求成長。

2 垂直整合

公司若希望進一步控制某些產品、服務的供應來源，可採用此種策略。同樣的，也可以選擇鞏固產品通路的策略。

3 多角化

多角化可發生於兩個構面：產品或市場。每個構面的座標軸，由目前的產品－市場，延伸到新的產品－市場。如果產品多角化的方向同時包含新產品與新市場，這就稱為集團多角化。

4 根據其他準則訂出的策略

如果公司在行銷與技術之外，另有其他獨特的技能，例如財務管理能力，則可據以做為多角化的基礎。

附註

1 G. A. Luffman and R. Reed, *Strategy and Performance in British Industry* 1970-1980 (Macmillan, London 1984).

2 M. E. Porter, *Competitive Strategy and Competitive Advantage* (Free Press, Glencoe, 1980 and 1985); J. Kreiken in W. Glueck, *Business Policy and Strategic Management* (3rd edn, McGrawHill, New York, 1980), pp. 256-63; K. R. Harrigan, *Strategies for Vertical Integration* (Lexington Books, Lexington, Mass., 1983).

3 M. Z. Brooke, and H. Lee, *The Strategy of Multinational Enterprise* (2nd edn, Pitman, London, 1978).

4 Luffman and Reed, *Strategy and Performance in British Industry* 1970-1980.

第十三章　全球策略

前言→國際經濟的簡單模型→企業國際化→海外市場的服務政策→海外投資的進入策略→多國籍企業的管理→與環境的關係→結論→管理上的結論與檢視清單

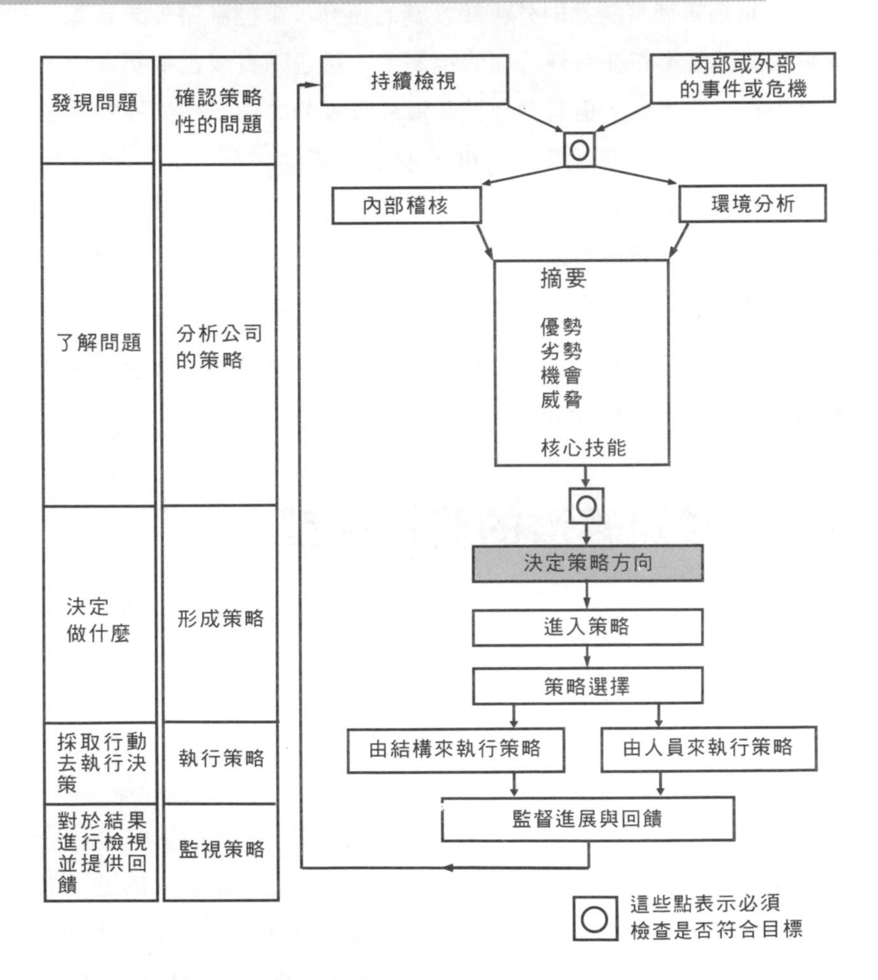

圖13.1 策略決策制定的程序

13.1 前言

多國籍企業最簡單的定義，是指一家公司，在超過一個國家中，提供產品或服務。這些公司在多個國家中生產，添加的附加價值包括產量的提升、品質的加強、或通路的改善一無論是地理空間上或時間上。因此這類公司在制定決策時，面臨行銷組合中的多項因素一包含價格、產品、促銷、及通路。

多國籍企業通常透過對外直接投資的媒介，來控制海外的資產。對外直接投資的活動，指在海外公司的控制下，透過購買或創造新資產，投資在能產生利潤的領域。還有其他控制海外資產的方法，例如控制關鍵原料（通常是技術上）、透過管理制度、或透過關鍵人員（例如簽訂管理合約），或透過合資關係一即使公司只佔合資大餅的一小部份。有關如何控制對外直接投資，牽涉的因素與管理海外投資組合不同：投資組合的管理者通常爲個人，不是一個公司。

控制海外的資產與營運，規模通常很龐大，並且會使多國籍企業在經濟性的管理上帶來各種問題。

13.2 國際經濟的簡單模型

圖 13.2 是非常簡化的全球經濟總觀。它表達的是不同類型的市場中，不同程度的整合性。圖中顯示財務市場整合度高，因此爲了各種分析目的，我們可將全球的財務市場，視爲單一的市場。至於不同地區別的產品與服務市場，差異性就很大，不過「單一市場」(Single Markets)正在形成中，例如歐盟（EU）、北美自由貿易協定（NAFTA）等。這些市場在管制、標準、實務規定(例如反托拉斯法)、以及商業行爲上，都變得越來越一致，因此跨市場間有規模經濟的潛力，不過也由於這些因素(以及對外的關稅)而與其他的區域市場有顯著的區隔。不管如何，勞力市場

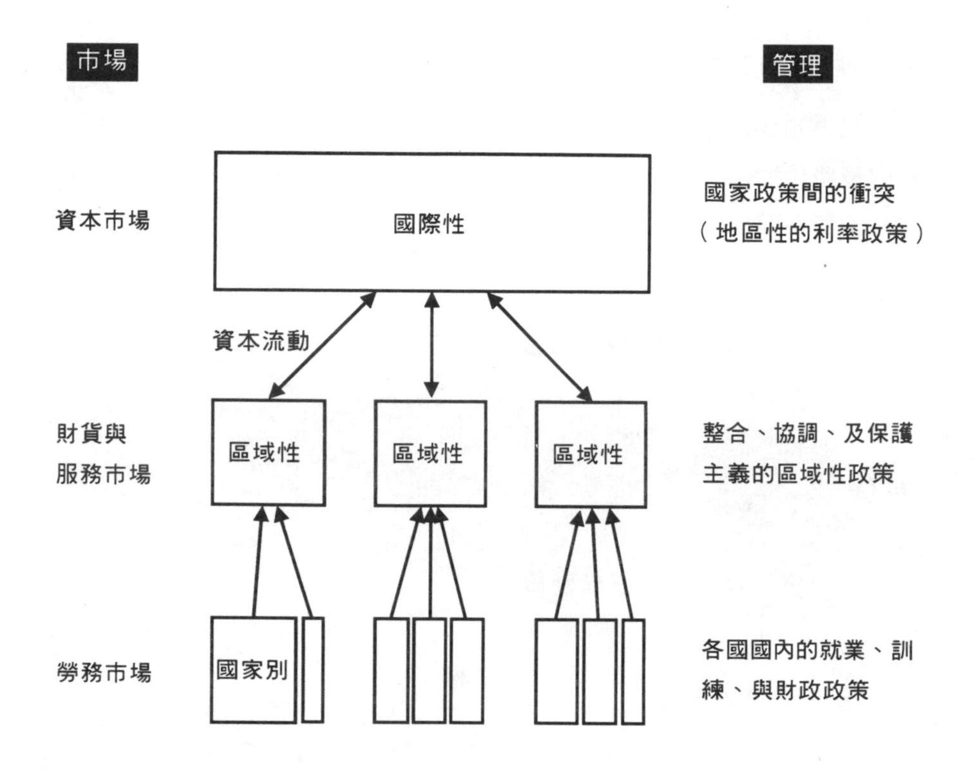

圖 13.2 企業的國際化—各市場間的衝突

在各國一定不同。每個政府都希望管制自己的勞力市場，讓它與鄰近的勞力市場有差異（以便保護它）。目前許多政府在管制政策上遇到的困難，是因爲在產品與服務市場區域化與資本市場國際化的趨勢下，很難有獨立的勞力市場政策。

另一方面，多國籍企業則能充分利用這些市場國際化整合的差異。國際資本市場的出現，將驅動資金的成本減到最小。區域性產品與服務市場的存在，使公司可以發展跨越國界的規模經濟。差異化的勞力市場，使生產時需要勞力密集的環節，可移往勞工成本較低的地方。區域性產品與服務市場的存在有利於水平整合，而差異化的勞力市場與關鍵性原物料的空間分佈，則有利於垂直整合。

這些市場結構在許多層面上逐漸趨向全球化，促使企業須重新評估自身的策略性地位。即使是一些原先定義爲純本土的公司，在營運時也必須注意國際性競爭，以及市場跨越國界逐漸整合的趨勢。

13.3 企業國際化

動機

海外直接投資共有三種動機：

- ⊙ 市場導向的投資；
- ⊙ 降低成本的投資；
- ⊙ 垂直海外投資，目的在於減少原物料或其他關鍵生產要素的成本。

很少有海外投資的計劃只爲了單一目的。動機通常是混合的，或甚至不明確。

有許多次級或支援性的動機，也在公司的考量範圍內，包括：

- ⊙ 地主國的投資環境（例如稅賦規定、政治穩定性、與投資國的文化相關性、基礎建設的提供）；
- ⊙ 公司對外的一種反應取向，他們可能考量地主國政府、地區性的代理商或通路商、或顧客、供應商，甚至是競爭者。
- ⊙ 與地主國相關的因素，例如企業難以採行其他方法來供應市場，或是對於競爭對手在企業的母國市場投資所採行的一種回應。

企業會決定投資海外，很少只爲了單一因素，也鮮少一次完成。企業不斷承受與累積壓力，加上許多機會的刺激，才會決定投資海外。海外投資的程序，類似於在企業內建立共同的信念。

國際化的程序

第一項海外的投資決策與後續的決策非常不同。一開始，國內公司可能非常在意避險，認為海外投資相當於把錢投入黑洞中。因此，沒有經驗的海外投資者通常需要強有力的刺激，才會進行或甚至開始考慮國際化。這些投資刺激可能來自公司內部，例如總裁對海外擴張有興趣；或來自公司外部，例如公司的經銷商所告知的海外機會。這些刺激通常會引導公司蒐集資訊，包含地主國一般性的指標資料，以及進而直接到海外考察。決策者在決定是否進行國際化之前，會經過審慎的考量。觀察以上的管理程序，永遠不會了解決策者何時做出了決定。沒有經驗的投資公司常犯的毛病是評估與考察不夠，這常會導致災難性的結果[1]。最常犯的毛病是，並未替海外的子公司訂出清楚的績效目標。

路線

很少有公司未經過許多中間階段，就立刻進行海外直接投資，如圖13.3所示。從純國內的活動開始，在設立完全的海外製造子公司之前，中間歷經的階段可能包含直接出口、海外經銷代表、以及海外銷售子公司。研究顯示，上述路線的階段數目與海外子公司最終是否成功，有顯著的正向關連。這是因為在這麼長的路線上，每個階段都會有學習效果，而且這些中間階段使公司能在嚴重的損害發生之前，有機會撤資。完整的路線（圖13.3所標示的「5」），使公司在出口階段，明瞭海外市場的需求；在代理商階段，學到如何在地主國經營生意，以及如何與當地的員工相處；在銷售子公司階段，學到法令、賦稅規定為何，以及如何直接掌控作業、銷售、存貨、與促銷；在最後的階段，所有上述這些均有助於事前就做好海外生產問題的防範。海外授權或其他簽署合約的作法，也可能會取代或輔助上述的間接階段。

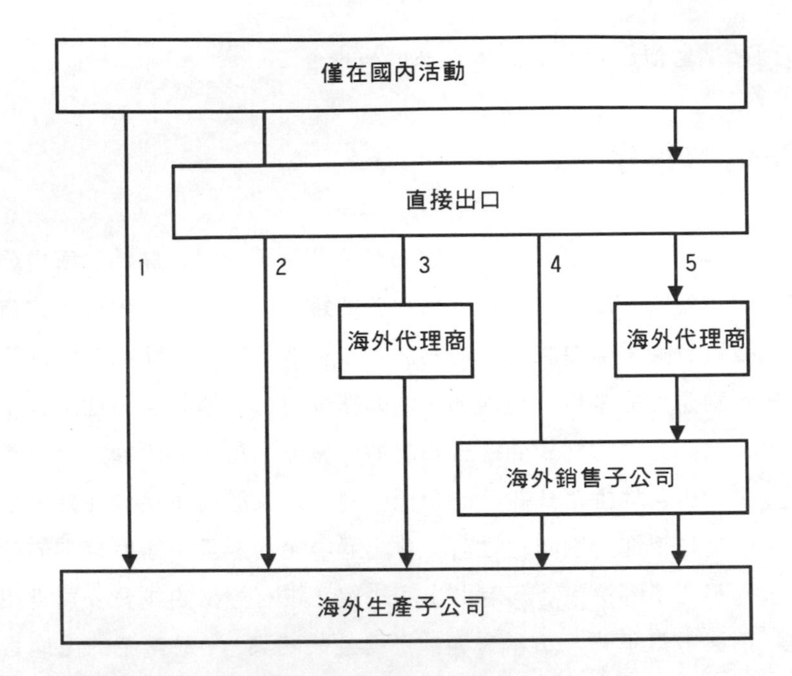

圖 13.3 到達設立海外生產子公司的路徑

移向海外的時機

要決定公司何時移師海外非常困難，因爲牽涉到許多不確定性，很難以模型適當表達。海外直接投資的「產品週期」理論指出，公司在轉向海外投資時，會根據以下的成本公式：

當 $MPC_X+TC>ACP_A$ 時，進行海外投資

其中 MPC_X 是針對出口的邊際生產成本

TC 是運輸成本

ACP_A 是海外生產的平均成本[2]。

此處的論點是，邊際成本的計算頗適合出口，因爲在國內的生產可以採任何的方式進行，但海外的單位則必須承受全部的平均生產成本。

柏克利與凱森[3]（Buckley and Casson）曾經提出轉向海外投資的一個較完整的模型。基本上，有兩種成本一固定與變動成本，會依附在以下不同的作法中：授權、出口、以及海外直接投資。當市場成長，變動成本會下降，以及會由低固定成本轉爲低變動成本的模式，通常是由出口轉爲直接投資（見圖 13.4）。若將設置成本包括在內，這個模型將會變得很複雜。

因此，何時移向海外的關鍵變數，包括服務海外市場所需的成本、此等市場的需求狀況、以及地主國市場的成長性。

移向海外的過程中，有一個複雜的主要因素一競爭者的作法。大型公司採取何種作法，已經被認爲是影響企業海外直接投資的主要因素。最大型的多國籍企業，進入特定的地主國市場通常在時間上一致。會影響移轉

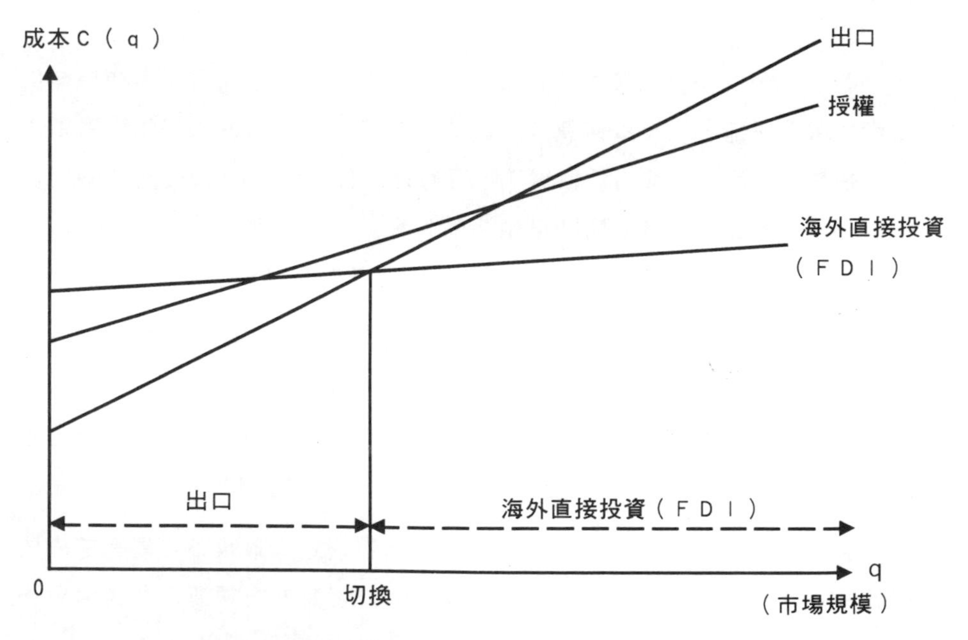

圖 13.4 赴海外直接投資的時機點

海外的重要影響因素還包括：

- ⊙ 產業結構：產業集中度越高，越可能出現領導者－跟隨者的行為模式。
- ⊙ 產業穩定性：產業的穩定度一旦被一些新進入者打破，會直接引發敵對性的投資行為。
- ⊙ 公司可採行的方案越少，越可能採取寡佔的作法。

有趣的是，低技術的公司，通常比高技術的公司，更積極於防禦。

13.4 海外市場的服務政策

一般性

海外市場的服務政策由一組決定組成，即決定某特殊市場要使用何種生產與服務設備，以及以何種通路連結。有三種服務海外市場的作法：出口、授權（以及其他契約性協議）、與海外直接投資。出口與其他兩個作法都不同，因為大部分的附加價值活動其實仍在國內進行，而授權與其他兩者的差異，在於它是商場協議，公司無法完全由內部控制。

實務上，市場服務政策相當複雜。這些作法彼此相關，亦即在海外進行的活動，可能會有跨市場與跨產品的影響。海外市場開發策略中的協調最為重要。當環境改變時，最佳的作法也必須隨之改變，這使情況更加複雜。另外，保持彈性的意願也非常重要。

企業在尋求原料時也有類似的考量，因為國際採購政策可能是節省成本的主要來源。再一次，彈性與公司能隨時監督海外的營運都非常重要。

出口

如圖13.3顯示，出口通常是企業滲透海外市場的主要方法。出口被視爲銷售海外的低成本與低風險之作法，不過出口的數量如果很少，儘管銷售到許多國家可享有稅額上的優惠，固定成本仍可能吃去這些利益。出口最大的問題，在於產品適應市場的成本，以及所面臨的貿易障礙。

許多對出口的研究顯示，出口是否能成功，有以下幾個重要因素：

- 公司內是否有出口銷售專家；
- 焦點必須放在公司最重要的海外市場，而非隨意供應諸多不相關的海外銷售點；
- 選擇、訓練、及控制海外經銷商很重要，以及要回應海外市場的要求。

很重要的一點是，公司能以合適的形象出現在海外市場。公司若透過設立銷售或生產子公司，進行防禦性投資，以保護出口市場，將使公司涉入更深，更加國際化。

海外授權以及其他契約式協議

表面上，海外授權似乎是最理想的方式，因爲這結合了多國籍企業的技術與管理技能，再加上地主國合作夥伴擁有的地區性知識。然而，卻只有相當少數的授權案，在英國大約只佔海外銷售額的7%[4]，原因是執行面的困難。公司之間技術與技能的轉移，比起多國籍企業的子公司將資源國際化，授權的成本相對很高[5]。授權的困難如下：

1. 移轉是否成功，與技術是否具體有關。如果技術內含在機器或品牌名稱中，則移轉可說較容易。不過多國籍企業的技術通常很廣泛，使得移轉成本很高。

2. 技術授權往往需要很高的監督成本，即授權者必須確保獲授權者，不會將技術「使用在沒付錢的地方」。
3. 授權者冒著可能創造出競爭者的風險。
4. 存在著「買方不確定的問題」(Buyer Uncertainty Problem，即買方不知道將得到的是什麼，除非等到技術移轉，而一旦技術移轉後，可能不願意付錢了)，阻礙了授權市場的發展，或至少將增加契約中的保險條款。
5. 可能找不到一家有能力吸收知識的當地公司，特別是在一些低度開發的國家中。

不過仍然有些非常適合授權的情況。首先，多國籍企業經營的產業若集中度高，則不需要在同一市場中，以設立子公司的方式直接競爭，只要彼此交互將產品授權給對方即可(例如藥品業)。第二，授權也許是服務市場最好的方法，尤其當其他進入方式可能遭遇阻礙時。地主國的政府政策可能限制進口，並可能堅持由其國內公司擁有控制權。小型的公司可能難以籌措到足夠的資金，以及管理直接投資需要當地公司的協助。最後，授權通常是以低成本來開發小規模的殘餘市場之方法。

直接投資

直接投資於先前已經闡述過。當有三種情況發生時，公司會選擇海外直接投資。第一，當市場的成長或獲利潛力，使直接投資比其他開發市場的方式相對有利時。第二，企業在海外生產比在國內生產更具競爭優勢時。第三，多國籍公司比地主國內的公司，更容易掌握高獲利、高成長的市場時。直接投資中，一個值得深入探討的作法，是境外的低成本生產。

境外生產

境外生產指的是將生產程序的一部份移往海外，以降低成本。境外的工廠（或海外的裝配工廠）通常位於勞力便宜的國家，最終產品則銷往先進國家，通常是多國籍企業的母國市場。典型的境外生產程序，見圖13.5。

在電子產業中，最常見的境外投資國家包括新加坡、馬來西亞、台灣、以及南韓；而銷往美國市場爲主的，則爲拉丁美洲，特別是墨西哥；銷往歐洲紡織市場的則是北非。

公司會決定建立境外工廠，通常是因爲母國市場遭遇低成本生產者的威脅。倍感威脅的公司，必須降低成本，否則產品將遭到淘汰。建立境外工廠，通常是降低成本最佳的方法。境外設立要成功，倚賴產品的幾個特質：

- 不須高技術勞工就能生產大量產品；
- 價值很高，相對重量很輕，能降低運輸成本；
- 產品重複進口的國家之關稅低；
- 標準化的產品與製程。

境外工廠一開始會遇到一些問題，像是不當的中間投入、遠距離的管理困難，加上原有的風險，但一旦公司學到如何應付這些問題，困擾將會減少，而且境外生產已迅速地成爲國際投資的重要環節。

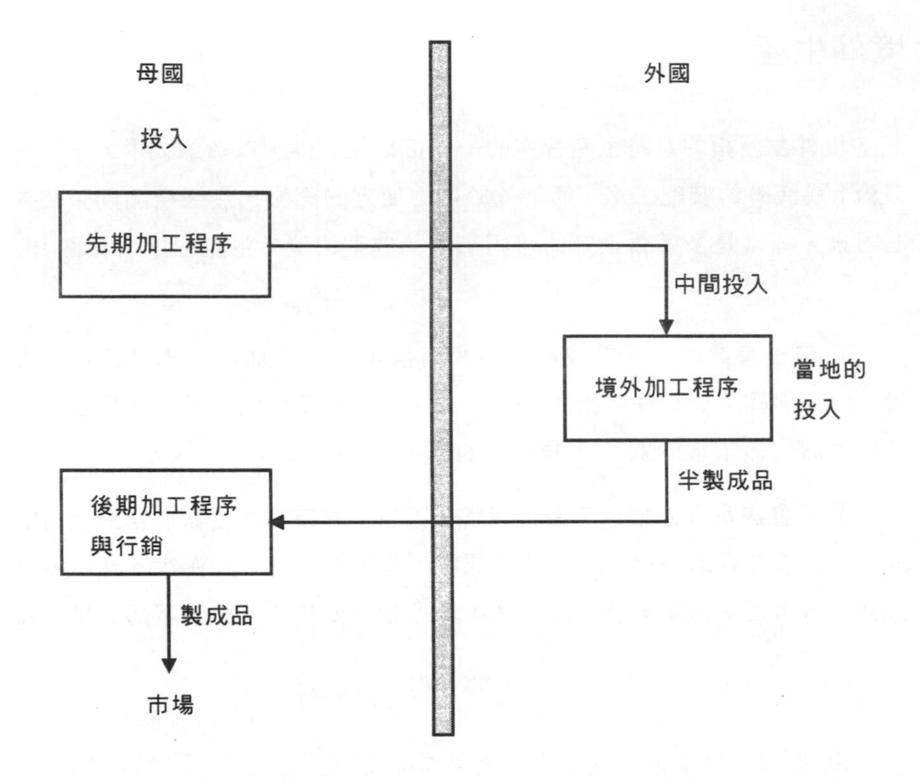

圖 13.5 典型的境外加工程序示意圖

13.5 海外投資的進入策略

在國外設立子公司的管理決策，要考量兩個重要的構面：購買或設立決策，以及所有權決策。

新地投資與收購

首先，公司必須決定要整地、建造新的海外工廠，還是購買現成的其他公司。擁護新地進入法（Greenfield Ventures）的人，提出他們之所以贊成的理由：

1. 新地投資可能是較便宜的進入方法，因爲涉入的規模大小，公司可精確掌握，而設備也可依欲滲透市場多深，做最精準的配合。對小公司而言此一選擇更有利，因爲可能難以籌措到收購其他公司的資金。
2. 建造新的工廠，將沒有承續接管方面的問題。
3. 可植入最先進的生產與管理技術。
4. 新地投資較能獲得地主國政府的青睞，因爲視之爲商業活動的增加。
5. 可自由選擇進入哪一個地區，因此可找到成本最低的區域，包括地區的許可。
6. 當沒有適合的收購對象時，新地投資可說是次佳的選擇。

而反方意見，則提出他們贊成收購進入的理由：

1. 收購能讓企業更快進入市場，資本回收與學習程序的進行也較迅速。如果遇上激烈競爭，先買下對手也想買的公司，可以阻礙對手收購進入。
2. 在初始階段最常遇到的文化、法令與管理方面的問題，將可因爲直接承續買來的公司，而避免這些困擾。
3. 收購最大的優點，是因爲能買到最重要的資產。依不同的情況，這些資產可能包括產品、管理技能、品牌名稱、技術、或通路網絡。
4. 收購不會干擾地主國的競爭情況，因此可以避免競爭者的報復。

不管如何，收購進入模式有幾個潛在的劣勢。首先，公司面臨如何評估收購資產的價值。這要將擬購入的新資產與公司現有的營運，聯合起來評估綜效，因此任務艱鉅且耗費成本。第二，收購後要將先前獨立的單位，整合到較大的公司內，也許會產生嚴重的問題。第三，爲尋求適合的收購對象，通常需要花大量費用。

幾乎所有的進入策略，考量的不外乎是以上因素，只不過權重不同。企業在做出最後決定時，最重要的，應是考量地主國家的投資環境狀況，以及公司是否具備進入所需的特殊技能。

所有權策略

贊成建立100%自有的子公司，其論點包括母公司可以完全掌控，以及避免公司政策上的潛在爭議，例如股利的分配、出口、新投資的分配、以及內部的移轉價格等。如果母公司可以提供子公司一切的生產所需，則更解決以上的衝突。另外，完全自有讓技術與競爭等寶貴資訊不會流向目標可能與母公司不同的外人。最後，某些策略與合資不相容，特別是那些根據快速創新的策略、針對合理化的策略、以及掌握關鍵資源的策略。

是否要與其他公司進行合資，應視狀況而定，重要的是找到資源互補的合資夥伴。一些當地的公司，能夠提供特殊的資源，這通常是進行合資最重要的原因。這些資源包括當地的知識、接觸市場或行銷的特殊管道。第二，合資讓公司設立工廠的成本減少，因而虧損的風險也減少。成本減少使風險減少，也是合資的重要原因，這在公司一開始進行海外投資時很重要。最後，許多國家都規定，當地的公司必須要佔一定比例的股份，才准許海外公司進入，而迫使公司進行合資。

合資能否成功，當然要視所選擇的合資夥件而定。在記錄上有許多個案，記載一個好的經銷商或通路商，反而變成很差的合資夥件。確實難以在事前評估合作夥伴，但是這卻攸關海外合資是否能成功。

13.6　多國籍企業的管理

管理多國籍企業與管理國內企業，面臨的問題基本上相同：如何獲利、如何控制生產；如何、以及朝何方向成長；如何回應環境的變動等等。不過在超過一個國家中營運，總是複雜得多，在各國中也要採取不同的經營模式。企業的功能—財務、行銷、生產、研究發展—都必須經過組織，才能因應全球化營運。接下來將逐一探討。

組織

多國籍企業必須回應全球的競爭，以組織結構來看，這應讓最上層的決策者擁有最大的控制權力，以及讓企業有最大的彈性，來回應環境的變動。這表示公司內部必須建立有效率的溝通網路。經理人之間的陳報關係因此極爲重要。國際性的陳報管道，可以沿著功能線，亦即各部門（財務、行銷、生產)的主管，擔負全球性的責任；或是沿著產品線；公司也可能依地理區編列組織(中東分部等)。組織的問題，其實就是這些主要的分部與專家之間，是否能有效合作，例如生產部門的組織結構，須能配合不同產品線的行銷功能。有些多國籍企業因此採行多元的陳報管道(有時稱爲矩陣結構)。其潛在的危機在於，組織內的程序可能因混亂而失去方向。

另一個整合全球營運的方法，特別適用於較小型的多國籍企業，就是採用國際分部結構。所有非本國的活動，都集結在一起，而陳報關係直接存在於公司執行長與國際分部的執行長之間。這類結構可提供國際化的衝力，不過公司也因此無法完全得到國內與國際營運的綜效，以及使海外的活動須倚賴國內的產品分部。

多國籍企業可能有很嚴重的人事問題。派到海外的主管，比留在國內工作花費更多，在晉升、退休金、津貼方面，以及回到國內後的工作生涯，都會發生問題。主管任用當地人可能很困難、且風險高，而一些當地政府，可能要求公司必須任用固定比率的當地主管，迫使公司本土化。公司總部必須謹慎處理主管間的文化差異。多國籍企業在營運上很重要的一環是，爲了配合這些人事需求，須設計各種訓練課程。

規劃

結構必須跟隨策略，此一道理已普爲人知，而最高層策略的落實一管理計畫一則是多國籍企業在經濟管理上，最重要的武器。以下爲三個重要元素：

- ⊙ 作業的控制；
- ⊙ 由最能判斷決策之影響的人來做成決策；
- ⊙ 資訊的溝通，以促進良好的決策。

管理計畫應結合定義清楚、且可衡量的目標。決策者所了解的各項目標，應包含完成的時間表，以及解決重大問題與善用機會的行動綱領。這些事前的準備，可防止計畫變得模糊，並能給經理人明確的方向感。

總部將責任歸屬到各海外子公司的經理人，但是總部仍保留政策的控制權，其衍生的問題，困擾著所有的多國籍企業，不管組織結構如何。基本上，對於在現場須做出營運決策的經理人，總部必須給予團體的支援。

財務規劃

多國籍營運因面臨許多外部問題而使財務管理變得複雜，不過也帶來新的機會。隨著國際化，匯率將給企業帶來損失與利得。匯率損失，指公司未來交易所使用的貨幣貶值或升值所帶給公司的損失。出口商與進口商受匯率的影響很大，不過多國籍企業更加脆弱，因爲它們以匯率換算的金額非常龐大，而且它們的淨資產因位於不同的貨幣區，所受的影響也會不同。因此對一個趨避風險的多國籍企業來說，擬定避險政策來減低衝擊是必需的。當然，如果公司較積極，試圖在外匯市場中操作，也是另一種可行的作法，不過並無完善之道，許多多國籍企業也因此蒙受損失。

全球各地資金的成本均不同，使多國籍企業有機會將資金成本減至最低，而內部的借貸（例如子公司向母公司借錢），使企業更能靈活運用資金。不過，每個企業的子公司，都必須適應當地的財金務政策與機構。要將各地子公司的資產負債表集結在一起，是一項非常艱鉅且昂貴的任務。

多國籍企業的財務規劃，也必須考量繳稅的問題。對此有各種不同的策略，從儘可能避稅的政策，到只要確保同一筆獲利不會被課兩次稅。企業在進行國際賦稅規劃時，需要吸收各國間對於繳稅規定、以及雙重扣稅協議的大量資訊，這會產生許多不確定性，因爲任何變數的變動，都會影響賦稅。

從海外撤資，是多國籍企業面臨的另一種獨特的財務問題。此時有各種財務管道可資運用，包括股利（其來源通常會課稅，且視爲母公司的收入）、繳給母公司的權利金與管理費（通常可在子公司處抵免稅額）、償付貸款與利息，還有中間產品與服務的移轉價格。

移轉價格如何設定，是多國籍企業最常面臨的爭議問題。透過公司內部對產品與服務的定價，可操縱資金如何在各國間流動，以便達成某些目的，包括：

- ⊙ 讓稅後獲利最大化；
- ⊙ 人爲操弄以影響帳面獲利；
- ⊙ 面臨匯率波動時，移轉資金；
- ⊙ 逃避政府的限制；
- ⊙ 增加對海外子公司的控制。

不過這些人為操弄的價格，會影響交易的各國與多國籍企業的收入，因此移轉價格不被政府信任。政府認為在多國籍企業的存在下，將無法控制其國內的經濟。儘管有些國家的海關與課稅當局、外匯管制當局、與專家等，採行一些限制來監督多國籍企業，猜疑還是存在。以公司的觀點來看，移轉價格也有其缺點。企業在非市場價格下營運，會引發效率的損失。企業可能因此需要一個昂貴的控制系統；移轉價格若錯誤，付出的代價會很高。不過，由於能夠避稅與具有獲利潛力，實務上仍會繼續採用。

由於各國的賦稅與交易規定各自不同，使得企業很難評估海外子公司的績效。一般公司均同意，即使有不同的海外子公司，在評估績效(銷售額、固定預算下的績效)時也要採行同一準則，不過也必須考量當地的限制對績效的影響，以及移轉價格對各個子公司的影響。對許多多國籍企業來說，如何在長距離以外評估海外子公司的績效，仍屬於灰色領域。

行銷

國際行銷牽涉到一項很重要的決策一應該推行全球統一標準或符合個別市場需求的產品。一般來說，適應當地的做法較能獲利。如果將一國之內所有的市場都一般化，亦即將所有市場視為具有同質性，此一想法很危險。舉例來說，印度在一般的指標上雖然是個很窮的國家，但仍然有一些所佔比例很小、但絕對數字可說很大的工業市場利基。大多數的第三世界國家，都有很少數的極高所得者，其消費模式與先進國家相差無幾。因此多國籍企業必須將一國當中的市場，按照獲利性的不同來區隔。

國際行銷的研究多指出，銷售時非價格因素的重要性。品質、多樣性、可靠性、以及符合運送時程，往往都可使公司成功地入海外市場。經營海外市場需要更多的資訊，而進入前謹慎的市場分析，是成功的關鍵因素。

研究與發展

多國籍企業的經濟理論，都會強調研究發展與企業多國籍化之間的關係。公司內部是否採用先進的技術設備，說明了整合性多國籍企業是否能成長[6]。研究發展的管理，攸關企業是否能國際化，而公司內部的研究成果，若充分運用，可提供企業成長的動力。研發部門與其他功能部門間，是否有充分的資訊流通，此點極為重要。圖 13.6 顯示了管理上必要的雙向溝通，它能將研究的果實，完全整合到管理程序中。一般均同意，那些內部管理十分成功的多國籍企業，也就是那些能了解目前其研發之潛力的公司。

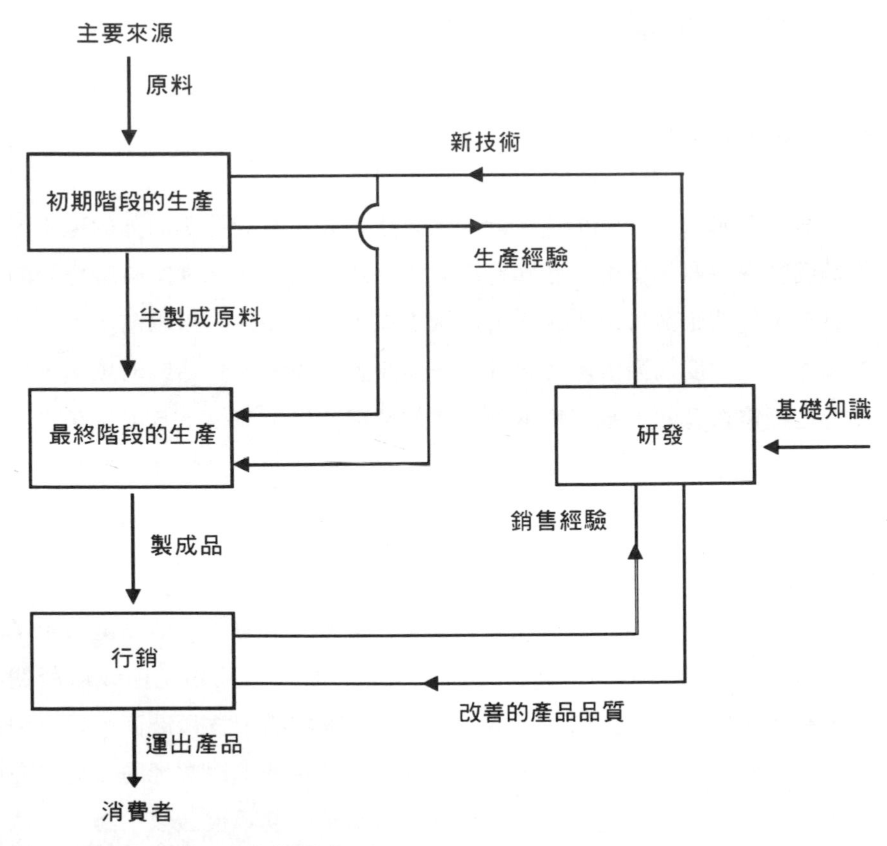

圖 13.6 研發整合到企業的管理中

全球性決策的制定

要管理好多國籍企業，需要謹愼地監測國際環境的變動。成功的重要因素，在於能適當地回應各地的情況。在本節中，我們已指出公司內部溝通良好的重要性，這不只是各個國家之間，也包括各個部門與分部之間。

13.7 與環境的關係

多國籍企業在一個以上的經濟環境中營運，因此必須能適應各地的環境、市場、與公權力。除此之外，爲了回應各地不同的影響力，公司也必須將各種不同的活動整合起來。

地主國的環境

即使對於最有經驗的多國籍企業來說，要了解與適應海外的環境，仍舊是個棘手問題。企業在各國有不同的經營方式，加上當地時時變動的法令規定，都使企業付出不少學習與適應成本。要在進入市場前，就評估這些成本，困難度很高。除此之外，多國籍企業也必須評估政治風險，這在國內是不需擔憂的。政治風險使企業的環境變得不連續，且難以預測。戰爭、革命、國營化、徵收、貨幣貶值，以及行政裁量權的濫用，都是顯著的例子。要評估海外營運，必須收集各種資訊，並使用各種過濾的模式。如何取得地主國環境的資訊，一個重要的來源是過去與其市場的接觸。

許多地主國，特別是第三世界國家，當地政府多不相信多國籍企業，還經常把國內諸多經濟問題，歸罪給這些企業。這些地主國政府所關心的，是多國籍企業對該國的收支平衡帳、經濟結構、技術層面，以及國家的規劃，會產生什麼影響。確實，海外的投資者通常比當地的公司，在回應政府的政策上較迅速，而多國籍企業以高靈敏度呼應區域性誘因，就是其中的一個例子。不過，地主國政府統治權所受的隱約威脅，加上它欲完成全國性目標的企圖心，使多國籍企業的管理當局必須對當地的期望更加敏感，也必須避免所有的政治干擾，以及商業行爲的標準不能低於當地最強的競爭者。

母國

多國籍企業與其母國之間的關係，也佈滿許多荊棘。對多國籍企業最嚴重的指控，莫過於因爲它們「出口工作」，造成本國人失業。特別是境外生產的蓬勃發展，更使緊張的氣氛高昇。多國籍企業爲了防衛，經常解釋海外投資因爲能增加國內中間產品的出口，所以是增加了國內的工作機會，而且保留了原本因低成本的海外競爭而消失的工作。在美國，曾經有工作保留與流失之間平衡的研究，但並沒有具體的結論，其中有些研究探討海外直接投資如何影響國內的收支平衡。

國際組織

因爲一國的政府難以控管多國籍企業，對國際性（或超國籍）組織的需求因而產生。在執行上，一些行爲規範與其他管制規定乃應運而生，如今已用於管理多國籍企業。

很清楚地，多國籍企業的管理階層必須注意這些規範，如果沒有特殊的狀況，爲了維護公共關係，應採行那些不會與上述規範衝突的政策。在未來，國際性規範的影響力將會增強，對多國籍企業來說，會增加可觀的管理成本。

13.8 結論

管理多國籍企業，比起管理國內的企業，會面臨更多額外的構面。如何適應各地不同的環境、額外的資訊需求、控制的問題、組織的問題，以及與外部決策者之間的溝通協調，都會使國際營運更加困難。不過，撇開這些問題，成長的機會、穩定性、多角化、與降低成本，都使企業能獲利更多。成功的管理方法，國內與國際企業並無不同，不過國際企業面臨更多的限制，因而面臨更多有趣的挑戰。全球的市場在未來會變得更加彼此依賴，這表示即使是純粹在國內營運的企業，也不能忽略國際性的競爭與機會。

13.9 管理上的結論與檢視清單

1 海外投資的目的爲何？是爲了降低成本、能更有效地服務市場、或爲了控制關鍵性原料？

2 所有服務海外市場的手段，是否全都評估過了？授權、出口、或海外投資，對於進入目標市場，何者是最合適的作法？其他的市場是否評估過了？

3 對於公司所有的單位，包括國內與海外的事業部，是否都已建立最有效率的供應（外包）網絡？

4 進入海外市場的評估是否正確？買新地蓋工廠或收購，何者最合適？如果決定收購，所有潛在的收購對象是否都已評估？100%擁有的策略，是否與公司的目標與資源相符？

5 海外單位組織的方式是否使陳報與控制的制度具有彈性與效率？決策單位是依功能、地區別、或產品線來協調？地區的經理人是否清楚其職責？

6 是否完全掌握地主國的環境（目前與未來），並回報給關鍵的決策者？

7 公司的營運是否眞正具有國際性的視野，在過濾機會、評估與再評估各項課題時，是否考慮到全球態勢？企業活動的整合，是否以全球的角度出發？

附註

1 Peter J. Buckley, Gerald D. Newbould and Jane Thurwell, *Foreign Direct Investment by Smaller UK Firms* (2nd edn, Macmillan, London, 1988).

2 Raymond Vernon, 09nternational Investment and International Trade in the Product Cycle *Quarterly Journal of Economics,* 80 (1966), pp.196-207.

3 Peter J. Buckley and Mark Casson, *The Economic Theory of the Multinational Enterprise* (Macmillan London, 1985).

4 Peter J. Buckley and Kate Presoctt, 20he Structure of British Industry旧 Sales in Foreign Markets *Managerial and Decision Economics,* 10 (1989), pp.189-208.

5 Buckley and Casson, *The Economic Theory of the Multinational Enterprise*; Peter J. Buckley and Mark Casson, *The Future of the Multinational Enterprise* (2nd edn, Macmillan, London, 1990).

6 Buckley and Casson, *The Future of the Multinational Enterprise.*

進一步導讀

欲對多國籍企業的營運策略，有更透徹的了解，可參閱：Michael Z. Brooke and Peter J. Buckley (eds) *Handbook of International Trade* (Macmillan, London, 1988).

第十四章 成熟與衰退產業的策略

前言→什麼是衰退產業？→產品衰退的原因→成功或失敗的因素→成熟與衰退產業的策略→管理上的結論與檢視清單

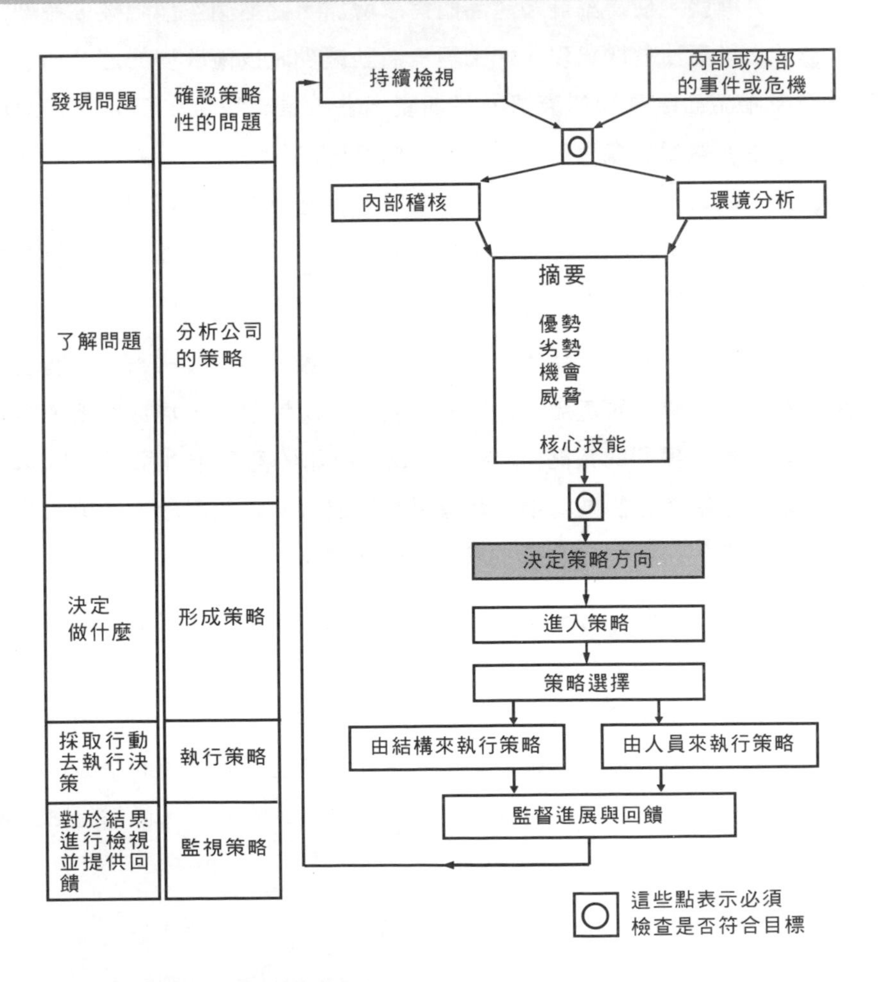

圖14.1 策略決策制定的程序

14.1 前言

回顧歷史，產品需求衰退的例子與原因俯拾可得。對鐵匠的需求，被內部燃燒的引擎所取代；家庭暖氣自從中央空調逐漸普及之後，對煙囪工人的需求因而衰退；以及近年來，瑞士手錶工業因爲電子錶的興起，也面臨需求衰退。

在 1970 年代中期與末期的石油危機之前，各國的 GNP 持續成長，加上世界貿易興盛，使得對許多產品的需求增加，此熱潮空前絕後，持續好一陣子。之後石油危機出現，加上經濟活動減少、技術改變的速度加快，使得許多產品面臨長期的衰退。長期衰退在工業環境中，已非新奇的現象，產品生命週期的概念，替這些歷史個案提出了解釋。不過，一般研究很少將目光放在週期的衰退期。簡單來說，就是位於衰退期的產品已不再被人渴望，因此這些產品應該儘早由行銷組合中移除，另外，公司也必須避免進入這類市場或產品。

哈利根（Harrigan）持不同的意見，他根據波特（Porter）的模型，研究一些衰退產業中的產品，之後並發展出概念性架構，爲這些產業與產品的公司提供可獲利的策略[1]。另外，BCG 矩陣（見第十九章）的概念，也認爲公司必須在各個區塊中，都有平衡的組合。因此對於大多數的公司而言，爲衰退的產品制定合適的策略仍然很重要。

一般的高階主管，多半不相信公司的產品位於衰退期。他們在該產業或管理相關的產品許多年。另外，如果接受此一事實，就表示公司必須要有顯著的改變：新產品、新顧客、新生產程序等等。經理人可能傾向忽略這些因素，拒絕面對獲利已嚴重受損的事實，甚至不顧公司的生存已面臨威脅。在第十五章，我們將討論這些績效嚴重不良的公司，應採行哪些策略。

14.2　什麼是衰退產業？

要釐清什麼是衰退產業，瞭解下述兩種常造成混淆的說法會很有幫助。圖 14.2 可協助說明。

雖然我們通常將產品生命週期的曲線畫爲一連續的平滑線，事實上，銷售額在短期會因週期性或其他短期的影響而有波動。第一種說法，指的是當任何的銷售額下降，就表示產品位於衰退期。很明顯地，圖中的A與B之間，雖然銷售額下降，其實是暫時性，長期而言仍位於成長期。第二種說法，也最被一般人接受，指的是暫時性的增加，例如在D與E之間，就表示新成長階段的來臨。當然可能如此，不過圖 14.2 顯示它不過是個短期的復甦，長期而言很明顯的仍位於衰退期。當一個產業位於圖中的C點之後，就可說是衰退產業。

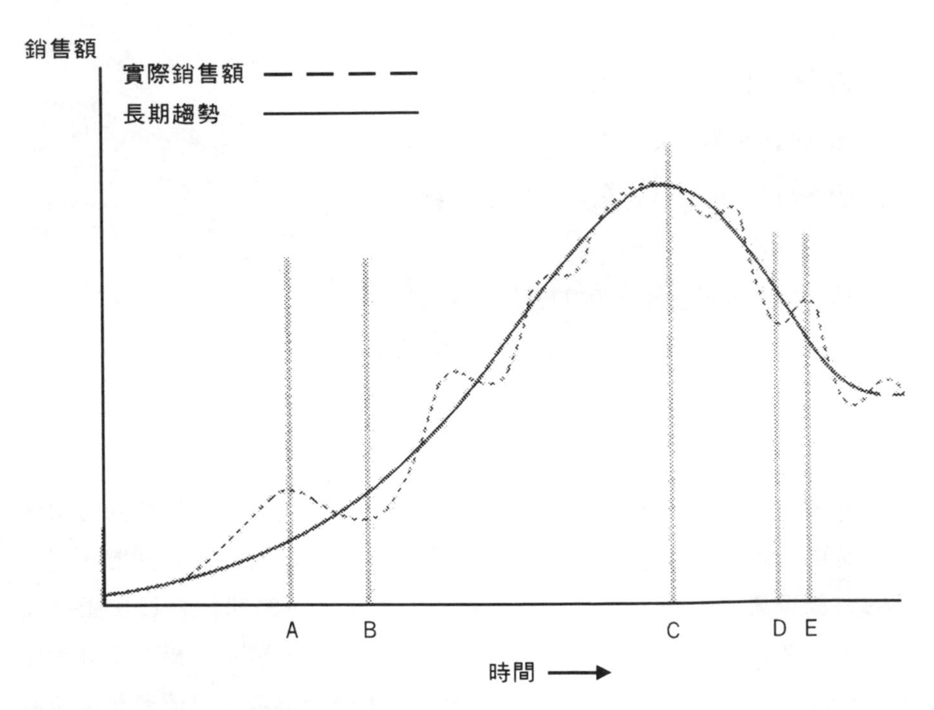

圖 14.2　產品生命週期

超過圖中的C點以後，按定義而言，公司會有剩餘的產能，亦即需求量低於最大產量。經濟理論說明企業在面臨這些剩餘產能時，其行爲會出現一些特徵，例如價格戰——一開始的目的在於增加銷售量，以便維持工廠最大的產能利用。另外，屬於邊際生產者的公司，因無法再有獲利，會退出產業。不過企業仍有其他的選擇，無論是否可行，我們都將於本章的後半部討論。

14.3　產品衰退的原因

獲利衰退的原因，於第十五章「企業的倒閉與再生」也會提到。第十五章關心的是績效不良的公司—無論公司位於週期的哪個階段，討論的重點放在公司的**內部**。而本章的重點，在於產業的需求衰退，焦點放在那些引發衰退的**外部**因素。主要的因素有：

- 技術改變：產品或生產程序；
- 社會改變：文化或風潮；
- 飽和：買方已經有足夠的產品數量。

另外還有其他因素，例如新的法令或經濟政策，不過它們通常發生在上述的因素之後。造成衰退的因素，也可能來自上述兩、三種因素的組合。街角雜貨店的消失與超級市場的興起，就是源自社會與技術層面兩者廣泛的改變。

新的技術程序或來源，例如天然氣的使用，使得對人造瓦斯的需求衰退。其實人們對燃料的整體需求是增加的，只不過燃料的形式轉變。有效率的電腦系統引入後，也減少對收銀員的需求。新的科技會促使產品改變，包含淘汰原先的功能，以便滿足更多元的消費者需求。男性服飾市場潮流的改變，對西裝的需求明顯衰退，而出生率的下降，也使嬰兒用品市場面臨顯著的衰退。

大多數在某地理區內能經營成功的公司，在遠征新領土時，往往面臨當地企業激烈的抗拒。在地理區的限制下，許多市場事實上已達飽和，亦即已達到高峰，需求已完全被滿足，之後會伴隨著需求的衰退，銷售額下降，直到替代市場也被滿足。在英國，電視機、冰箱、以及其他家電用品，都屬於這一類的市場。當然，如果人口快速增加，則未來趨勢則又不同。

14.4　成功或失敗的因素

策略分析人員會根據外部與內部的構面來選擇各種不同的行動方案（見第十九章），本章所描述的模型，則是細膩地探討這些模型的特殊面向。有關多國籍企業（第十三章）與企業的倒閉與再生（第十五章），特定的洞察在本書的第四篇中討論，而第五篇則承續分析的結果，著重於說明一些典型的個案，探討企業如何做出策略的選擇。因此在我們替公司提出可行的選擇方案之前，我們必須先了解模型中有哪些外部與內部的因素。

環境因素

環境因素可分為以下兩大類：

- 需求面的特性；以及
- 供給面的特性

需求面的特性，指的是那些與產品消費者相關的因素。以下列出幾個重要的議題。

衰退的性質

產業中產品需求衰退的特性，通常就是關鍵的需求因素。需求下降得很慢，比快速下降好。確實，需求如果快速下降，公司就沒必要做太深入的分析。除了衰退的速度，衰退的型態也很重要：穩定的衰退，比劇烈起伏來得好。另外，公司也必須預估未來的需求，以了解衰退的原因。

產業結構

競爭者的數目、規模，以及相對的市場佔有率，能對產業內的競爭特性做某種初步的評估。少數大型的買方，可能形成對企業的壓力，除非企業具有反抗的能力，例如專利權、買方要轉換供應商的選擇很少、或移轉成本很高。

價格穩定性

衰退的性質與產業的結構，對於產品市價是否能維持穩定具有關鍵影響力。下降中或不穩定的價格，對企業很不利。

產品差異性

一般來說，當產品到達生命週期的衰退階段，它們會變得同質化，亦即競爭公司之間的產品沒什麼顯著差異性。此一情況對企業不利，不過並不一定表示會阻擋企業經營的成功。不過產品如果有差異性，機會總是比較多。

區隔

一個產業中會有好幾個區隔。每個區隔都含有同質性或差異性的產品。不同區隔的存在是件好事，因爲公司愼選區隔，其需求可能不會像其他區隔衰退得那麼快。

第二類的外部因素，則與製造或供應產業內之產品／服務的公司有關。在討論重要的議題之前，有必要先了解退出與進入障礙的一般性問題。無論是單一或組合在一起，以下列出的幾個因素，都會成爲障礙。會形成退出障礙的情況：當資產在會計帳上的估價明顯偏高時，此將形成最重要的問題一即公司是否應決定停止在產業中繼續經營下去。同樣地，雖然我們不鼓勵廠商進入已步入衰退階段的產業，但這種進入障礙能阻擋外來的干擾，讓身處產業中的現存公司能有秩序地繼續經營。

超額產能的數量

超額產能的數量，與衰退的速度有些關係，它能使企業增加獲利，也是企業退出產業之速度快慢的因素。超額產能數量過多，對企業而言通常極端不利，不過如果是在特殊區隔中經營的獨立廠商，則可能不會受到其他廠商的干擾。

垂直整合

如果企業已垂直整合，則會很排斥退出它所供應的產業。因此垂直整合是個不吸引人的產業特色。

退出策略

一些原因會使得公司退出很困難或很不經濟，還不如採行其他策略。如果公司的資產沒有其他用途，或最近才購入，尙未完全折舊，都會使得退出更加困難。如果資產佔總成本的大部分，或是不太可能以合理的價格轉賣，也會使得廠商退出困難。

公司所有權

所有權若分散，則公司的決策會較理性與不帶感情，即公司若沒有達到理想的資本報酬率，則公司很可能關閉或撤資。相反的，如果是一家只有一項產品或單一擁有者的公司，若不計任何代價要生存下去，則公司將會繼續支撐，直到破產爲止。因此只有單一產品或單一擁有者的產業，較不具吸引力。

資產的特性

公司的資產，如果在會計帳上的價值，遠高於公司決定撤資或關閉後清算轉賣的價格，則這種公司傾向拒絕輕易退出產業。這種情況亦適用於那些資產沒有其他用途的公司。如果產業具有這種特性，公司較不願意進入。

公司的優劣勢

第八與第九章中，我們已經介紹過如何找出公司優劣勢的一般性方法，而這些分析也可能看出需求衰退的相關因素。在此有四個因素值得一提。

管理當局的態度

管理階層對於產業特性的知覺，以及如何回應，對於處於衰退階段的公司會採何種策略，具有關鍵性的影響。如先前所述，管理階層與產品及市場有長久的聯繫關係，即表示他們經歷過產品的成長階段。對於變動的環境知覺錯誤、解釋有誤、或適應不良，均會造成嚴重的後果。雖然管理當局的態度已包含在分析的內部構面中，但產業中所有公司集體的知覺與行動非常重要，這會使分析的過程中有一股潛在的不確定性，並使預測結果變得相當困難。即使如此，公司若能及早與採取適當的行動，成功的機會將較大。

市場佔有率

高市場佔有率的公司，比那些低佔有率的公司，處在較優勢的地位。

此一概念對於整體產業或各個區隔均適用。

在產業中的成本地位

衰退產業的特色之一就是，最高成本的生產者，往往必須退出市場，這是不變的定律。另外，如果價格被擠壓，最高成本生產者的獲利將會下降，因此成本較低的生產者就會擁有競爭優勢。

專利

到達衰退期時，先前用以保護產品免受競爭的專利，可能也接近期限。如果眞是如此，公司就必須審愼評估失去保護之後可能遭受的衝擊。競爭的衝擊力越激烈，則此一產業對企業而言越不具吸引力。

在討論可行的策略之前，以上的討論有幾個重點，在此做個小結，並作爲介紹以下模型的引言。以上提及的因素，是影響公司決定未來策略最大的因素。另有其他未提及的因素，可能也非常重要，此時就要靠分析師的技能與經驗，找出這些因素，並加在分析中。另外，我們必須謹記在心，這些分析都是針對衰退的需求。

因此以下介紹的模型，也可能適用於已達均衡的需求狀況，不過**絕對不適用於產品生命週期的其他階段**。最後，這些都是一般性的規則，當中當然會有例外。因此仍需分析師以精準的靈敏度，辨別不適用一般性規則的例外情況。

14.5　成熟與衰退產業的策略

承襲先前 14.4 節提出的兩個構面—環境因素與企業的優劣勢，討論到此，我們可建構出簡單的模型（如圖 14.3），模型中兩個構面分別位

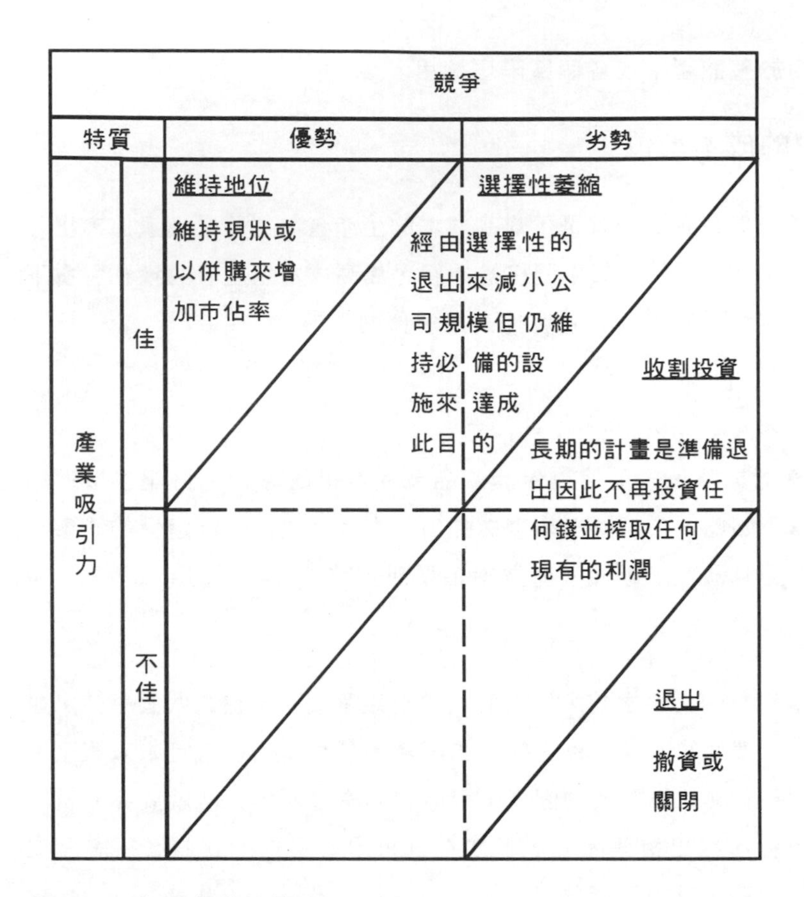

圖 14.3 衰退產業的策略

於兩軸。雖然此模型很明顯的有四個方格，我們必須注意，每一軸其實都是連續的，會分隔成個別的四塊，主要是爲了方便分析。我們可看出最強勢的區塊，位在圖左上方的角落：公司在產業中有許多優勢，而且產業也有許多吸引人的特質。相對的，右下方的角落是最不理想的位置。如果公司能將產品標示在圖中，就能找出最容易成功的對應策略。圖中的對角線，輔助區隔最理想（左上角）與最不理想（右下角）的點，因而分出四種策略：

- ⊙ 維持現狀：透過購併，維持或增加市場佔有率，以維護現有的地位。
- ⊙ 選擇性撤守：選擇性地縮減公司的規模，但仍留住必要的設備。
- ⊙ 搾取投資：長期的計劃是預備撤資，因此目前盡量少花錢，在還有價值時盡量回收。
- ⊙ 放棄：撤資或關閉。

只利用兩個構面的模型，解釋起來可能讓人誤以爲是靜態分析，但事實上，公司的合併、關閉、或競爭者採取新的行動，經常會引發變動。因此，策略分析人員在決定某特殊政策前，應先找出可能的競爭變化。對於所選擇的策略，也必須評估可能的風險。

14.6 管理上的結論與檢視清單

1.需求衰退的原因

- ⊙技術改變
- ⊙社會改變
- ⊙市場飽和

2.導致成功或失敗的原因

環境因素

需求特徵	**良好**	**不佳**
衰退的性質	速度慢	快速
	穩定	爆炸性
產業結構	供應商力量大	購買者力量大
價格穩定性	穩定	浮動／下降
產品差異化	具差異性	像民生必需品
區隔	數個區隔	沒有區隔
供給特徵		
剩餘產能的程度	低	高
垂直整合	明顯	不存在
產業結構	少數供應商	很多供應商
公司的所有權	大企業的一部份	由業主掌控
資產特徵	有很多用途	無其他用途

公司的強勢與弱勢	**強勢**	**弱勢**
管理態度	瞭解情勢	對於情勢誤解或不瞭解
市佔率	高	低
在產業中的成本地位	低	高
專利	距過期還有一段時間	無／幾乎過期

3.衰退產業的策略

- ⊙維持地位
- ⊙選擇性萎縮
- ⊙收割投資
- ⊙退出

附註

1 M. E. Porter, *Competitive Strategy and Competitive Advantage* (Free Press, Glencoe, 1980 and 1985); K. R. Harrigan, *Stategies for Declining Businesses*(Lexington Books, Lexington, Mass., 1980).

進一步導讀

1 Charles Baden-Fuller and John M. Stopford, *The Mature Business* (Routledge 1992).

第十五章　公司的倒閉與再生

前言→衰退的症狀→衰退的原因→復甦的可能性→復甦的策略→管理上的結論與檢視清單

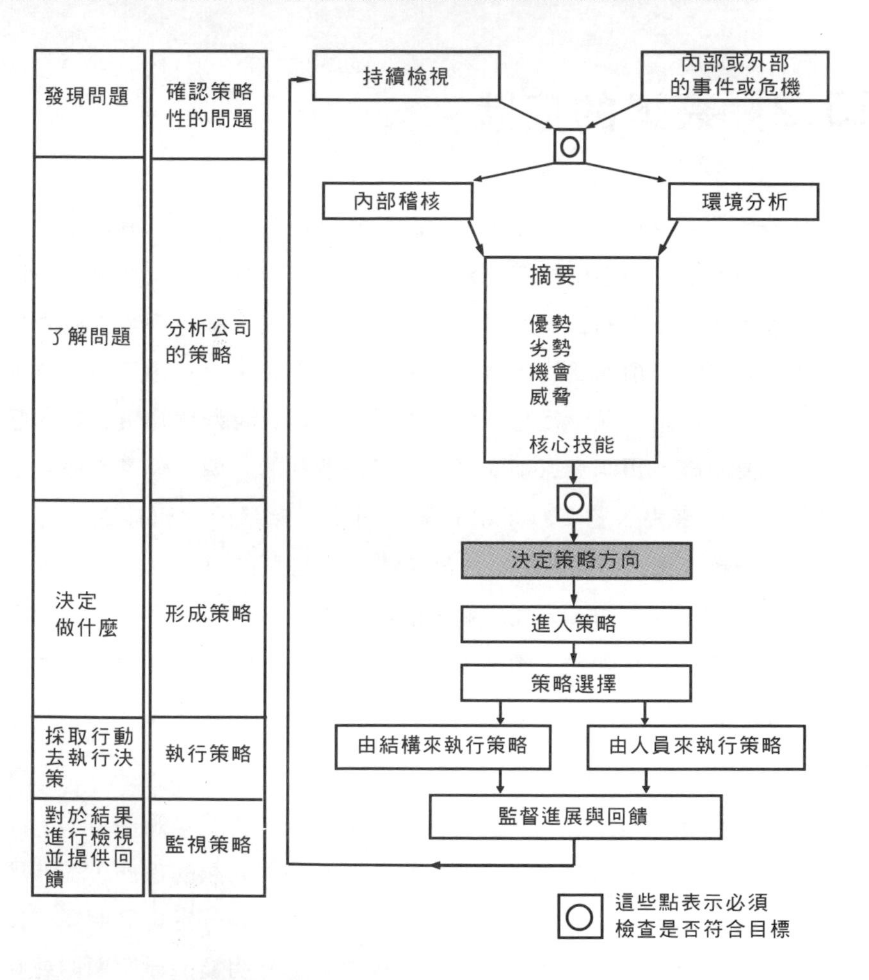

圖15.1 策略決策制定的程序

15.1 前言

第十二章提供使公司決定未來方向的工具。不過如果獲利不斷下降，制定策略時就有諸多限制，而著重於如何抵禦威脅，以及補強導致獲利下降的劣勢。這一直是大多數的公司所面臨的情況，目前已有研究開始針對衰退、復甦、或倒閉的程序，提供有用的見解。因此本章的重點，在於討論衰退的症狀與原因、復甦的可能性，以及如果復甦可期，又有哪些策略可以採行。

15.2 衰退的症狀

什麼是「衰退」？正如同公司策略的其他許多面向，目前對此問題尚無定論。基本上，一家位於衰退期的公司，表示它存在著一些攸關公司生存的問題。對大多數的公司而言，倒閉的基本原因，不外乎無法產生足夠的利潤。衰退的一項簡單的定義，就是獲利性下降，這可由下降的資本報酬率或每股盈餘來衡量。從另一角度來解釋衰退，可觀察自衰退起所歷經的時間。要精確地預測衰退不太可能，但是獲利的下降，經常伴隨著上述的現象。舉例來說，圖 15.2 中的第一個圖，顯示公司可能面臨意外事件，例如一樁「搞砸的」購併案。第二個圖是常見的模式，獲利下降已歷經一段時間，在此之前，公司經過一段沒有成長、且成長率下降的時期。要精確預測衰退非常困難，因爲各公司面臨衰退的時間幅度之變化性相當大。另外，也很難指出成長率的下降，是暫時性、無關緊要、或基礎眞的出了問題。

衰退的症狀與原因在一些實例中非常相關，不過本節的目的，在於提供一些指標，以幫助公司找出潛在的危機。如同人類的疾病，並非所有的症狀都很明顯，對公司來說，衰退的症狀，也並非一定經歷明顯的獲利下降。衰退的症狀，通常在財務、行銷的數字上最明顯。最明顯的財務指

圖 15.2 獲利衰退的模式

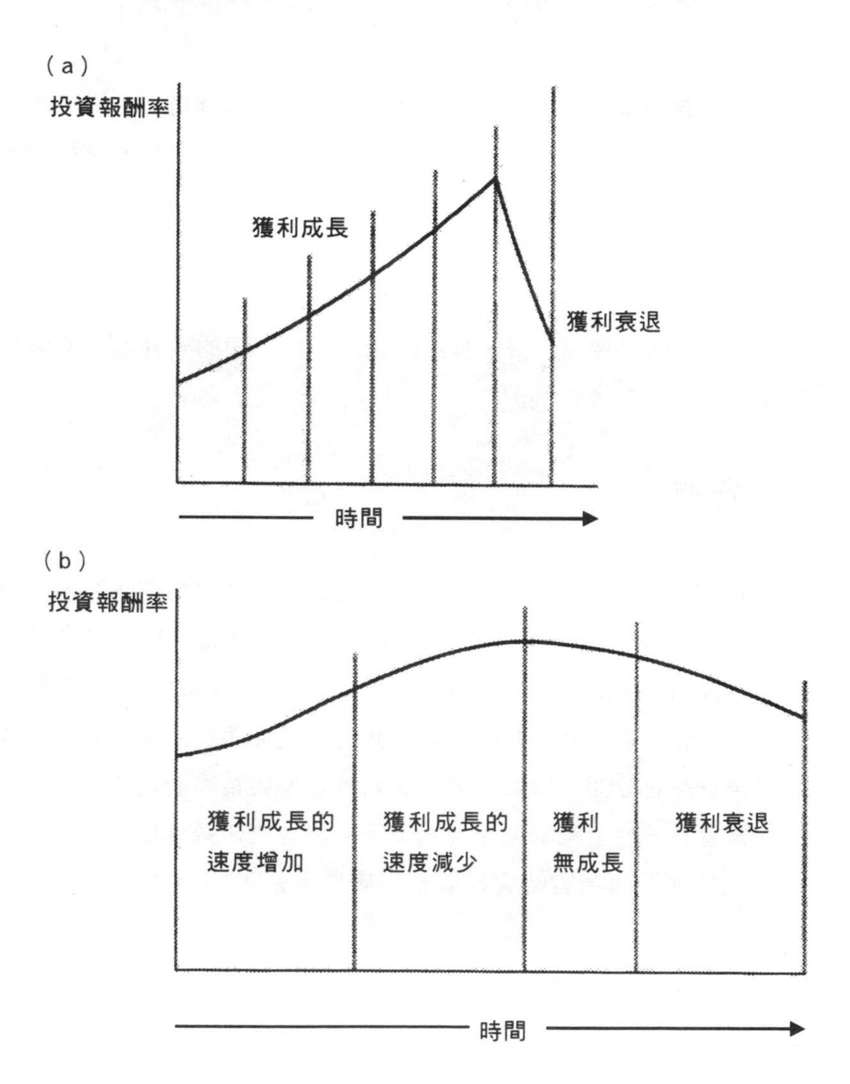

標，莫過於股利的下降、負債增加、以及流動性降低。目前已有大量的研究，利用財務模型，來預測衰退與倒閉[1]。不過，雖然這些是診斷企業健康的一般性指標，如果我們探討它們採行的方法[2]以及量測到的結果，其實這些模型能準確預測破產的能力，十分值得懷疑。以行銷的角度來看，獲利衰退可能起因於銷售額並無實質增加，或市場佔有率正在下降。

15.3 衰退的原因

我們可以說造成衰退的原因，其實只有一個一那就是不良的管理。如果管理能正確地追蹤產品的表現、以及市場可能發生的變動，並採取適當的行動，獲利是不會下降的。不過這也表示如果公司要能眞正成功，必須無所不知（有時還得加上預知的能力）；但即使是最能從事系統思考的管理者，也可能會出錯。因此本節將討論企業與環境的界面，因爲界面存在著一些問題，才使得獲利下降。這些問題可分爲公司的內部與外部兩大類（見表 15.1）。

不良的管理

所有的問題均來自最上頭，因此不良的管理是造成獲利下降的主要原因。那些經營公司的人可能做出了錯誤的決定，無論是制定了錯誤的策略，或找錯誤的人來執行策略。執行長（CEO）的角色與類型十分重要。倒閉的公司有個重要特徵，其執行長的領導方式都很專制。尤其當總裁與執行長的角色沒有分開，以及董事會並未眞正參與策略制定的程序時，更是如此。儘管有一些企業家風光過一陣子，但他們的領導風格，往往使公司後來出現重大問題，有時會導致公司破產。最近的例子包括 Goodman

表 15.1 獲利衰退的原因

內部因素	外部因素
管理不良	產品的需求減少
財務功能不良	產業結構改變
行銷功能不良	經濟、社會、政治等因素
作業生產功能不良	
錯誤的購併	
大型專案出現問題	

（Intasun）與Azil Nadir（Polly Peck）。不良的管理也可能來自不平衡的董事會；例如董事中有太多會計或工程背景。另一個原因是：高階主管能取得的資源，在數量或品質上不足。

財務

不良的財務控制通常也是獲利下降的原因。這可能來自不良的預算控制、不當的成本制度、或無力監督與控制現金。其他在財務功能方面的缺點，可能原因包括資產評價錯誤、以及會計帳做假。許多小型公司之所以關閉，主要原因是過度交易。過度交易的情況很多種，最常見的是銷售額增加帶來的獲利，仍不足以讓公司有充分現金去償還爲了擴充而高築的債務。

行銷

一種不當的行銷功能出現在公司未能完全了解與運用行銷概念。行銷的觀念在相關的活動中並沒有適當地發揮。業界通常以銷售、廣告、或通路來取代行銷。眞正的行銷活動應依循行銷計劃，這引領著整個公司與顧客之關係，並且非常仰賴行銷研究得來的資訊、與新「產品一市場」組合的產生。衰退中的公司，通常無法擁抱這些行銷概念。

生產／作業

獲利衰退的公司，其生產功能共同的特徵就是，比起同產業中其他的製造者，有較高的成本結構。這可能來自生產方式無效率，或不良的勞資關係引發勞工抗爭。

購併政策

對一些公司來說，一項無法產生預期回收的購併案，是導致公司衰退的主要原因。第十六章將仔細說明購併的預期效益，以及爲何有時會失敗。

大型專案

「大型專案」(big projects)有時也是造成企業獲利衰退或倒閉的原因。按照定義，「大型專案」是指以公司的資源來看，公司投入相對大型的活動，它多少使公司的獲利受到影響。「專案」可能是一項大型的購併、在生產程序或產品上進行重大的資本投資、大規模的行銷活動、或提撥大筆金額進行研發。

產業的銷售額衰退

外在環境最顯著的症狀，莫過於人們對於公司生產的產品之需求下降：亦即產業的銷售額衰退。公司必須確認這是暫時性經濟不景氣的一部份，或長期衰退的開端。另外，衰退的速度與原因，在公司考量如何採取恢復獲利的行動時，也都是重要的因素。

產業結構

產業結構的改變，可能引發獲利下降。舉例來說，如果一個產業中有三家主要公司，其中兩家合併，對第三家公司而言就十分不利。產業的集中度、以及競爭型態，對獲利是關鍵的決定因子。

其他環境因素

經濟、社會、政治、與技術等環境發生的變動，也會影響公司的績效。有時候這些環境的改變（於第五章討論），會對某特定的產業或公司造成顯著的影響。舉例來說，商品價格的改變，對於大量使用者就會有顯著的影響。類似地，匯率的變動，或是潮流、技術的改變，都可能對企業的獲利造成致命的衝擊。

15.4　復甦的可能性

衰退的原因是研究衰退產業的公司之倒閉、再生、與管理等結果的合成。獲利下降的公司有一關鍵問題是：是否有可能復甦？復甦有一些特徵，可使分析師能用以考量公司復甦的可能。

阿吉第（Argenti）曾經指出，公司倒閉是一連串逐漸衰退的最終結果，起始於獲利下降，各種造成衰退的原因陸續開始浮現[3]。圖15.3顯示獲利衰退與復甦可能性的概念。

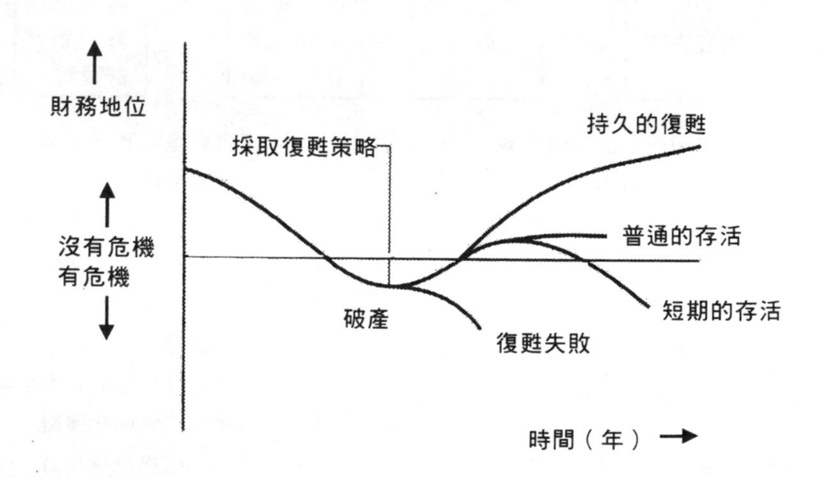

圖 15.3 復甦情況的種類

所有衰退公司的目標，都希望達到長期的復甦。不過，一旦獲利下降，要達到這項目標也會越來越困難，因爲公司的產品與供應的市場間之差距會越來越大。一旦發生危機，公司必須採行短期的解決方法，例如賣出資產，以便獲得現金，但此舉卻可能對長期不利。「只是生存下去」以及「有支撐的復甦」，是公司在危機後一連續現象中的結果，而不是兩個離散的類別，我們不能將復甦的公司歸在任何其中一類。

哈利根（Harrigan）針對衰退展業，提出在公司制定策略時，要考量兩個重要構面，以及應如何評估績效：

⊙ 有利與不利的產業特徵；

⊙ 公司間相對的優劣勢[4]。

要找出衰退的原因，公司必須詳細分析以上兩個構面。史雷特（Slatter）另提出類似的分類法，如圖 15.4[5]。

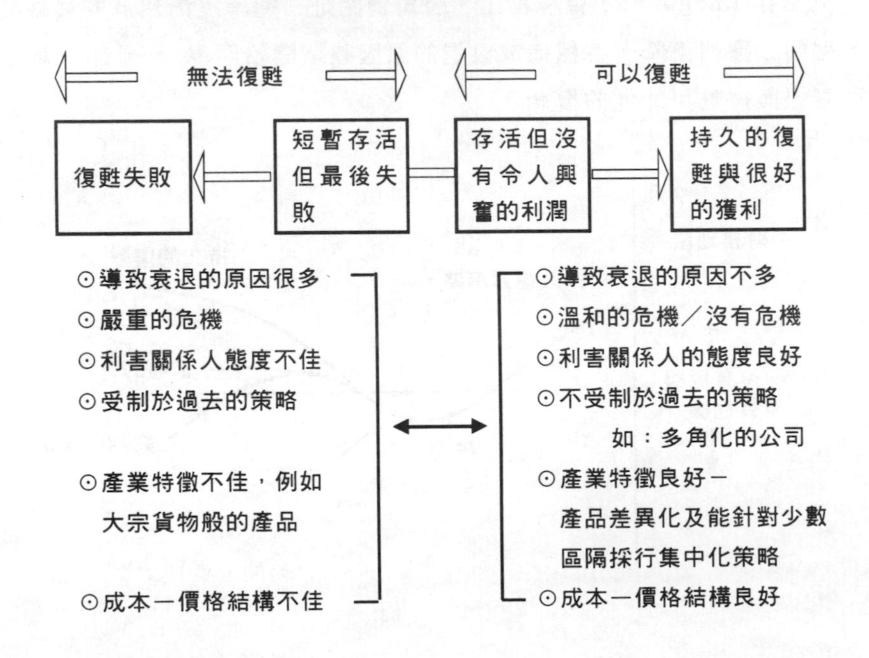

圖 15.4 決定復甦可行性的因素

15.5　復甦的策略

衰退的公司要復甦獲利，有以下五類的行動可供參考：

⊙組織改造；
⊙財務策略；
⊙降低成本策略；
⊙減少資產策略；
⊙產生盈餘策略。

組織改造

許多企業能夠復甦的重要特徵，就是公司指派新的執行長（CEO），或是將高階主管團隊加以更動。有時新的執行長原本是公司的主管，具備使獲利回升的技能。正如做出合適的策略一樣，新的指派必須改造公司內的工作環境。這可經由注意高階幕僚人員的能力與動機。一開始，應決定要換下哪些人員—如果有的話—以及要引入哪些誘因，以便完成既定的目標。另外，新的執行長也必須改造員工的士氣。如果企業已歷經衰退好一陣子，如今並已產生危機，士氣可能很低落。新的執行長必須同時說服管理階層與員工，如果採行適當的新策略，危機將能解除。

企業也可能有必要在根本上改變組織結構，或是不同的事業部各自改造（例如將幾個單位合併爲一個事業分部）。許多英國公司都有「海外」分部，大多爲市場導向，其結構以產品或技術爲基礎，不過這些海外公司，卻生產與英國母公司完全相同的產品。除非有特別好的理由，否則可能較無效率。

公司的內部作業也需要改變，以消除衝突與劣勢，另外也必須釐清各作業分部與總公司之間，在職權與控制程序方面的關係。

財務策略

推行財務控管通常是再生的第一批措施之一，因爲不良的財務控管，通常是獲利衰退的原因之一。另外，公司也必須改善負債結構。生病的公司，必須與其債權人一通常是銀行，重新安排還債時程，必要時得將利息與其他重要的支付，轉換成其他合理的金融商品，例如將短期債務轉換成長期債務，或將借貸換爲可轉換優先股或股權。

降低成本策略

在嚴重的危機情況中，在最早的階段通常執行降低成本的策略，且幾乎能帶來立即的效果。管理當局必須檢視成本的主要成份，在第一時機加以改善。許多公司重要的費用是員工支出；亦即薪資。禁止加班、並不再招募新的員工，可達到立即的效果。長期而言必須減少員工的數目。這可藉由員工的自然損耗、提早退休、自願離職來達成，必要的話則強迫離職。危機的嚴重性，將會決定公司是否有必要裁員，以及裁員的速度。

對一些公司來說，生產的原料，才是成本的主要成份，特別是一些高成本的原物料，例如金礦；或是必須大量使用的原物料，例如電力。要降低這種成本，必須尋找新的供應來源，或是將產品重新設計，以減少原料的使用量，或改用其他原料。

降低成本也可由事業分部與部門來完成。一般會找那些對短期再生較沒有幫助的活動來著手。根據公司特性的不同，這些活動可能包含市場研究、公關、廣告、教育與訓練、以及研究發展。在短期有必要的話，必須縮減這些功能的規模，但是長期而言，缺少這些功能，可能導致其他危機的發生。

降低成本最後的領域爲經常性費用。這包含幕僚功能，例如資訊中心人員與總公司的人員。另外，公司一些額外的福利也要砍除，包含公司車輛、免費或補助的餐錢、運動與休閒設備、退休金與假期給付等。至於一些一般性的設備，如暖氣、照明、文具、與打字設備等，可能也必須考慮在內。

減少資產策略

減少資產的策略帶來的效果，短期內不明顯。在這種策略中，最具衝擊的，應屬將整個事業分部或全部的作業單位，賣給產業中的其他公司。在許多危機情況中，虧損的子公司往往被賣掉，這對於防堵現金外流與增加收入，會有立即的效果。不過，缺點在於賣出子公司的價格，不會高於其資產實值，如果子公司有虧損，則價格可能比其資產價值少。

賣出一個成功的事業分部，其優點是可賣個好價錢，因此可立即增進現金流量，不過長期而言，與該事業分部相關的獲利將流失，爲此公司可能要歷經更長的復甦期。

減少資產的另一策略是利用現有的設備。公司將一個工廠關閉，讓集團中的其他事業部來接手，生產所需的產品。至於沒有用的設備，則可拆解賣出。特定資產的出售一包含土地或建築物，則不受工廠是否完全關閉的影響，這也算是減少資產的方法之一，還可使公司獲得現金。

減少資產的另一方法，是賣出一些或全部的資產給融資公司，再租回來使用。不過唯有當這些資產不是抵押品時，才可能採行這種方式。

接下來我們關心的是固定資產，其中營運資金則屬於另一領域。減少存貨與半成品，可減少固定資產，並釋放出現金。減少應收帳款，並延長應付帳款的期限，都可減少資產，釋放現金，不過如果連局外人，都能感受公司所處的危機，則拖延應付帳款期限的方式可能行不通。有些時候應付帳款可能被「鎖定」（locked-in），因爲債權人堅持收款，將可能迫使公司進行清算，如此一來公司就只能還清很小比例的債務。

產生盈餘策略

產生盈餘策略對增加獲利的效果，通常是最慢的，因爲通常這就是公司最主要的問題。利用這種策略來再生非常困難，而且在公司產生這種收入之前，所花的錢可能更多。

一些立即的效果，可能來自銷售部門的劇烈衝刺，這可藉由增加銷售員的誘因或在產品上做一些小改變來達成。長期的行銷策略，在短期可能沒有什麼明顯的效果，畢竟需要收集資訊、做成決策、製造新或修改的產品、以及銷售團隊的準備與執行。

15.6 管理上的結論與檢視清單

1 衰退的症狀

- ⊙ 財務上：獲利下降、股利下降、負債增加、流動性減少。
- ⊙ 行銷上：銷售額減少。

2 衰退的原因

- ⊙ 不良的管理：專制的執行長，加上弱勢的高階管理階層。
- ⊙ 財務：不良的財務控制。
- ⊙ 行銷：未確實執行行銷概念（相對於銷售）。
- ⊙ 生產／作業：高成本。
- ⊙ 購併政策：在購併時沒有審愼的策略。
- ⊙ 大型專案：推行耗去公司很大比例資源的專案，卻沒有成功。
- ⊙ 衰退的產業銷售額：未認清衰退，或無法適應衰退的環境。
- ⊙ 產業結構的改變：這些改變使公司處於非常不利的地位。

⊙ 其他的環境變數：技術、社會、政治、經濟。

3　復甦是否可能，決定於：

⊙ 有利與不利的產業特徵；

⊙ 公司間相對的優劣勢。

4　復甦的策略

⊙ 組織改造

⊙ 財務策略；

⊙ 降低成本策略；

⊙ 減少資產策略；

⊙ 產生盈餘策略。

此處需特別注意：並非所有公司的衰退症狀與原因均是如此，以及有時候，即使公司的獲利並未衰退，也可能出現這些特徵。相同地，復甦的可能性與復甦的策略，在所有的情況中並非都顯而易見。

附註

1 E. I. Altman, *Corporate Bankruptcy in America* (W. H. Bever, 'Financial Ratios as Predictors of Failure', *Journal of Accounting Research*, Supplement to Vol. 4 (1966) pp.71-111. R. Taffler and H. Tisshaw, 'Going Going Gone 4 Factors which Predict *Accountancy* (March 1977).

2 R. A. Eisenbeis, 16 itfalls in the Application of Discriminant Analysis in Business Finance and Economics *Journal of Finance*, 32, no. 3 (1977), pp. 875-900.

3 J. Argenti, *Corporate Collapse The Causes and Symptoms* (McGrawHill, New York, 1976).

4 K. Harrigan, *Strategies for Declining Businesses* (Lexington Books, Lexington, Mass., 1980).

5 Stuart Slatter, *Corporate Recovery* (Penguin, Harmondsworth, 1984).

進一步導讀

欲對本章討論的議題有進一步的了解，可參考以下書籍：

J. Argenti, *Corporate Collapse - The Causes and Symptoms* (McGrawHill, New York, 1976).

D. B. Bibeault, *Corporate Turnaround: How Managers Turn Losers into Winners* (McGrawHill, New York, 1984).

Peter H. Grinyer, David G. Mayes and Peter Mckiernan, *Sharpbenders: The Secrets or Unleashing Corporate Potential* (Blackwell, Oxford, 1988).

K. Harrigan, *Strategies for Declining Businesses* (Lexington Books, Lexington, Mass., 1980).

S. Slatter, *Corporate Recovery* (Penguin, Harmondsworth, 1984).

C. BadenFuller and J. M. Stopford, *The Mature Business* (Routledge 1992).

P. N. Khandwalla, *Innovative Corporate* Turnrounds (Sage 1992).

第五篇 策略的選擇

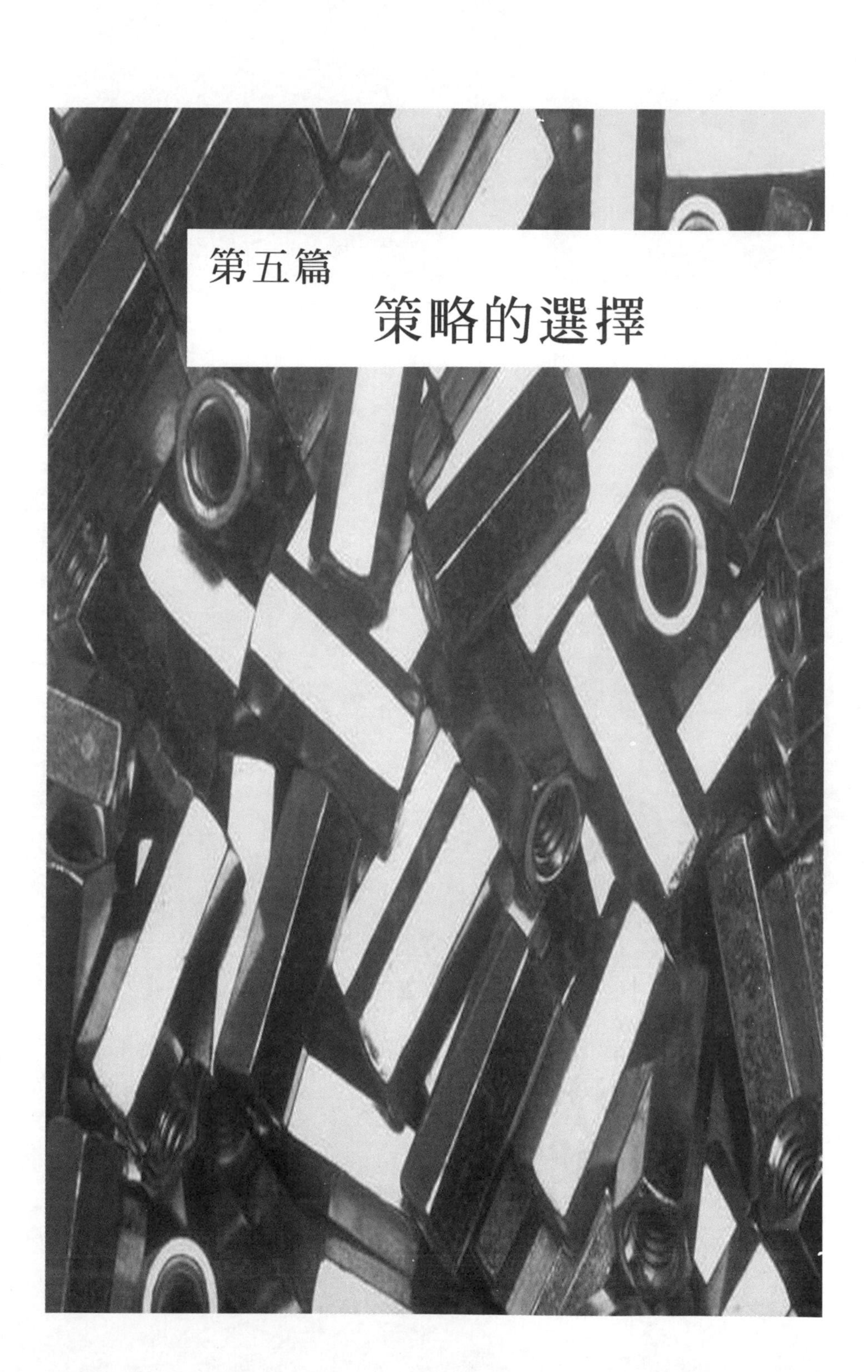

第十六章　購併與撤資

前言→購併→撤資：原因與方法→撤資：管理團隊買進→管理上的結論與檢視清單

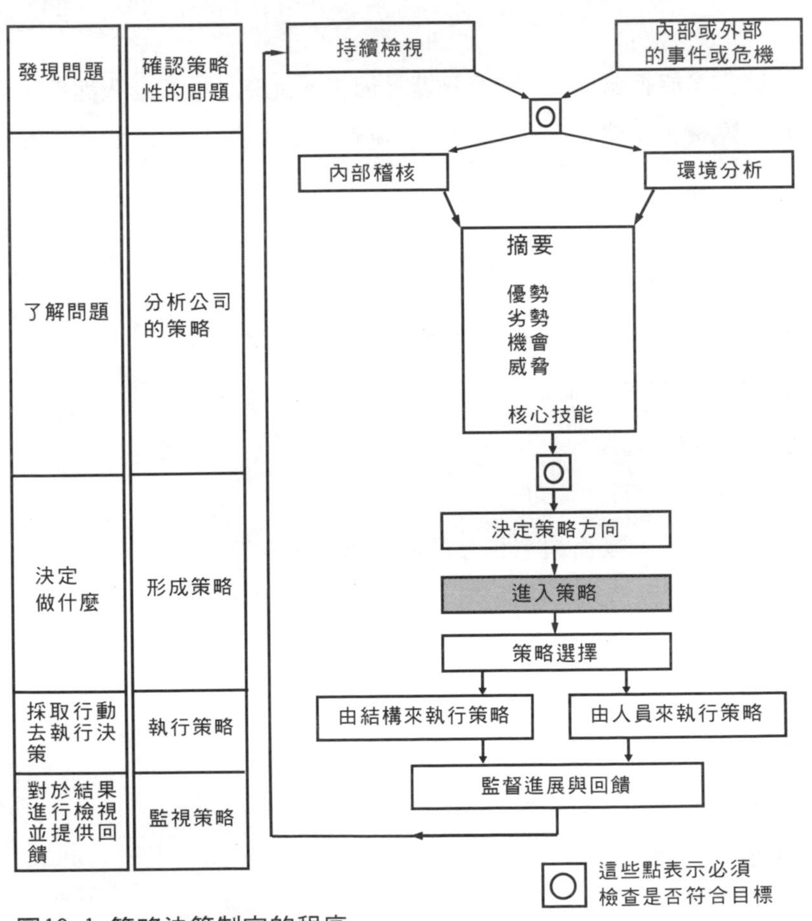

圖16.1 策略決策制定的程序

16.1 前言

在第四篇，我們已經說明公司如何找出未來有哪些可行的策略方案。此一程序的重點在於目的，而非手段。本章著重於探討這些手段，包含自行成長（透過內部發展）、買入（透過購併）、或賣出（透過撤資）等決策。為了達成最終的目標，我們在此探討的各種手段，可作為第十九章的引言，該章探討如何評估可行方案、以及如何選定策略。可以確定的一點是，並非所有的策略方案都能達成，主要的障礙是時間或成本或兩者兼有。

策略方案能否達成，手段是一關鍵因素。此時，檢視進入與退出產業的一般性障礙，將會很有用處。進入障礙有許多種，不過最常見的有四種：

- 規模經濟；
- 專利、技術知識、或商業機密（know-how）；
- 存在著知名品牌；
- 無法進入通路。

進入障礙的一些面向，也會形成退出障礙。公司不願意退出某個產業，最常見的原因有以下四個：

- 無法差異化的資產；
- 資本密集產業；
- 資產折舊的年限與程度；
- 賣出的價格低。

除此之外，虧損的領導產品，或虧損的產品是系列產品中的要角時，這也會造成退出障礙。

16.2　購併

基本上有三種進入新市場或提供新產品的方法：購併、內部發展、或共同出資。共同出資（合資、持股、授權、加盟、銷售代理）將於下一章討論，它屬於其他兩種策略的混合，亦即不純粹靠內部成長或購併，而是從產品開發、到最後賣給顧客的過程中，有不同的公司參與。因此我們可以說內部發展與購併的所有優缺點，都可加諸在合資上。表 16.1 總結了企業採行不同進入策略的原因。在所有列出的因素中，時間與成本通常是最重要的變數。

購併策略是透過買下某產業內的公司，來進入新市場或擴張產品線，因此購併可使公司迅速擁有技術與資源，不過要使營運水準達到最佳績

表 16.1　內部發展與購併

內部發展	購併
可進行，當：	可進行，當：
⊙產品處於產品生命週期的初期	⊙產品處於生命週期的成熟期或衰退期
⊙新的產品或市場很接近現有的產品組合	⊙公司幾乎沒有關於想要發展的產品或市場之知識
⊙有足夠的時間可以進行內部發展	⊙越早進入越好
⊙沒有適當的購併對象	⊙公司內幾乎沒有內部發展的技能
⊙整個產業的產能不足	⊙整個產業的產能足夠
⊙成本需要隨著時間來分攤	⊙成本不需隨著時間來分攤

整個發展的成本會是一項考量，但根據某特殊專案中的特定因素，兩種手段之一會比較便宜

效，可能沒那麼快。在此我們必須說明「合併」(merger)與「收購」(takeover)有什麼顯著差別。目前越來越多人使用「合併」一詞，而非「收購」，可能因爲前者聽起來較不具有敵意，而事實上，許多個案均屬於「收購」的情況。對於兩者的定義尚無定論，商業與金融中心很關心此一議題，兩者其實可以通用。

有關合併的議題，將納入以下各節探討購併的時程中討論：前期、進行中、與後期。

購入之前

從問一個關鍵的問題開始會很有用：爲什麼公司要尋求合併？這個問題絕對重要，因爲大量的研究均支持合併不但具風險，相較於內部成長又較費成本。

圖 16.2 歸納了合併常見的一些動機，分爲防禦性與侵略性。我們必須強調這只是摘要，每個項目都值得深入探討。舉例來說，「財務優勢帶

生存的要求	免於	多角化	獲得
● 由於虧損造成資本結構惡化	● 市場被侵犯	● 對抗產品的生命週期性	● 市場地位
● 技術變的無用	● 競爭者取得低成本優勢地位	● 對抗市場季節性	● 技術優勢
● 原料的喪失	● 他人的產品創新	● 國際化營運	● 財務優勢
● 高階產品市場的喪失	● 被惡意購併	● 連結多項策略性計畫	● 管理技能

合併動機

防衛（被動）　　　　侵略（主動）

圖 16. 2 合併的動機

來的利得」，可能來自賦稅的優惠、財務槓桿的改變、或資產獲得更好的使用（在尋求復甦的情況）等。另外，此圖並未指出時機的重要性與影響，因爲合併是否成功，不只與合併的日期有關，也與公司是否能以比內部成長更快的速度，取得資產與技術有關。

下一個問題是：公司如何合併？爲了讓成功的機率最大，有什麼是必須做的？基本上有以下五項要點：

1.合併時有明確的目標

合併的理由必須能以財務數字及能反映在產品市場組合的效果來支撐。這些目標來自內部與外部分析（SWOT）、公司未來的財務性目標、以及公司的整體目標。在一開始，公司必須了解沒有任何一家公司能完全符合所有的條件，因此最好能先列出一些潛在的公司，它們各自符合不同準則的條件，公司再從中挑選。舉例來說，一家最能符合所有準則且合併最可能成功的公司，比起符合條件較少的公司，合併的花費自然比較昂貴。

2.只要能達到主要的目標，便應該滿足

因爲絕少有「理想」的合併對象，因此公司的重點應放在目標上，合併要確保能達成目標。公司付出價格買入標的公司之後，基本的財務性報酬必須達成，而這是購入價與未來的現金流量之函數。如果期望的現金流量必須比目前多，公司就必須審愼分析增加現金流量的手段以及涵蓋的時間。多數的購併案均包含一些產品市場組合方面的目標，如果只能部份達成，公司必須考量當中的涵義，以及必須規劃如何能達成上述目的。除非購入的公司即將關門，資產即將售出，否則必須評估該公司的管理階層達成購入者的意圖與目標之能力。

3.準備對方要高價與我方還價的配套策略

策略是一套完整的計劃，包含應變計劃一即如果標的公司有這種反應，我們這家收購公司就採取那種對策。由於本書爲概論性的教科書，在說明時不太可能包含所有的情境，不過我們仍提出其中的關鍵特色，這已足以使讀者對任何情況，均能發展出縝密的作戰計劃。一般來說，要評價某公司，基本上是計算資產價值、以及這些資產的獲利能力。有一些公司由於獲利的表現不佳，其每股的淨資產遠高於每股的市價。一旦公司外的人士知曉，將會出現許多自認爲能讓資產更具獲利性的買主。

有個不變的問題是：目前每股的價格要加碼多少，才是合理的出價？遇到這些情況，商業銀行的經驗就很珍貴，因爲買賣雙方都會重視商業銀行的意見。舉Fitch Lovell的例子來說，在購併的前一年，其股價在食品類中位於平均水準以下18%。買方Booker認爲Fitch的價值約爲每股300p；這個價格在收購進行前，是股價加碼40%，當時的收入與市場的平均本益比（p/e）的比率爲10-12，上述價格爲此一比率的14倍，也就是說Booker認爲它比Fitch目前的管理團隊，能更有效地運用其資產。

收購價格的組成爲：

(a)每股支付多少現金；(b)收購公司以X股換取標的公司Y股；(c)(a)與(b)的組合。如果對象爲公開上市的公司，我們就可取得公開的財務資訊，例如每股的股價、每股的盈餘、本益比等。另外，如果收購案成立，一般情況是「被收購的公司」要預估未來的營收情況，以及其他的經營績效指標（特別是在下半年），以及對資產進行重估價（亦即更新其擁有的財產之價值等）。

最重要的指標是本益比（p/e）的比較。如果買方公司的本益比，比「被收購的公司」小，一旦是以換股的方式收購，則可能稀釋每股的盈餘（這可不是股東樂見的），公司可能因此被迫採現金收購。由此我們可見上市公司維持高本益比的重要性；第一可將獵食者屏除在門外；第二，在收購本益比較低的公司時，就相當具侵略性。第九章中有針對本益比的細節討論。

4.收購計劃

以下的計畫，提供收購公司一個大致的途徑。這可說是「典型」或「理想」的路徑，而且符合倫敦證券交易所訂出的程序與規則。

第一步　買方公司收集目標公司的資訊。一般來說此一程序是不公開的一表示欲取得這些資訊，十分仰賴公開的資料。之後針對目標公司，就可訂出最高與最初的出價。如果可能，最好也能收集到目標公司主要持股人的資訊。

第二步　此一步驟是有選擇性的。可先擁有目標公司部份的股份一作爲完全收購的跳板。只要擁有的股份不超過目標公司發行股份的 3%，此一步驟就不用公開（根據英國 1985 年公司法 24-7 條）。

第三步　如果買方公司購買超過目標公司 15%的股份，法令強制規定採購公司必須提示所有的股份。

第四步　當一切準備就緒（提議的文件、財務等），買方與目標公司的董事會接洽，詢其意願。爲了確保收購能成功，通常買方會在市場交易的股價上，增加可觀的加碼，來購買目標公司的股份，方式爲現金、買方公司的股份、或是兩者混合。

第五步　一旦目標公司的董事長核准收購案，目標公司將寄出通知給股東，請求准許。

第六步　一開始，收購是有條件的。股東必須把股份賣給買方公司，並超過 50%目標公司的股份，否則買方可撤回購併案。一旦超越此一門檻，收購將不再有條件一亦即目標公司的股東，一旦同意賣出股份後，將不能再反悔。

第七步　收購時的不同階段，都有不同的時間限制。一般來說，當收購案確立後的至少 21 天內，必須公開尋求目標公司股東的同意。

第八步　如果買方公司在確認收購後的四個月內，買下目標公司 90％的股份，則可強制買下剩餘的股份（根據英國 1948 年公司法第 209 條）。

上述非常簡單的步驟，均假設貿易與產業部、英國銀行、以及目標公司的董事會，都會同意收購案。

第九步　如果在 60 天內，尚未取得完全的共識，則收購案便取消。

5.收購決定的責任歸屬

買下另一家公司，在做出最終決定時，必須確認由誰負責，這一點很重要。優點是能確保收購案至少有一個人專門負責，而非由一群委員做出決定，到最後可能沒有任何一個人，需要爲收購的成功與否負責。這個人可能是執行長、企業規劃主管、或（多發生在多分部公司中）分部的總經理。這個負責人，需要有全權能接觸所有必需的資源，這也是收購案能否成功執行的關鍵。

我們對收購前的階段討論到此。最後，公司可採行某些方法，來減少潛在的收購者：

- 透過良好的股東關係、公共關係、以及與財經媒體的接觸，提高公司的股價。
- 與主管及供應商維持長期的契約關係。
- 避免財務的誘因，例如多餘的負債額度、超額現金，並利用銷售與售後租回，以避免資產被人垂涎。

收購進行中

上面我們已大致說明收購計劃，我們必須再一次說明，策略是一套完整的遊戲計劃，特別當被收購的公司採取一些防衛戰術時，更可以將策略發揮得淋漓盡致，舉例來說：

1.資產的重估價與獲利預估

一些公司並沒有經常地重評估其資產價值，因此購併時，所根據的可能是完全不實際的估價。在 BTR 併購 Dunlop 時，當時購併的價值，可說遠低於資產重新估算的價值。同樣地，預估獲利也能將目前的績效做大幅度的粉飾。不過這類的防禦方法，仍必須遵守收購條款的規範，此等條款在於確保重評價與預估獲利的數字切於實際。

2.貶低收購案

幾乎所有的公司都會使用這種方法。此等防禦方法通常會與重估價一起使用，即目標公司會以最辛辣的描述，來駁回收購案，例如集中火力批評未來盈收，說自己的公司缺乏綜效或收購案不合乎產業邏輯，或採取較侵略性的方法，例如批評買方公司的能力與管理團隊。

3.公開向股東宣傳

近年來用來影響股東的防禦方法，是增加向股東公開宣傳，強調公司的優勢，並明確指出對手的弱勢。某些宣傳花大量的費用，超過 1 百萬英鎊。

4.依附白騎士（white knights）

爲了逃避買方公司的目光，目標公司可選擇依附於一家「較具同情心」的買方公司，亦即「白騎士」。當目標公司的管理團隊多少能接受是他們自己不良的管理，才導致公司陷入困境時，就經常使用此一策略。這或許稱不上是防禦性的方法，因爲公司確實失去身分；不過，這個戰術確實能讓買方公司傷腦筋。例如：Laporte就成功地「營救」Evode 免受 Wassall 的收購威脅。

5.發行新股

目前在英國已有法律不允許公司使用此一戰術，不過在世界上其他地方仍可能採用。

6.向獨佔與購併委員會投訴

被收購的公司若採取防禦性的戰術，可以向獨佔與購併委員會投訴，聲稱此一購併損及「公共利益」，即收購一旦成立，買方公司將有很大的市場佔有率，擁有獨佔的地位，因此減少了消費者的選擇性，並且產品價格有可能提高。這個戰術如果成功，絕對是最佳的防禦戰術，而如果不成功，目標公司多少也能爭取到一些時間，來採行其他的防禦方法。Lonrho 與 House of Fraser 就是個很好的例子。

7.防衛私人利益

管理團隊買下公司（management buy-outs）越來越常見，不過很少用來做爲防禦性戰術。這可能是管理團隊爲了保護自身的利益。不過在美國的研究（在美國，收購案經常發生）指出，股東會因此享受到平均超過市價56％的利益[1]。在英國也有一例，就是Haden（電梯與空調的承包商）成功地阻止了Trafalgar House的獵食（1985 年 5 月）。

8.依靠友善的第三者

目標公司可說服第三者公司，成爲公司的股東。一旦成功，第三者公司將能「阻斷」市場上流通的股份，否則將會賣給或抵押給不受歡迎的買方公司。另外，此一方法也能形成董事股份的保護傘，防止因買方公司取得超過 50％的股份而喪失控制權。同時也有助於維持公司的股價。

9.賣出皇冠上最大的寶石

企業欲在收購發生時，賣出最主要的資產（皇冠上的寶石）會非常困難，因爲英國有法律禁止此一行爲。不過在美國仍然可行。

10.收購新資產

此一策略在於尋求擴充規模或改善獲利情況，以便減低公司被人收購的可能性。當 BPCC 欲買下 Waddington 時，後者買下 Vickers 的事業分部，讓整個公司變得更大、更強壯，同時也改善了事業分部間的平衡關係。

11.豪豬式防禦

此種策略包含很廣，目前在美國可採用，不過英國禁止。此等方法指被收購的公司在備忘錄與相關的文件上略動手腳修改。

12.黃金降落傘

此戰術指的是一旦成功地阻隔收購，目標公司的管理團隊將有一筆紅利可拿。在美國可採用，不過目前在英國禁止。

收購之後

收購之後的階段最爲重要，管理團隊需要重新檢視收購的原因，並採取適當的行動，以確保預期的獲利能夠實現。以下列出可能會經歷的問題。

1.管理問題

有一些人必須負責將收購來的公司加以整合。唯有當收購來的公司擁有必需的技能，才能執行新的系統、計劃與策略。如果想移除原有的管理團隊，以較有能力的員工取代，這種簡單的想法非常不切實際。此一想法係假設公司很清楚需要哪些特徵的人才，而且這些人願意加入公司。實務上很明顯，整合的過程將會很花時間。

士氣、以及具破壞力的內部政治衝突（見第二十章），都會影響獲利的多寡與速度。如果士氣很低，公司必須注意不要讓士氣再下降，如果制定決策的速度加快，將能移除員工心中對改變的疑慮，也就能改善士氣。

如果收購的部份原因，是為了獲得購入公司的管理團隊當中一些關鍵人物的技能，則必須提早與他們討論，以確保他們不會離開公司。

這些議題看來似乎瑣碎，或者看起來有明顯的解決之道，但是公司如何解決這些問題，對合併能否成功往往有很大的影響。

2.競爭

收購發生後，市場的競爭環境很可能會改變（見第七章），而這些改變，可能會觸動同一產業中其他公司的回應。競爭環境的改變，對合併者原先的目標與預期的獲利，可能有顯著的影響。如果改變帶來的是負面的影響，管理團隊可能會選擇忽視此一情勢而固守原先設定的目標。這並非明智之舉。在某些情況下，再次啓動的努力與計劃做某些改變，可使公司獲利，但是如果合併後無法產生預期的利益，公司最好放棄專案，將損失減到最小。害怕失敗的恐懼感，加上不良的公共形象，可能使一些管理團隊選擇因為拒絕承認錯誤而採行導致更大問題的作法。

3.財務

管理問題、以及競爭環境的改變，通常不是許多策略優勢之所以幻滅的唯一原因。除非此一收購案是**雙方同意的**，以及收購者能夠由目標公司內部來診斷企業，否則一定存在著許多未知因素。如果獲利比預期明顯少許多，最好能及早接受事實，並採取適當的修正行動。舉例來說，任何超額支付應歸入準備金並在帳面上沖銷，或是引用一些條款加以沖銷。

16.3 撤資：原因與方法

在過去二十年間，許多公司的策略，都著重於採取多角化與購併來尋求成長。因此許多大型公司的產品－市場組合含有小型的事業部或核心活動邊緣的子公司。

不如成長那麼爲人強調，很少有目光放在撤資的主題上：撤出企業不願意再提供產品－市場組合的環境。不過在1980年代後期與1990年代初期，許多公司因爲各種原因，紛紛採取各種不同的方式退出產業。

當時成長的動力來自壯大的企圖心，以及如果公司較小則希望加強公司控制營運環境的能力。另一點值得一提，主管的薪資，不與公司的獲利直接有關，而是銷售額。不管如何，在美國開始出現一些掠奪企業的公司，在英國則也有 Hanson 與 BTR 等這類公司，使多角化的公司紛紛回歸基本面，思考綜效的問題。兩家公司合在一起，會比個別相加更有價值？如果如此，則值得合併，也較會成功。但如果不是，不如讓它們維持分開的狀態。

公司爲何考慮撤資，同樣也有幾種侵略性與防禦性的原因。過去這些撤資多半規模很小、屬於企業的非核心部門，不過偶爾也會有像BBA這種裁撤主要事業部門的公司。

以下爲撤資的侵略性與防禦性的原因。

侵略性原因

- 整個公司因重新定位，使得某部門即使達到獲利水準，但已不再需要了；

⊙ 為了籌措現金；

⊙ 改善投資報酬率；

⊙ 家族企業不再由原先的家族經營。

防禦性原因

⊙ 未能或無法達到獲利水準；

⊙ 避免被購併（BAT 就是一例，它賣出其事業部，以避免獵食公司不受歡迎的注視眼神）；

⊙ 賣掉事業部，以避免破產；

⊙ 避免風險：公司不願意承擔未來展望或擴充時可能遭遇的風險；

⊙ 管理控制上的考量，例如多角化事業變得難以管理。

撤資的過程可能引發一些非常困難的問題。這些撤掉的事業部，有可能仍然高度獲利，並吸引好幾個買主。不過事實的情況通常相反，這些收購者對資產的出價，經常遠低於公司當初買進的價格。瑞特與寇恩（Wright and Coyne）針對將撤退的公司，提出六種不同的策略[2]。事實上，並非所有的撤資策略，都一定會牽涉到所有權、以及/或控制權的喪失：

⊙ 開放加盟；

⊙ 外包；

⊙ 賣出；

⊙ 賣給管理團隊或加大財務槓桿的運用；

⊙ 拆散或反合併；

⊙ 資產交換（swap）/策略性交易。

對某些企業來說，開放加盟是最好的撤資方法，特別是須用到地區性的服務或小規模的生產設施時。外包類似開放加盟，不過不同點在於企業賣出後，在一段特定時間內，買方仍要求企業以某個價格提供產品或服務。這使企業能維持銷售額，而買方公司也能確保產品的供應來源。

最常用來代表撤資的，莫過於賣出（sell-off）。此種作法指公司賣出事業部給另一公司，並切斷所有的關連。另一種撤資是加大運用槓桿率或賣給管理團隊，它們最近才出現，將於其他章節另行討論（見第16.4節）。環境中如果有許多大型的獵食公司，反合併的方法漸漸常用；舉例來說，Courtaulds就自行分割成兩個事業部：其一爲紡織部，另一爲化工部。最後是資產交換（asset swap）一撤資偶爾的代名詞。此一方法很少出現金錢交易，而且在採行此撤資策略前，要先能找到「門當戶對」的公司。

16.4　撤資：管理團隊買進

有兩個原因，我們要將管理團隊買進(management buy-outs, MBO)分開來討論。第一，它漸成爲撤資使用的新方法。第二，不像瑞特與寇恩所提出的其他撤資方法，MBO牽涉的團體之數目與性質均不同。MBO不像其他撤資情況只有雙方公司交易，而是至少有三個利益團體涉入，分別是賣主、買主、以及創業投資（創投）公司。此時賣方的角色其實並無不同。不過買方卻是一群經理人，他們基於職責經常會將公司大量的資源投入新事業。其他的撤資方法，對資本的供給者來說，通常不會造成顯著的影響。有時買方可能動用公司內部的基金，動用到的資本都有可追蹤的記錄，因而大幅減少深入分析的必要。另外，撤資的標的對買方與賣方的總資產來說，金額相對很小。爲了深入探討MBO在撤資過程中的各種角色，以下我們逐一針對牽涉的團體進行說明。

賣方

以賣方的觀點來看，MBO通常是較快速與較具彈性的退出模式。它不需自行尋求買主，公司所要做的，不過是提供公司的事實、價值、與相關的風險資訊。

由投資大衆的角度來看，一般人較願意將公司賣給一群經理人，不過也引發了「流動」經理人（walking managers）的問題；亦即一旦賣方公司確定撤資，哪些經理人將決定離開公司將是衆所皆知。有時候，一些經理人的知識、技能、與專業是如此有價值，使得他們一旦離開公司，公司的價值也將減低。另一方面，MBO能避免商業機密的公開，而相關的成本資料也將獲得保密。

如果可能，賣方應該能繼續持有部份股份，買進的團隊通常會尋求資本供給者，而只要是較小部份的股權，通常雙方會同意這種做法。此時賣方也較能接受公司以折扣價賣出，無論是個人因素，或是爲了財務考量，例如欲留住流動經理人。

MBO 團隊

MBO團隊可能受到保住工作、提高工作滿意度、或增加財務報酬等因素的激勵。這些都能視爲正面的吸引力；不過這些經理人必須使用自己的財產作爲擔保來借錢，這難免會增加財務風險。

對於此等團隊來說，與其他買主相較，一個明顯的好處就是他們在預估企業未來的現金流量方面，較具優勢。他們可能看到了一些新的機會，這是在原公司的政策、處理程序、及組織結構下，他們所無法進行的。MBO團隊會位於較佳的談判地位，如果他們一旦辭職，公司的價值會立刻下跌的話。因爲有這些優點，再加上買方就是經理人的事實，將可勸退許多也打算進行的其他買主。

因爲 MBO 屬於新的撤資方法，研究的數量不多，長期的結果也屬未知，因此引用相關的研究結論時必須審愼。MBO比起成立一家新公司，前兩年失敗的機率較小。許多MBO發生後，公司出現一方面有冗員，一方面又須招募新員工的問題，另有些公司則經歷現金流量的危機。如果我們觀察這些歷經MBO的新公司，其資本結構多半具高槓桿率，會發生危機就不令人意外。後續的其他研究則指出，與員工、顧客、及供應商之間的關係，都有助於新公司的形成。

創業投資公司

創投公司莫不尋求有成功潛力的MBO來投資，在頭兩年當中，相較於成立新公司有50%的失敗率，MBO的失敗率約爲1:8。這是因爲與成立新公司相比，MBO在經營上已有經驗、並有現成的管理團隊、以及預測產業未來的走向較準確。

創投公司最在意公司的財務結構。各種債務與股權之間，必須取得某種平衡，才不會危及公司的財務調度。另外，風險與報酬也必須取得平衡，使資本供給者能夠放心投資。本章的目的不在於討論如何評價公司，不過這的確是此等投資案之吸引力的重要議題。

16.5 管理上的結論與檢視清單

公司未來的型態與方向，會顯著地受到進入與退出某產業的能力之影響，其中涉及時間點、成本、及公司的目標。產業中存在著許多進入與退出障礙，對決策影響最大的有：

進入障礙

- ⊙ 規模經濟；

⊙ 專利、技術知識、或商業機密；

⊙ 知名品牌的存在；

⊙ 無法進入通路。

退出障礙

⊙ 無法差異化的資產；

⊙ 資本密集產業；

⊙ 資產折舊的年限與程度；

⊙ 賣出的價格低。

進入有三種主要的方法：

⊙ 內部成長一透過使用公司目前的資源；

⊙ 購併一家在該產業中營運的公司；

⊙ 合作策略一涉及與其他公司合作。

1.內部成長與購併的優點

見表 16.1

2.收購前的考量

⊙ 有清楚的目標；

⊙ 能達成主要目標，便應感到滿意；

⊙ 準備對方要高價與我方還價的配套策略；

⊙ 預備收購計劃。

3.收購中的考量

在計劃中，買方公司對目標公司以下的防禦性戰術，應有對策：

⊙ 資產的重估價與獲利預估

⊙ 貶低收購案

- ⊙ 公開向股東宣傳
- ⊙ 依附白騎士
- ⊙ 發行新股
- ⊙ 向獨佔與購併委員會投訴
- ⊙ 防衛私人利益
- ⊙ 依靠友善的第三者
- ⊙ 賣出皇冠上最大的寶石
- ⊙ 收購新資產
- ⊙ 豪豬式防禦
- ⊙ 黃金降落傘

4.收購完成後的考量

這是購併最關鍵的階段，因為將決定收購是否成功。應關注的主要領域為：

- ⊙ 管理問題：必須專注、奮力達成原定的目標；
- ⊙ 競爭：競爭者的反應；
- ⊙ 財務問題：財務資料、控制制度、與籌措資金。

5.撤資的原因

侵略性原因

- ⊙ 整個公司重新定位，使得某個部門即使達到獲利水準，但已不再需要；
- ⊙ 籌措現金；
- ⊙ 改善投資報酬率；
- ⊙ 家族企業不再由原先的家族經營。

防禦性原因

⊙ 無法達到獲利水準；

⊙ 避免被購併；

⊙ 賣掉事業部，以避免破產；

⊙ 避免風險：公司不願意承擔未來展望或擴充時可能遭遇的風險；

⊙ 管理控制上的考量，例如多角化事業變得難以管理。

6.撤資的方法

⊙ 開放加盟；

⊙ 外包；

⊙ 賣出；

⊙ 賣給管理團隊或加大財務槓桿的運用；

⊙ 拆散或反合併；

⊙ 資產交換/策略性交易。

7.管理團隊買進（MBO）的主角

⊙ 賣主；

⊙ MBO 團隊；

⊙ 創投公司。

附註

1 M. C. Jense, 'Takeovers, Folklore and Science', *Harvard Business Review*, 62 (Nov-Dec 1984), pp. 109-20.

2 M. Wright and J. Coyne 13 anagement Buy-outs in Britin A Monograph *Long Range Planning*, 20, no. 4, pp. 38-49.

第十七章　策略聯盟

前言→策略聯盟的原因→合作協定的類型→形成聯盟→組織結構與管理 →策略聯盟的困難→管理上的結論與檢視清單

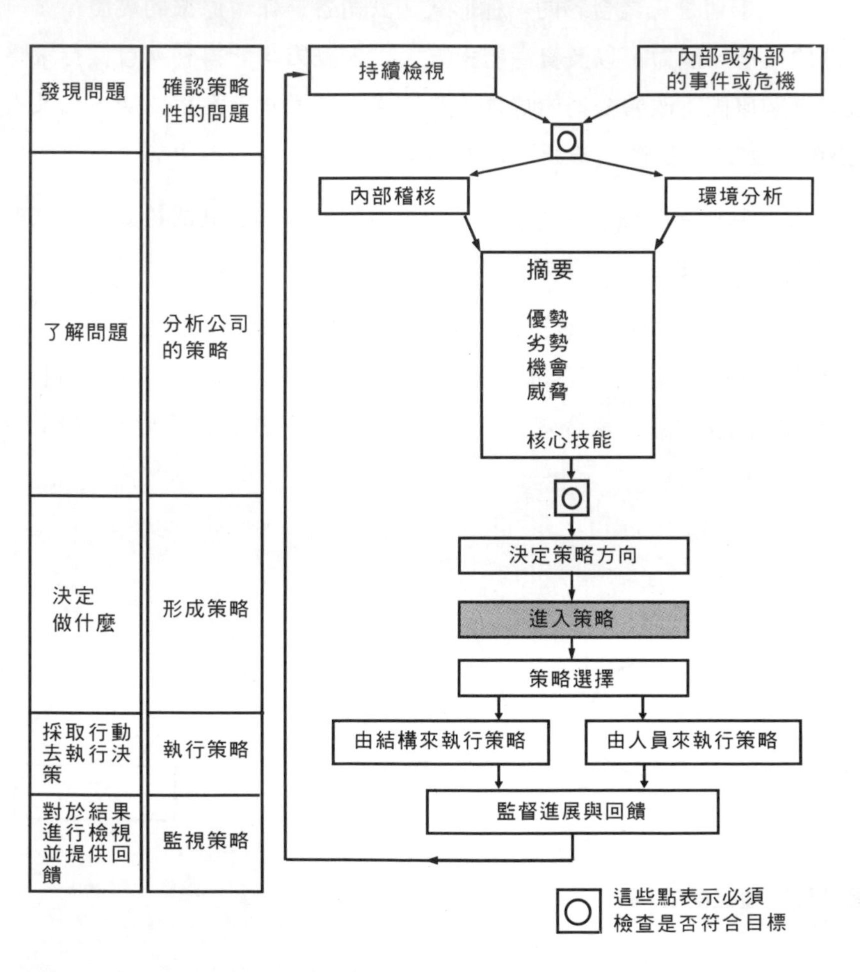

圖17.1 策略決策制定的程序

17.1 前言

「靠自己」(公司內部成長)與買下其他公司(購併),是進入市場的兩種方法,於第十六章已深入討論。不過,這兩種進入新市場的方法,位於連續譜的兩端,在連續譜的中間,尚存在著許多與其他公司合作的機會。本章將介紹一些主要的合作策略,它們爲何形成與如何形成,加上管理合資的一些原則,以及經常遇到的問題。

策略聯盟是企業合夥的一種形式,公司各自保留原來的實體,並提供特殊的技術、能力、以及資源給對方,以求雙方均能得利。會採行策略聯盟有幾個原因:改善公司的成本效益結構、鞏固新產品與市場、以及透過「搭配」彼此的技術與資源,以獲得綜效利益,提升競爭力。

策略聯盟有各種不同的形式,包含合夥雙方非正式的協議及正式的合約協議,註明雙方的義務與責任。

除此之外,策略聯盟也可能是資本投資,如圖 17.2 所述:(i)A公司拿出20%股份給B公司;或(ii)A與B公司共同擁有20%的股份;或(iii)成立另一家合資公司Z,A與B公司各自佔股權的50%。

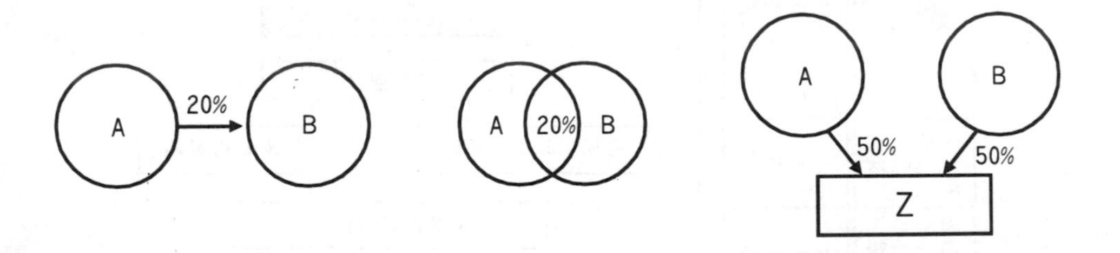

圖 17.2 權益的安排

17.2　策略聯盟的原因

近幾年來，合作性的合資案成長得非常快速，許多個案都起因於技術變動。這些變動不只使公司的花費高築，而且還是階梯式的快速跳動。策略聯盟案增加的原因，詳述如下。

內部的原因

風險

共同分攤資源與風險，使合夥雙方能夠進行一些原本各自無法進行的大型專案。要開發出一輛行銷全球的新車，需要花費2億英鎊。這種成本與風險的水準，將嚴重緊縮公司的資源，危害到公司的生存。因此高技術密集的市場，例如製藥業、電腦、通訊、航空、以及汽車業，聯盟案成長得很快速。另一個引發高風險的原因，是產品生命週期變得很短，這表示公司必須能在短期內，攤掉大筆的研究發展與生產成本。

技術發展

以汽車爲例，不只大額的花費引發高風險，也可能因爲企業無法募集到足夠的資金。另外，當專案越複雜時，越少有公司能獨立控制所有內部的元素。聯盟讓公司有更快的管道可取得與技術、製造、及產品相關的知識。「獨自進行」可能花許久時間，購併也不見得可行，不如一個設想周到的聯盟案，可讓公司獲得所有的利益。在一個快速變動的產業中，速度將是維持全球競爭優勢的關鍵因素。

生產

對研究發展來說，聯盟最重要的益處在於，新產品需要大量投資時，能有其他公司分攤成本支出。另外，知識與技術的交換也會帶來利益。

規模經濟

某些案例中的專業分工，以及另一些案例中的分攤生產功能，可以使公司達到獲得規模經濟益處的產量—透過大宗買進而取得折扣，以及在研究、產品發展、與生產中節省成本。另外，透過通路、以及合資的產品有更寬廣、更深入的國際行銷能力，也能獲得規模經濟。

外部的原因

塑造競爭的環境

市場的結構與行爲之重要性，我們已於第七章討論過。因爲市場的某些特徵將使公司的獲利增加，而有些將使獲利減少，一項聯盟將可能放大這些市場特徵，使聯盟雙方都能獲益。

貿易障礙

國際貿易越來越趨向「區域化」(regionalization)，各種貿易聯盟紛紛形成，例如歐盟與北大西洋貿易協定，這些將鼓勵「外部的人」與「內部的人」之間的聯盟，使非屬聯盟會員國的公司，也能確保行銷管道的暢通。對於要行銷全球的公司來說，此點非常重要。

17.3 合作協定的類型

合作協定有許多類型。厄斑與梵德米尼[1] (Urban and Vendemini) 提出一個有效的分類系統，本節中將大量引用。其模型的基礎，在於考量在企業程序中各個階段進行各種合作的可能性。

研究契約

一家公司付錢給另一家公司代替自己進行研發。這有助於公司獲得新構想，也能節省內部研發的開銷。

合作研發專案

雙方合作進行某項研發工作。這一類合作可以減少成本、獲得最大成果、及交互孕育彼此的技術能力。

合作採購協議

公司們將購買力集結起來，以便獲得採購優惠。

轉包契約

一家公司與另一家公司簽訂契約，使後者代表自己提供部份的生產或服務程序。這可節省公司本身須建立工廠的需求，並能取得對方公司的技術與能力。

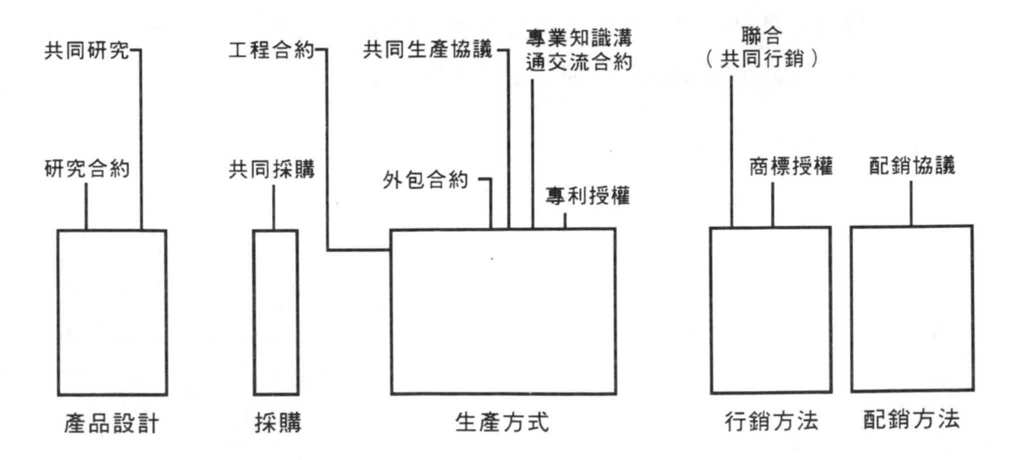

圖 17.3 合作協議的形式

工程契約

一家公司與另一家公司簽約，使後者提供特殊的服務，包括建造與啓動各種工廠與設備。再一次的，這使公司取得專家的技術與知識。

合作製造契約

兩家或更多家公司同意製造一種或多種特定的產品，這可能是共用一套生產設備，或分工各自負責部份的生產任務。這將能減少生產成本，達到規模經濟，且是任何一家公司無法達到的。

專利授權

一家公司同意將擁有專利的技術、產品等，使另一家公司以付權利金的方式使用。這種授權可能包含另一些條款，包括獲授權者如果在原技術或產品上有其他改良時，授權者也能得到部份的改良知識。另有一種互相授權的協議，讓雙方都能分享對方在技術上的改良。

商標授權

商標持有者准許另一家公司使用其商標，後者要付出一些費用。某些時候，雙方因商標授權的合作非常密切，進而演變成加盟。

技術交流協議

即所謂的「專業知識」(know-how)交流協議，權利持有者同意將自身的專業知識傳給其他公司，而這些公司將用來輔助製造產品或提供服務。同樣的，如同授權與商標，此種合作是為了促進取得更寬廣的技術知識，是任一家公司自行開發做不到的。

海外聯合協議

公司聯合起來行銷產品。這對於第一次進入外國市場時特別有效，公司可與目標市場的當地公司或其他外國公司合作。

通路契約

指一家公司利用另一家公司的實體通路；或與零售商簽約，以得到銷售據點的資料。這類通路協議可使公司觸及更寬廣的市場，而海外市場的通路商，也可以利用他們擁有的當地知識與顧客接觸經驗，來增加自身的銷售潛力。

17.4 形成聯盟

如同前幾節所述，策略聯盟可讓合夥雙方獲得非常多的潛在優勢。不過，要將潛在優勢轉換爲績效，就不是一件簡單的事。不但要選對合夥者，後續合作的管理—我們於文後會討論到—也很重要。有三個步驟，有助於將潛在危機減到最小。在此我們先列出，文後將詳細討論。

1. 設立目標，清楚描述公司如何能從合作中獲得利益。
2. 找出潛在的合作夥件，評估每家公司的優劣勢。
3. 在商討協議書時，必須能滿足關鍵的成功因素。

聯盟的規劃

長期的規劃會比服用「特效藥」來得好。聯盟成功的公司，在一開始都會檢視自己將朝何處去，即10-15年內，公司將會到達什麼位置。有效的長期策略規劃，必須釐清公司的策略期望，亦即必須能清楚描述與完全了解公司長期的需求。公司若清楚自己的期望，將有助於公司了解自己對聯盟的期許，進而達成自身的目標。

如上所述，在確定聯盟如何幫助公司達成需求與目標之前，公司必須先釐清自己的需求與目標。聯盟能成功的因素，有很多均直接與公司特殊的需求及相關的目標有關。在公司確定需求與目標前，必須要先了解自身的核心資源、能力、與技術。目前公司內部的資源、能力、與技術，或許就已能充分使公司達成目標。

從另一方面來考量，公司可能需要新的資源、能力、與技術，這將驅使公司擁抱策略聯盟。公司的需求越具體，為何參與聯盟就越清楚，也越能找到合適的聯盟夥伴。舉例來說，美國公司玩具反斗城與日本麥當勞的聯盟，乍看似乎不搭調，不過玩具反斗城需要麥當勞在選擇地點、物流、招募、與應付日本法令方面的專業知識；Sandoz 向其合資夥伴 Sankyo「外借」了一位銷售經理，改善了自身的銷售能力，代價是兩家公司的產品要互相授權。在大多數的個案中，公司若能將重點放在「彌補」某個缺口，而非找個夥伴來「塡補空白」，聯盟往往能夠成功。

夥伴的選擇

在形成聯盟時，關鍵是尋找與評估最合適的夥伴。那些擁有相關、互補之技術、技能、資源、以及進入市場管道的公司們，將列在最初的名單中。選擇時需要檢視細節，不只是找出「策略上合適」(strategic fit)的公司，還要考量其潛在目標、以及對聯盟是否有誠意。關鍵在於公司是否清楚了解聯盟夥伴所欲追求的利益。

許多聯盟都是爲了使公司得到所需的技術。在此我們建議不要過分依賴夥伴，因爲聯盟的目的應該在於學習經驗。亦即合夥雙方都必須不斷學習，聯盟才有作用。這也是爲什麼有互補技術的公司，通常能形成較好的夥伴，因爲公司不必擔心對方會成爲終端產品市場中的直接競爭者。另外，因互補技術而聯合的公司，因爲原本有不同的能力、技能，彼此技術混合後，將能創造出全新的技術，爲合資帶來機會。

不只公司的技術因素，如技能、能力、與資源，以下兩個行爲面的因素對聯盟也很重要。兩家公司的文化是否相容？關鍵人員是否願意爲新專案而努力？即使技術因素互相符合，以上兩點仍可能使一項看好的合作案破裂。

商討協議書

在形成策略聯盟時，公司雙方必須均同意所有的關鍵要素，包含技術/商業知識的轉移、管理結構與控制系統、以及簽好「離婚協議書」。這不是厄運的徵兆。如果所有權改變，或管理團隊變動、目標更新，公司必須想辦法從聯盟中脫身。

不同於一般的協商希望最後的結論能使對方較居下風，在聯盟時，公司必須確保另一方也很滿意協商的結果。任何重要的議題，如果有任何未說出口的不滿，都可能導致公司間的憎恨，對專案也較不那麼全心投入。最後這個議題總會浮上檯面，屆時因資源都已投入，公司要退出就變得很困難。

17.5　組織結構與管理

在合資時，一個重要議題是董事會的結構，以及由誰來控制。實務上我們可以發現一些例子，合資的管理團隊若由一方主導，或獨立於合夥者雙方，如此合資成功的機率，會比合夥雙方每天共同管理要來得高。因爲共同管理將拖延決策的速度，扼殺許多創意。

在合資案一開始，目標必須清楚地界定，資源也必須充分分配，以達成任務。專案中的人員必須長期留守，以便能學到對方運作過程的最多知識。

職責與責任必須劃分，包含所有最細節的部份。除了普通的會計資料外，平日的陳報系統也要清楚制定。公司們必須不時地回顧專案的目標，察看協議是否有助於達成目標。

17.6 策略聯盟的困難

第一，策略聯盟並不是公司爲達成目標而最常使用的方法，因爲比起內部發展，公司可能無法完全控制聯盟，聯盟甚至還比不上也是困難重重的購併。聯盟時，如果有一方公司無法投注必需的時間與資源，就可能使雙方無法得到預期的結果。另外，合作所費的成本可能比原先想像的多。如果公司靠自己，則這些議題都不會是問題。

經過一段時間之後，公司的目標可能因爲管理團隊的變動或環境改變而有所更動。這些改變對於聯盟的成果，投注了不穩定的因素。

聯盟最初的規劃，如果遇上快速改變的環境，某些原先的假設可能變得「完全不可能」。如果重要的假設不再能成立，公司們的目標、營運方式，都必須重新調整。

管理團隊可能是所有問題的主因。管理團隊必須能全心投入專案，不願意的人，不能分派到專案中。另外，不可能每件事都能稱心如意地按計劃進行，管理團隊是否能適應他們面臨的新環境？爲求適應良好，溝通管道必須縮短，使決策不必通過兩個或更多的董事會，才得以執行。

最後，如何經營合夥關係，也是潛在的主要問題。除了雙方明顯的衝突之外，雙方對目標的調整是否有共識，也是個問題。另外，當需要投入額外的時間與資源時，合夥雙方如果都能被知會，運作腳步也一致時，聯盟較可能成功。

17.7　管理上的結論與檢視清單

隨著科技改變的速度加快、產品生命週期縮短，開發新產品的成本、以及相關風險，是促成近年來策略聯盟案快速增加的主要原因。

1. 形成策略聯盟的原因

內部

風險

技術的發展

生產

規模經濟

外部

塑造競爭的環境

貿易障礙

2. 合作協議的類型

研究契約

合作研發專案

合作採購協議

轉包契約

工程契約

合作製造契約

專利授權

商標授權

技術交流協議

海外聯合協議

通路契約

3．形成聯盟

聯盟的規劃
夥伴的選擇
商討協議書

4．組織結構與管理

決定董事會如何組成
專案的目標要清楚描述
職責與責任

5．策略聯盟的問題

不像公司獨自運作專案，管理聯盟不易
目標會更動
環境會改變
專案管理的品質
夥伴關係的管理

附註

1 S. Urban and S. Vendemini, *European Strategic Alliances* (Blackwell: Oxford, 1992).

進一步導讀

Y. L. Doz and C. K. Prahalad, ' Collaborate With Your Competitors and Win *Harvard Business Review* (Jan-Feb 1989).

K. R. Harrigan, *Strategies for Joint Ventures* (Lexington, 1985).

P. Lorange and P. Roos, 19trategies for Global Competition *Long Range Planning* Vol. 25, no. 6.

K. Ohmae, 20he Global Logic of Strategic Alliances *Harvard Business Review* (March-Aprail 1989).

M. E. Porter and M. Fuller, 03oalitions in Global Strategy in Porter (ed.) 03*ompetition in Global Industries* (Harvard Business School Press, 1986).

第十八章 競爭策略

前言→攻擊策略→防禦性策略→
管理上的結論與檢視清單

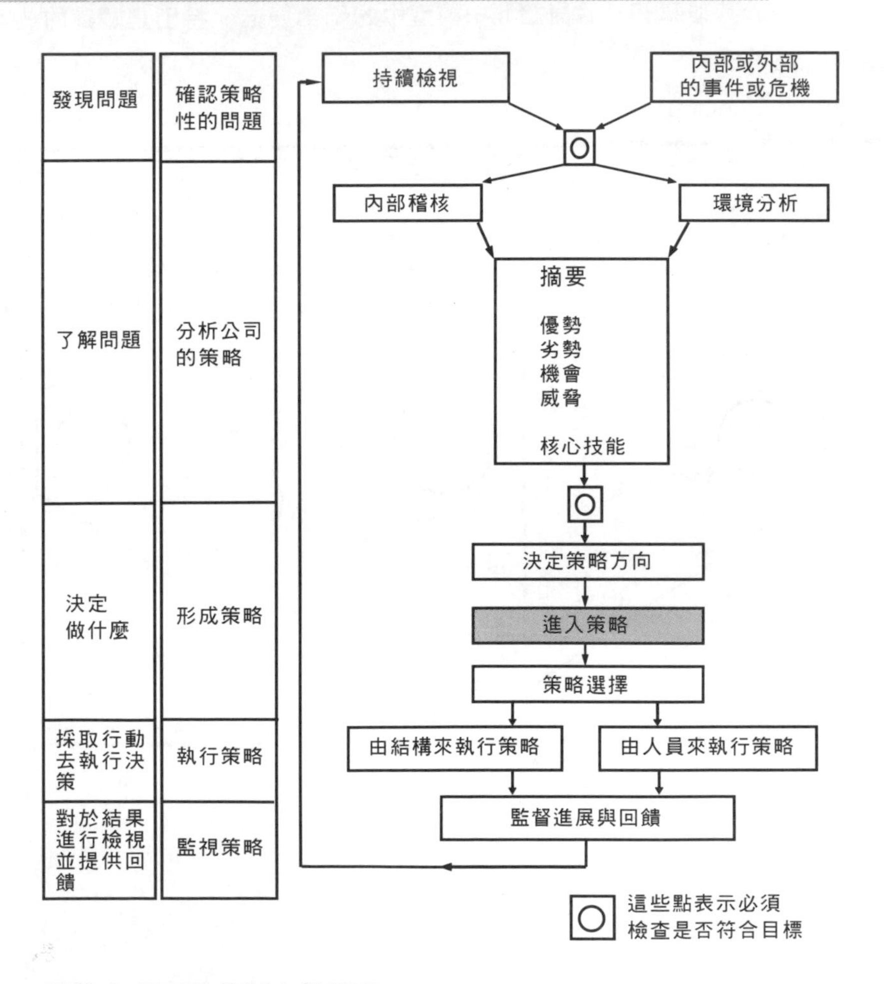

圖18.1 策略決策制定的程序

18.1 前言

企業策略對學生與學者來說，都是相當新的領域。策略一辭源自軍事，原意指應如何打仗，戰爭才會贏。策略在軍事中相當重要，西元前500年孫子的「孫子兵法」[1]一書，仍然提供今日的企業策略家不少靈感。本章由策略原本的意義，來說明策略。不同於其他的策略模型，本章著重於市場環境的動態變化，並說明進攻、反進攻等競爭行動與回應對策。

本書於其他章節，曾討論此一模型中的細部要素。特別是關鍵的成功因素、競爭優勢。

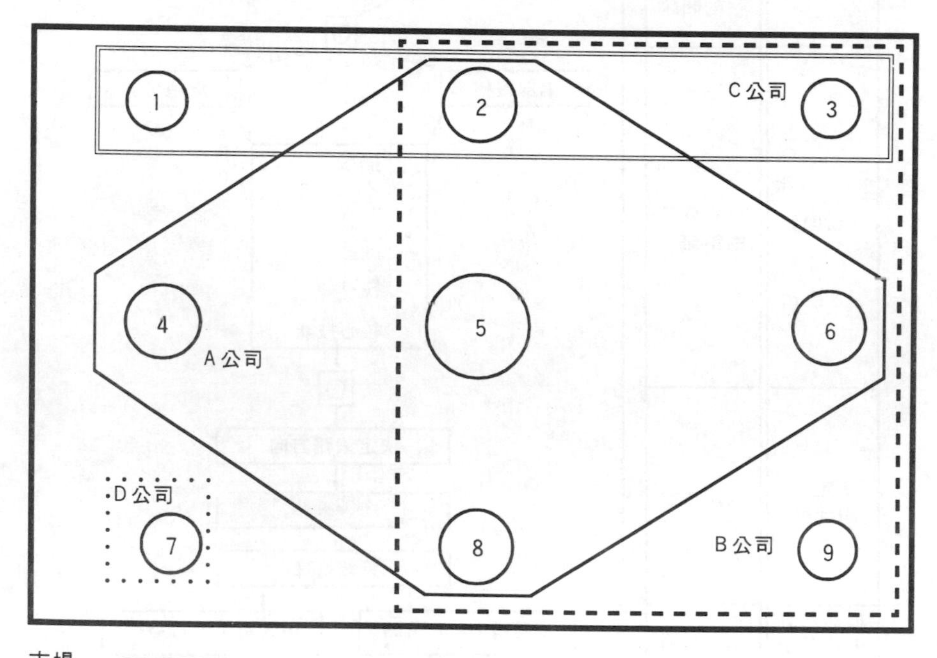

圖 18.2 公司與市場區隔

圖 18.2 中的數字，5 代表市場中的主要區隔，2、4、6、8 爲較小的區隔，而 1、3、7、9 是更小的區隔。我們可看出 A 公司是主要的區隔 5、以及次級的區隔 2、4、6、8 之主要的供應者。競爭者 B 公司位於主要的區隔 5，以及 2、6、8 三個區隔。C 公司經營兩個小型、與一個中型的區隔，而 D 公司則經營一個弱小的區隔 7。在此例中，我們假設獲利與區隔的大小正相關—即區隔的規模越大，越具獲利性。因此公司有動機往較大的區隔發展。接下來我們的問題是：一家 E 公司如何能成功地進入區隔 5？

18.2 攻擊策略

圖 18.3 可看出，根據市場的性質，以及市場內競爭的態勢，有好幾種策略可以採用。以下詳細說明九種策略。

正面攻擊（frontal）

若採行此策略，新進入者採正面攻擊的方式，直接面對區隔5中的對手。此一策略要能成功，A、B 的能力相對於產業中此區隔的關鍵成功因素，必須相當薄弱才可行。實務上，僅有幾種情況採正面攻擊在長期才可能會成功。

第一，如果新進入者有顯著強勢的競爭優勢，它也許能成功地進入市場。日本公司由於品質精良，在西歐汽車市場的佔有率逐漸增加，相較下 Lada 與 Skoda 雖然較便宜，卻無法增加佔有率。

第二，如果主要的競爭者無法充分供應市場，或產業的進入障礙日趨薄弱（見先前的討論—第 7.6 節），則也許能成功地進入市場，這是上述第一種進入手段的反面，及因爲公司能找出獨特的競爭優勢，足以削弱進入障礙。歐洲的汽車製造商，因無法改善品質以滿足顧客需求，使得日本

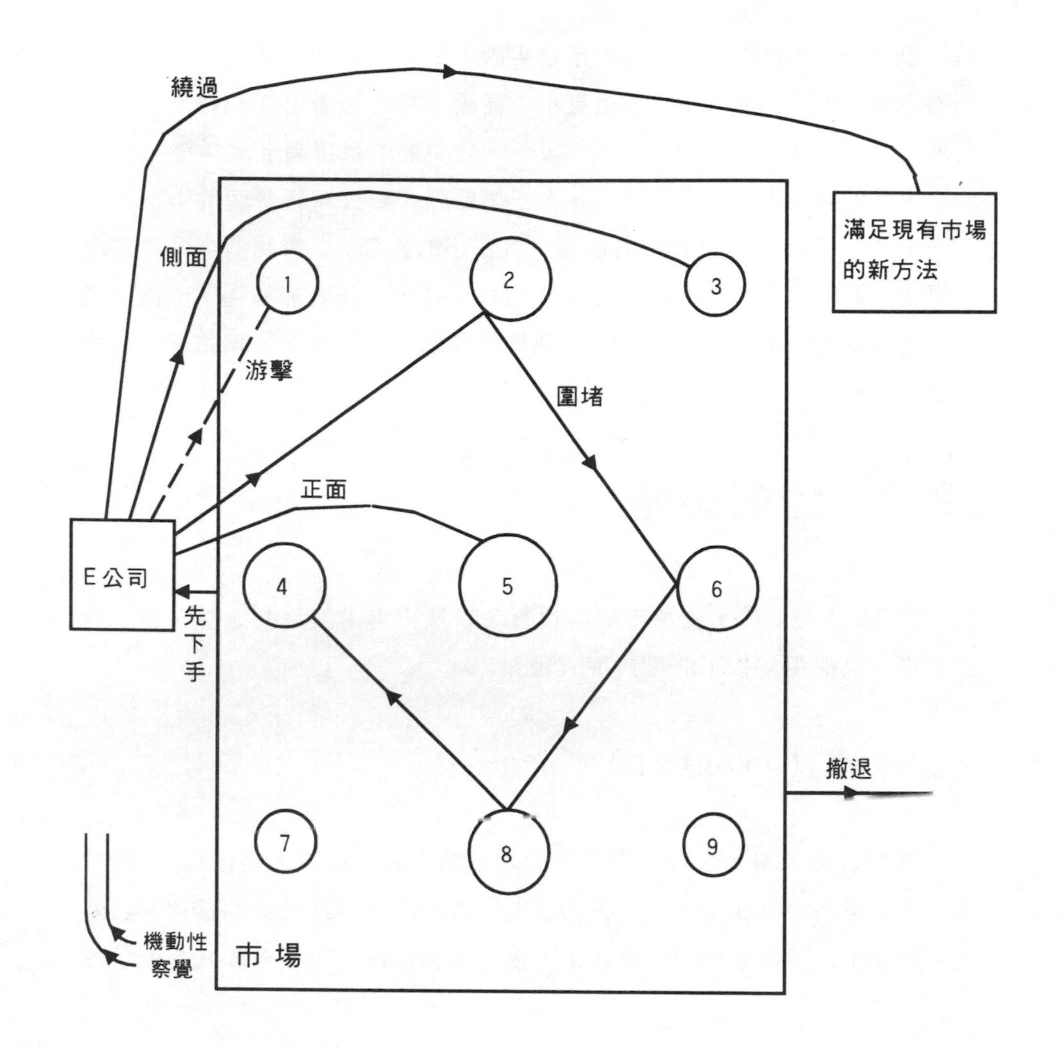

圖 18.3 攻擊與防禦策略

公司面臨的障礙微乎其微，故能進入市場。

長期的合約、政府與其他管制、專利、與市場的壟斷等因素，造成沒有彈性與自滿，使進入者的正面攻擊能夠成功。

側面攻擊（flanking）

側面攻擊一開始的本意，不在於侵蝕市場的主要區隔，而是進入那些對主要公司來說，較不重要的區隔。另一種替代作法是，公司採取小規模的營運。此種策略與正面攻擊的差別在於，進入者希望在以主力進攻與拿下主要區隔之前，能先獲得行銷經驗。Asda 先在食品零售業的折扣區隔中經營幾家店，一旦擁有經營此一事業的知識，它就可以決定這是否就是公司未來希望停留的位置。

圍堵（encirclement）

圍堵與側面攻擊策略類似，潛在的新進入者避免正面攻擊，不過不像側面攻擊，圍堵策略在攻擊產業的核心前，先佔領幾個外圍的區隔。在英國，諸如打字機、電腦、推土機等產業，因爲美國公司的地理圍堵策略而消失，或減少到只剩幾個小區隔。

繞道（bypass）

當新的科技或行銷突破突然侵襲現有的產業時，就是採行繞道策略。例如直接保險（direct insurance）一不須代理商、仲介或銷售人員，已佔有相當比例的市場佔有率，連傳統的保險公司都企圖模仿。這種行銷改變帶來的利益很難長期維持，因爲容易被模仿，因此誰能第一個進入該領域，誰就能獲得利益。技術改變的例子較戲劇性。例如電子公司發展出來的數位電子錶，殺傷了許多瑞士的業者。同樣地，「文字處理機」的推出，對傳統的打字機業也造成劇烈的影響。這兩個產業的主要問題，在於缺乏電子知識，因而無法快速回應新競爭者。

游擊（guerrilla）

游擊策略在乎的是贏取小戰役，讓對手的實力逐漸衰退，以醞釀進行主要攻擊的機會。電腦市場就是個很好的例子。IBM曾經是此一產業的領導廠商，呼風喚雨超過 20 年，然而蘋果電腦、戴克、與惠普等其他公司，在各處都有小戰果，直到IBM誤判未來的市場，使得這些公司得以取得優勢地位。此一策略適用於主要競爭者很強大，或進入者很小、無法將所有資金用於正面攻擊時。

本章一開始，我們假設市場中最大的區隔最具獲利性。雖然大部分的市場在一開始是如此，但時間一拉長，產品的生命週期經常使產品變成大宗貨物一般，獲利也因此下降。在這些情況下，通常還有殘餘的需求可供公司搾取，如圖 18.2 中除了區隔 5 以外的其他區隔可能還有利可圖。化學業與套裝假期，就屬於此類。它們的核心區隔吸引力不大，但有許多小型的獲利利基。雖然看起來公司很容易由中央移至較小型的區隔，但它們的生產設備與行銷技能鮮少適合這些小區隔。另外，將這些小區隔的規模相加，也無法與原先的核心區隔相比。

以上的討論，著重於一家新公司如何進入市場。不過這些策略也適用於已在市場內、希望增加市場佔有率的公司。

18.3 防禦性策略

本章討論的競爭策略，不只包含如何進入市場、增加市場佔有率，還包括如何在市場內維護公司的地位。以下為幾種防禦性策略。

察覺（awareness）

在檢視各種攻擊策略時，很明顯可以看出之所以會出現這些機會，大部分是因爲防禦者無法察覺或無法對環境顯著的改變採取行動。公司必須對它們的未來持正確的態度，並以系統性的方法來規劃。一些名詞、概念，例如「學習性組織」、「遺忘過去」、以及「創造未來」，應是公司文化的基礎。很可惜地，許多公司著重於過去，忘不了那些讓它們現在成功的事物，而只付出一點點很可笑的時間去思考未來。

機動性（mobility）

機動性與察覺有關，一旦檢視未來，就必須馬上採取行動。機動性的相反是「靜態防禦」，指儘管環境正在改變，公司所做的，不過把目前的圍牆加高而已。

先發制人（pre-emptive）

先發制人的策略，可能是眞的或只具威嚇作用，即公司可能眞的採取行動或只是恐嚇將採取行動。此一策略假設公司已執行察覺策略，也發現了潛在威脅。隨後，一個可能的回應就是予以先發制人的一擊，例如降低價格來回應威脅。在英國一些新民營化的公司一直退錢給顧客，以避免被人收購的威脅。

撤退（withdrawal）

在某些時候公司必須撤退或減少投入市場的程度，雖然有很多公司不願意，卻可能是最佳的選擇。不願意的原因不只是經濟因素，還有其他因素：可能是資深管理團隊經營市場多年，已產生情感依附，以及害怕一旦退出產業，下一步該往哪裡去等等。這些看起來很微弱的原因，當決定的時刻眞正來臨時，卻有很大的影響力。

BTR 就是個經典的例子。該公司在 1950 年代中期退出核心產業一輪胎時，歷經一段痛苦的決策過程，而現今已成爲最成功的前 100 大 FTSE 公司。諷刺的是在 1985 年，它收購了 Dunlop，後者在 1960 年代中期，可說是英國前五大製造公司，主要產品就是輪胎。

18.4 管理上的結論與檢視清單

企業策略對學習與研究來說，都是個相當新的領域。策略一辭雖源自軍事，不過檢視軍事策略，可讓我們獲益良多。本章討論競爭活動的進攻與反進攻等。以下所列的攻擊策略，可做爲進攻新市場之用，而防禦性策略則可用來反制攻擊。

這個模型最重要的價值，也許在於它強調競爭的動態性質。因此當公司思考攻擊行動與反制策略時，此一模型可用來做爲指導原則。

1 競爭性策略

- 正面—正面攻擊。
- 側面—由供給其他區隔開始。
- 圍堵—供給好幾個不同的區隔。
- 繞道—完全繞開現有的供應者，通常是透過技術的突破。
- 游擊—在主要公司供應的不同區隔中，採取分散式攻擊。

2 防禦性策略

- 察覺—認清眞實情況，採取行動，相對於沈迷於自以爲是的順境。
- 機動性—隨時預備由一個位置移到另一個位置。

⊙ 先發制人一採取或恐嚇要採取行動，以嚇阻或回應對手可能的行動。

⊙ 撤退一採行通常難以決定的撤退。

附註

1 James Clavell (ed), *The Art of War, Sun Tsu* (Hodder and Stoughton London, 1993).

第十九章　決定未來的策略

前言→關鍵準則→策略適合性→做出策略的選擇
→管理上的結論與檢視清單

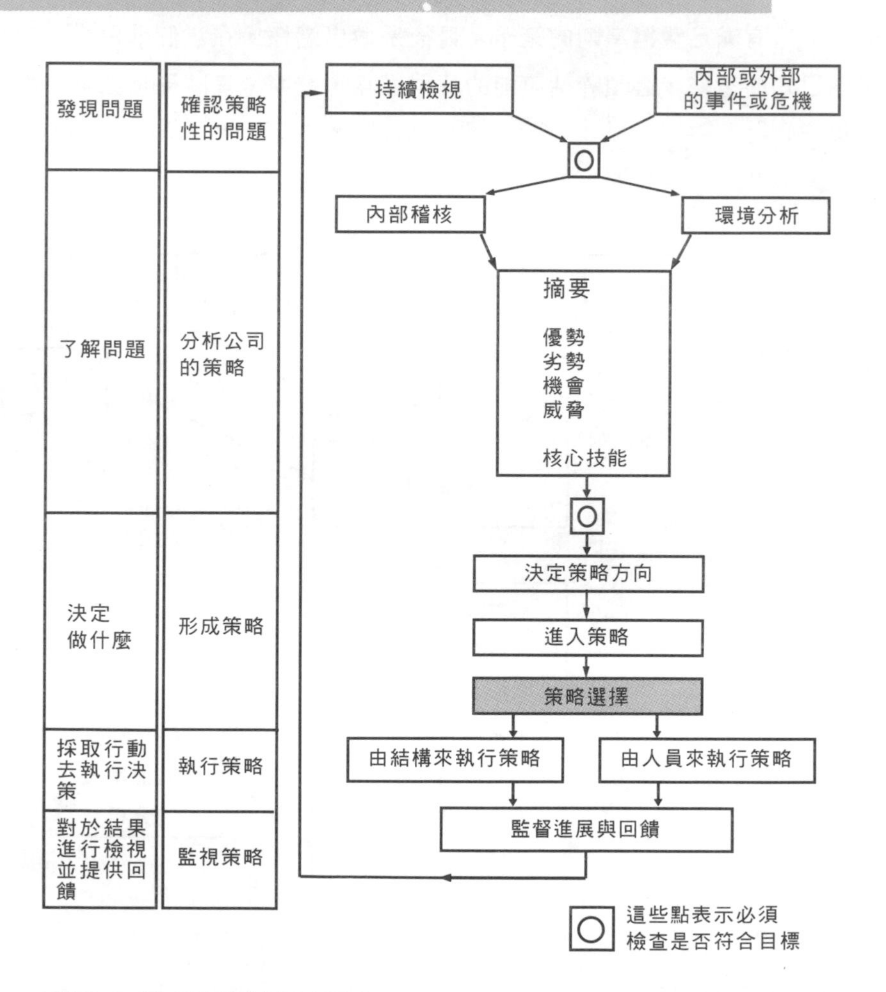

圖19.1 策略決策制定的程序

19.1 前言

第四篇所介紹的策略決策程序將產生一系列的策略，公司可用以達成長期的財務目標。本章的目的，在於探討詳細評估這些策略的工具。在評估時有三個主要的階段（見圖 19.2）。

第一，根據關鍵準則來評估。這些準則具有根本上的重要性，任何未來的策略如果無法符合其中任一項，就必須立刻由清單中移除。第二，詳細評估所有滿足關鍵準則的策略。最後是做出選擇。在這個階段中，對於某個已知的策略，必須評估可能的反對意見，還要考量時機性如何影響其效果。

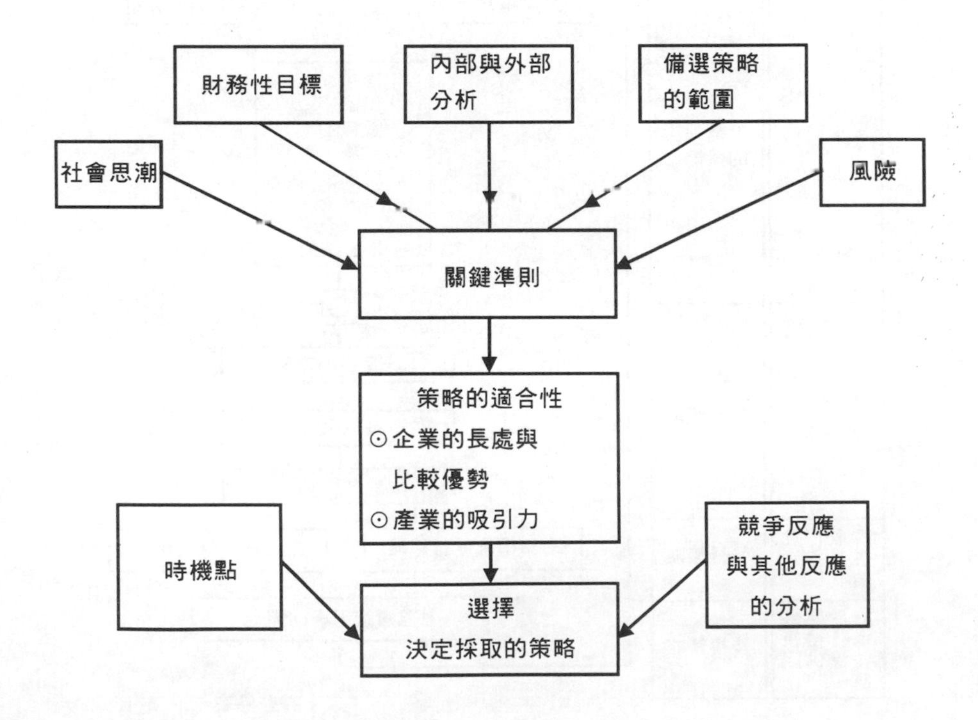

圖 19.2 選擇策略的程序

19.2　關鍵準則

不同的公司在不同的時點與不同的策略分析階段，用來評估未來策略的重要準則也會不同。以下的描述，僅簡單說明這些準則爲何重要，並配合一些舉例。以下僅爲參考性清單。

財務目標

公司的財務目標，即使不是最重要，也至少是個非常重要的關鍵準則。公司通常會設定資本報酬率與每股盈餘的目標，並利用現金流量折現法（DCF），來衡量這些目標。因此一個無法達到最低標準的方案，除非遇上非常緩和的情況，否則會被否決。

內部與外部分析

內部與外部分析，能讓公司明白主要的優劣勢爲何，以及經營的環境中有哪些重大的威脅與機會。因此，如果主要的弱勢是公司過於垂直整合或太依賴本國的經濟，未來的策略方案就必須避免增加垂直整合度，及厚植公司在海外市場的實力。

各種替代策略

前兩章所討論的程序產生各種替代策略方案。經由前兩章所述的步驟，公司可以歸納出一份可能進入的產品或市場清單，並列出進入方法的大綱。

不過，某些公司對某些策略存在著障礙，某些通往未來之路將不被公司列入考量。BBA 只在所謂的夕陽工業（衰退產業）中營運的政策已行之多年。Hanson 的政策是避免高科技產業。因此在考量策略的替代方案時，公司的政策會有一些關鍵準則的限制，若未來的策略違反這些準則，將不被考慮。

社會思潮（ethos）

此處使用「社會思潮」一詞，以代表道德面、文化面、以及組織特定的標準；以最後一項而言，各地所採的標準並不同。以道德的觀點來說，公司可能決定不在特殊的政治體制下（如伊朗、塞爾維亞）營運，或不製造可能有害健康的產品（例如香煙）。某家公司可能不會在與母國文化相差甚遠的國家內經營。以組織面的觀點來看，如果薪資、訓練、資源重複使用、工會政策在目標市場中執行的困難度很高，則方案會被否決。

風險

所有的公司都有不成文或清楚設定的風險限制，即公司的高層主管對於預估風險所能接受的程度。在許多公司中，高報酬率但同時也伴隨高風險的方案，比起那些報酬率較低但風險也較低的方案，被否決的可能性較大。在風險情境評估中，公司會去預估結果的損失程度多大，以及這些損失可能發生的機率。在這方面，會採用敏感度分析，來推估合理的風險程度。

19.3 策略適合性

有許多技術可以協助公司從各種替代行動方案中，挑出合適者。荷佛與山德爾[1]（Hofer and Schendel）提出了一套檢視這些策略的方法，不過在此，我們只分析常用而有限的策略。我們必須特別注意，因為這些分析方法都有一些假設，我們鼓勵讀者將這些方法視為一般性的指引，其中都有例外。在金融時報（The Financial Times，由1981年11月12日起出刊）與相關書籍中[2]，有一系列的文章，針對這些分析方法，提供更深入的評論。

波士頓顧問團（BCG）的「成長率－佔有率」矩陣

BCG架構有兩個變數－市場的成長率與相對的市場佔有率（見圖19.3）。此一矩陣有幾個基本假設：

- ⊙市場可以定義；
- ⊙獲利性與市場佔有率呈正相關；
- ⊙該市場沒有任何進入或退出障礙；
- ⊙產業成熟的階段可以定義；
- ⊙市場仍處於正成長率的階段；
- ⊙兩個構面足以說明競爭態勢。

我們很清楚，沒有任何一個市場能滿足上述所有的假設。不過概念化的模型，能幫助我們了解許多市場情況，找出現金可能的流向，以及提供公司一些對策，使「產品－市場」組合更平衡。

使用此一矩陣時，公司必須替其產品，找出它在兩個構面上的數值（亦即座標），將數值標在矩陣後，公司就可綜觀其產品組合。公司將能看出是否產品均集中在同一區。本理論建議產品組合應該合理地分散在星星、金牛、以及問號區內，並根據此一順序讓產品循環，公司將能獲得成功、保持獲利性。公司的產品在一開始，可能位於高成長、但低佔有率的市場中（也就是問號）。此時公司應該規劃使其佔有率增加，如此便能使產品進入星星的區域。當產品停留在星星區，很難釋放出現金，因爲此刻市場仍在快速成長，所獲得的現金，可能大部分投資於新的工廠，以便滿足不斷成長的需求。當市場成長的速度下降，不再需要投資那麼多現金時，產品就自動變成金牛，釋放出來的現金，不需再投資下去。當成長變得更緩慢，進入問號階段時，本理論建議公司要進行再造，使以上的過程再次循環。癩皮狗代表衰退產業中，市場佔有率很低的產品，除非有特殊原因，公司應該要退出此種事業。

如果公司有太多星星，可能發生現金危機，如果有太多金牛，未來的獲利前景可能不看好，而太多的問號，將損及目前的獲利性。

再一次，我們必須強調，此一模型只是一般性的分析工具，因為總是會有例外發生。

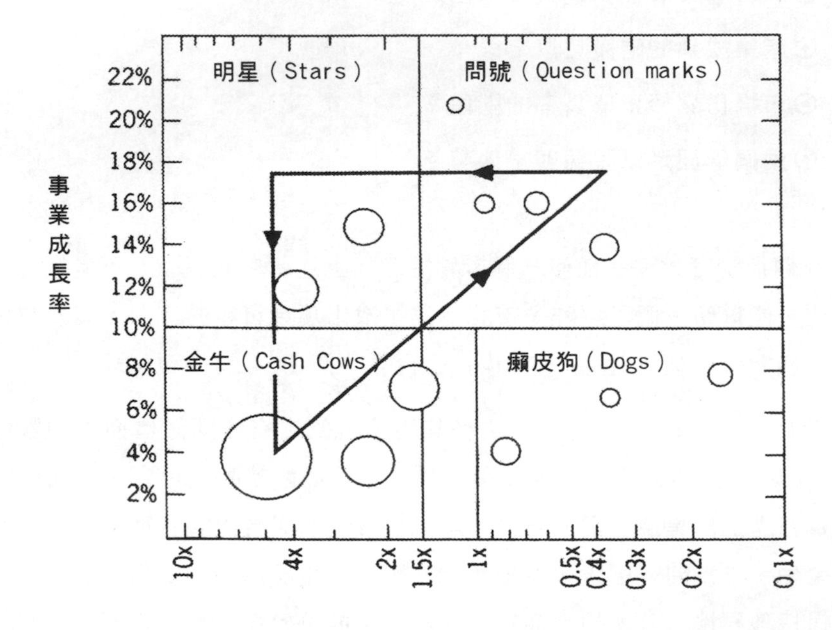

圖 19.3 BCG的成長率／佔有率矩陣

波士頓顧問團（BCG）的策略環境矩陣

波士頓顧問團隊隨後又發展出另一模型，兩軸分別為競爭優勢的來源與強度。第一個構面－競爭優勢來源的多樣性，指公司能使產品或服務具有差異性，或是否有其他競爭優勢的來源。

第二個構面－競爭優勢的強度，決定於成本，特別是顯著的規模經濟，或能生產出數量衆多的產品，來分散鉅額的固定成本。優勢的強度也決定於差異化優勢的程度。根據以上兩個構面，可建構出如圖 19.4 。

零碎的產業　公司有很多方法可以使產品差異化，不過都無法使公司擁有顯著的優勢。例如住宅建造業以及可攜帶收音機。

專業化產業　這些產業有很多優勢的來源，有潛力發展成很強的優勢。例如製藥業、豪華汽車。

膠著產業　這些產業的優勢來源很少，優勢的強度也不大。成藥、基本鋼鐵、紙漿等就屬於此類。

量產產業　這些產業使產品差異化的機會很少，不過有可能培養出強大的優勢。其產品一旦能大量生產，會擁有顯著的規模經濟，以及顧客喜愛的產品屬性之複雜度，可使公司擁有強勢的競爭優勢。例如噴射機引擎與食品零售業。

取得優勢的方法 ＼ 優勢的大小	小	大
多	零碎	專業化
少	膠著	量產

圖 19.4 新 BCG 模式

奇異電器（GE）的產業掃描

GE矩陣有兩個構面一產業的吸引力與競爭的地位。事實上，這兩個變數，幾乎就能涵蓋所有會影響公司獲利的因素。BCG被人批評過於簡化，而GE矩陣可能過於複雜。當我們使用BCG時，我們必須接受此一模型只在概念上很有用，但是比起沒有模型可用來診斷公司時，BCG仍能提供合適的策略。

圖19.5顯示的是GE矩陣的某個版本，我們先解釋整個模型，之後再討論如何決定產業吸引力與競爭地位。

產業的吸引力 ＼ 公司的優勢	強	中	弱
高	⊙成長 ⊙尋求支配 ⊙投資最大化	⊙評估經由區隔化取得領導地位的潛力 ⊙確認弱勢之所在 ⊙建立優勢	⊙專業化 ⊙尋找利基 ⊙考慮收購
中	⊙找出成長的區隔 ⊙強力投資 ⊙在其他地方維持地位	⊙找出成長的區隔 ⊙專業化 ⊙選擇性投資	⊙專業化 ⊙尋找利基 ⊙考慮退出
低	⊙維持整個的地位 ⊙尋找現金流入 ⊙以維持的水準來投資	⊙刪除生產線 ⊙投資最小化 ⊙朝撤資的方向規劃	⊙信任領導者的才幹 ⊙攻擊競爭者的現金來源 ⊙尋找退出與撤資的時機

圖19.5 GE 矩陣內的策略移動

矩陣的左上角（產業吸引力高、很強的競爭地位），是最佳的區塊，而右下方的區塊（產業吸引力低、競爭地位弱）則最不良。不過，只要公司能採取合適的策略，排好生產流程，則在任一區塊都能經營成功。矩陣中各區塊中的要素顯示了，如果要在此區塊中成功，必須擁有這些條件。其他書籍對這些條件有更詳細的描述[3]。

產業吸引力的構面

在確定產業的吸引力時，有 11 個重要的要素需要評估。有關如何了解一個產業與市場，在第七章已詳細討論，以下我們將只大略敘述這些要素。

規模	市場的大小如何？是否足以讓公司達成目標？
成長率	市場的成長率爲何？
生命週期的位置	產品／市場位於生命週期的哪個階段？
產品差異性	產品是同質性的大宗貨物？或具有差異性？
獲利性	產業中其他公司的獲利性如何？
循環性	產業的中長期或季節性循環是否明顯？
產業結構	產業的結構如何？一是寡佔、獨佔、或其他？集中度的特性、強度爲何？
進入障礙	產業的進入障礙之特性與強度爲何？
技術水準	產業的技術水準如何？需要投注多少研發經費？
供應商的特性	任何公司要買進的原物料、零件、或服務，是否有特殊屬性？
買方的特性	市場中，使用此一產品的顧客，是否有特殊的屬性？

當我們要確定某個產業是否具有吸引力時，很重要的是要採取進入者的觀點。「吸引力」不應是個抽象名詞，而應該人性化一點，從「公司的眼光」來具體描述。一個產業對某家公司很具吸引力，對其他公司則不一定。另外，產業的吸引力也會隨著時間而不同。

另一個考量的重點是公司做選擇時採用的工具。當我們在確定不同的產品與市場之相對價值時，我們必須將焦點放在關鍵議題上一無論是正面或負面，才不會陷入盲目分析的危險。

最後這一點與下一節有關。沒有任何情況是靜態的，這使得分析更爲困難。我們必須監視現在，預測未來市場可能的變動，以便得出最佳的結論。

企業優勢的構面

第八章已介紹如何評估公司的優勢，這屬於內部分析的課題，本章將不再贅述。

公司能由以下領域，發展出核心技能與關鍵資源：

- ⊙ 管理；
- ⊙ 財務；
- ⊙ 行銷；
- ⊙ 人員與組織；
- ⊙ 生產；
- ⊙ 研究與發展。

如同分析產業的吸引力一樣，分析企業優勢時，也要考量所分析之產業的特性。屬於某個產業的優勢，可能是另一個產業的弱勢。另外，我們也必須考量市場未來的變動，以及此等變動對企業的衝擊。

根據產業吸引力來評估企業優勢

選擇策略的程序（見圖 19.2）進行到此（策略的配適性），在關鍵構面的階段，有一些潛在的未來產品應該已被「淘汰出局」。舉例來說，一家過於依賴英國經濟的公司，進行到此一階段，公司應該在清單上會排除掉在未來只在英國國內有機會的產品或市場。

我們已於第八章中，簡單討論過企業如何尋求新機會。如果要更完整地檢視所有的機會，必須要有更詳細的分析，也正是本節所要說明的。基本上有兩種分析的方法一質性化與數量化。這兩方法，都需要公司在事前，將所有欲檢視的產品或市場之關鍵屬性清單準備好，並分四個功能性標題列出：市場與行銷、財務、生產、以及人員，如表 19.1 所示。

數量方法針對每個屬性，給予權值、評分，之後將兩者相乘而得出分數。接著將所有屬性的分數相加，得出某一產品或市場機會的總分。我們可將此分數，與其他有潛力的未來產品或市場之分數相比。由於採用數值計算，其中權值與評分都是主觀的數字，所以得出的結果必須審慎引用。公司不應將評估後所得的結果，做爲絕對的選擇機制，而應做爲與公司其他員工討論的起點。權值所考慮的是某屬性對公司的重要性，而評分則指某產品或市場能滿足某屬性的程度。

與數量方法類似，質性方法也要在表的左方列出一些準則，另有兩欄分別爲優勢與弱勢的敘述。針對每個準則，根據給定的情況，公司要評估出相對的地位。此一方法是根據各每個替代方案的相對優劣勢，來幫助公司做出選擇。

以上兩種衡量的方法，將我們的思考程序正式化，能幫助我們評估與選擇未來的「產品一市場」組合。

表 19.1 評估可行方案

	權重	評分	分數
市場行銷			
規模	3		
成長	2		
在產品生命週期中的位置	3		
集中度	2		
週期性	2		
出口的潛力	1		
與現有市場的關係	2		
財務因素			
折現／報酬率／回收年限	3		
需要的現金	2		
對整體獲利的貢獻	3		
附加價值（每人、每英磅的資金）	1		
生產因素			
對於生產程序的瞭解	2		
剩餘產能的運用	2		
物料的取得性	1		
人事			
工廠員工的取得性	1		
管理人員及技術人員的取得性	1		
工會的組織與力量	2		

變數	衡量單位	權重	評分	分數
市場成長率		2		
	每年超過 10%		5	
	7.5%至 10%		4	
	5%至 7.5%		3	
	2.5%至 5%		2	
	0 至 2.5%		1	
	低於 0		0	

策略適合性與產品生命週期（PLC）

雖然 PLC 外顯或內隱於 BCG 或 GE 模型中，卻不是這兩者所關注的焦點。不過已有大量的證據顯示，生命週期不但會影響公司的功能性活動，也會影響企業的策略。即使某一公司是市場的領導者，在整個週期中也必須採行不同的策略。在第七與第八章，我們已討論過產品位於PLC各個階段的涵義。

圖 19.6 矩陣中的兩個構面，分別是企業優勢與 PLC 的階段。在初始階段，很少有公司能拿下顯著的市場佔有率，許多新競爭者加入，帶來各自改良後的產品，使市場上有很多供應者，產品的差異性很大。在此一階段，公司若有很強的企業優勢，必須專注於增加市場佔有率，此由加強行

在PLC的階段	事業部的優勢 高	 一般	 低
發展	主要經由行銷來提高市佔率	經由行銷或合併來提高市佔有率	•增加市佔率 •尋求逆轉 •退出
成長	主要經由行銷來維持或增加市佔率	經由行銷或合併來提高市佔率	•增加市佔率 •尋求逆轉 •退出
成熟	• 主要經由行銷或某些收購來維持或增加市佔率 •效率策略	• 經由合併來增加市佔率 •選擇性萎縮	退出
衰退	• 維持或增加市佔率 •選擇性收購	•選擇性萎縮 •退出	退出

圖 19.6 整個生命週期的典型策略

銷功能可以達成。而其他優勢較弱的公司，也必須尋求增加市場佔有率，不過不只藉由行銷功能，還可採行較具冒險的方法，例如購併。在此階段，購併的風險來自市場未來的走向不明確或產品的屬性不明確等，使得買來的公司可能變得多餘。至於那些優勢更薄弱的公司，則必須尋求轉型或退出產業。

在成長階段，公司若有很強的企業優勢，應該努力維持市場佔有率，如果可能，更要努力增加。再一次地，此可經由加強行銷功能來達成。至於那些「平平」的公司，如果想要在往後的PLC階段，獲得最大的利潤，此時絕對要努力增加佔有率。行銷仍然是主要的方法，不過透過合併也有可能成功。至於那些優勢薄弱的公司，此階段是獲得未來利益的最後機會。由於維持佔有率與加強經營效率的策略，可能十分耗費成本，因此這些公司最可行的三種策略是增加佔有率、公司轉型、或退出產業。

到了成熟階段，市場越來越集中，產品之間逐漸失去差異性。對企業優勢很強的公司來說，本階段的重點在於維持市場佔有率，並汲取經驗曲線帶來的利潤，因此公司要專注於減少生產成本。對平庸的公司來說，要增加佔有率的唯一方法就是合併；或是持續地減少新投資，緩慢地縮減經營規模，最後退出市場。至於那些優勢薄弱的公司，應該退出產業，讓損失減到最小。

一旦需求開始下滑，寡佔的市場狀態會受到干擾。維持佔有率意味著較低的銷售額與獲利、產能過剩、及資源浪費。在這種競爭情況下，公司間經常會出現價格戰，以維持銷售水準，即在衰退的市場中，努力增加市場佔有率。之後會有什麼成果，則受到很多因素的影響，哈利根(Harrigan)的研究有清楚的解說。在此階段，較具優勢的公司，為了增加市場佔有率，最可能採行的方法是透過一連串的購併，這將耗損公司部份或全數的資產。至於那些表現平庸的公司，此時獲利性變得非常低，最合適的策略是選擇性縮減或撤出產業。

在任何的PLC階段中，如果市場存在著區隔，且主要的公司無法成功地滿足一些較小的區隔，這將給小型的製造商帶來特定的機會。

總結來說，策略適合性的分析在於根據公司目前與未來的優勢，以評估未來的策略方案是否合適。

19.4 做出策略的選擇

透過策略合適性的分析，最後可接受的方案將出線，公司進而是採取行動去完成策略。不過即使到了此一最後階段，策略仍會受到一些因素的影響。舉例來說，如果公司在執行策略時，沒有足夠的現金，或爲了達到策略目標，公司規模必須在短期內增加一倍，這些也許是管理當局無法接受的。

另外，公司也必須檢視當採行某項行動方案時，可能會激起哪些反應。利害關係人的權益，會受到策略決策的影響。這些人包括：

- 中央政府；
- 地方政府；
- 顧客；
- 競爭者；
- 員工與工會；
- 股東與其他債權人；
- 供應商。

如果這些團體中，有任何人覺得他們受到決策的負面影響很大，他們遲早都會採取反制行動來表達不滿，這多少會阻礙策略的執行，使預期目標無法達成。

最後，也是選擇策略時最常被忽略的一點：時間。關於時間有兩個面向需要說明：第一，策略於何時開始執行；第二，何時投入全數的現金，並產生收入。策略最初使用於軍事時，時間受到很大的重視，但後來廣泛使用策略一詞的企業界並未如此重視時間。在軍事中，各個計劃緊密相關，一旦某個行動太早或太晚完成，整個計劃將可能失敗。抓對時機點可能要靠運氣，不過良好的規劃強調在正確的時間點做正確的事（策略）。方案的規模、風險、以及時間點，這三者彼此緊密牽連。

19.5 管理上的結論與檢視清單

1 在初始的過濾中，公司會根據一些關鍵準則來刪除清單上可能的新機會：

- SWOT 分析得出的可行策略之範圍；
- SWOT 分析指出未來的產品與市場應具備的關鍵特色；
- 公司的財務目標；
- 公司的風險忍受度；
- 道德與其他非量化的政策。

2 任何特殊產品－市場組合的適合度，可利用以下之一（或兩者）來分析：

- BCG 矩陣；
- GE 矩陣。

3 產業吸引力的關鍵構面：

- 市場規模；
- 市場成長率；
- 位於產品生命週期的階段；
- 產品差異性；

- ⊙ 獲利性；
- ⊙ 獲利的循環性；
- ⊙ 產業結構；
- ⊙ 進入障礙；
- ⊙ 技術水準；
- ⊙ 供應商的特徵；
- ⊙ 買方的特徵。

4 企業優勢的構面：

- ⊙ 管理；
- ⊙ 財務；
- ⊙ 行銷；
- ⊙ 人員與組織；
- ⊙ 生產；
- ⊙ 研發。

5 產品生命週期對於策略決策的影響。

- ⊙ 策略的選擇—分析已經完成，最後，公司要在各個策略方案當中做出選擇，這需要考慮到時機與競爭者及受影響的其他利害關係人可能產生的反應。

附註

1 C.W. Hofer and D. Schendel, *Strategy Formulation: Analytical Concepts* (West Publishing Co, St Paul, Minnesota, 1978).

2 Douglas Brownlie, 19trategic Marketing Concepts and Models *Journal of Marketing Management,* 1, no. 2 (1985).

3 M. E. Porter, *Competitive Strategy and Competitive Advantage* (Free Press, Glencoe, 1980 and 1985); K.R. Harrigan, *Strategies for Declining Business* (Lexington Books, Lexington, Mass., 1980).

4 Harrigan, *Strategies for Declining Business*, chapter 2.

第六篇

執行策略

第二十章　執行策略

前言→行爲與政治→領導→組織設計→策略規劃→方案→策略的控制→管理上的結論與檢視清單

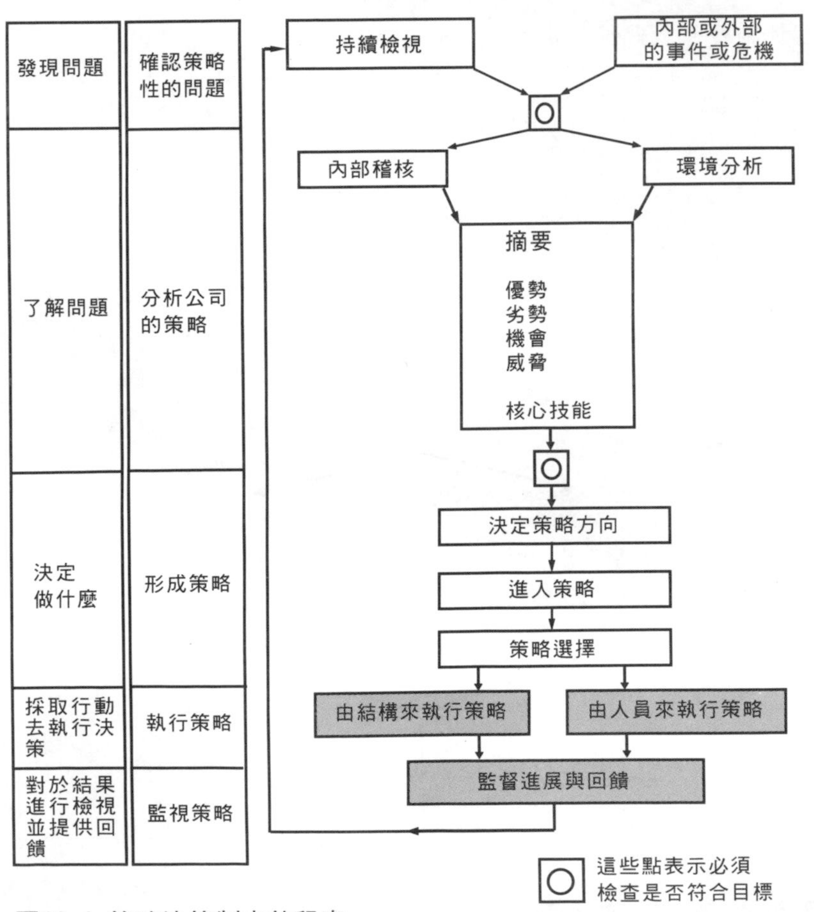

圖20.1 策略決策制定的程序

20.1 前言

圖 20.2 顯示執行程序中的關鍵要素，及其在整個規劃程序中的位置與角色。

先前幾章探討如何挑選策略，而現在，公司特定的人員必須執行策略。有關人員如何執行策略，我們將討論兩項主題：第一是行為與政治，第二是領導風格與角色。另外，公司在結構、系統上的某些特徵，也將攸關執行策略的成敗。這些特徵包括組織結構、規劃功能、以及公司所採用的控制制度。我們將於本章一一介紹。

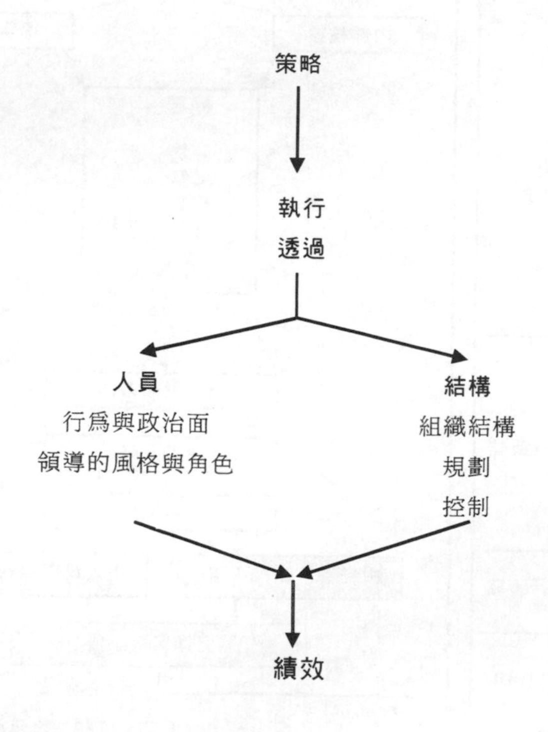

圖 20-2　執行在策略決策中的角色

20.2　行爲與政治

爲了能成功地執行選定的策略，我們必須了解在組織架構下，策略執行人員的行爲與相關的政治面。由於企業決策牽動公司整體，這些決策會影響大部分員工的生活與工作展望，因此大多數的決策行動很可能引發員工的反應（無論是正面或負面）。

爲了檢視公司內部的行爲，將政治程序想成與規劃系統平行運作會很有用。在短期，以上兩種程序的步調可能有某種不一致，但是長期下來必須能夠和諧運作。「政治」(politics)一詞，在此背景下指在已知的系統中人們如何互動，因此我們不能視爲必須避免的事物。它確實存在於組織內，也是員工用以執行決策的手段。基本上，政治所強調的重點是權力與權力如何運用，以及如何用以解決衝突。

在組織內，個人的權力有多種來源。公司結構的正式職位會產生權力，例如衍生出上司、部屬、與同儕。能取得與控制資訊或特殊的技能或知識，也有獲得與運用權力的機會。最後，與擁有權力的人在一起，不僅是獲得權力最快速、直接的管道，而且還能影響上述這些人的決定。

要成功地執行策略，需要公司內各種不同的人員、部門，共同攜手合作。在大多數的組織中，這種非正式、部門間的合作，減少對正式程序的依賴，能加速策略的執行，同時改善士氣。不過，當個人或部門自身的目標，不符組織長程的目標時，政治行爲會產生負面的效果。

尚恩[1](Schon)曾討論過對改變的抗拒。他指出，組織是保守的，不太能立即接受改變。其論點更進一步指出，組織具動態保守性（dynamic conservatism)，組織不只單純地想停留在原地，還會透過以下五種方式奮力抵抗改變以維持現狀：

- 忽略與不採取執行改變的行動。
- 反抗，企圖扭轉決策或加以修正。

- 讓改變只侷限於某一領域。
- 孤立改變，不使擴散到整個組織。
- 只回應最低程度的改變，以中和或迎合不受歡迎的入侵。

任何這些作法將使策略執行失敗，或無法在指定時間內完成。這些作法是執行程序中，最主要的衝突來源。

在執行策略性決策的程序中，如何解決衝突很重要，因爲延遲、或無法完成目標，將有嚴重的後果，也將影響整個組織，而非某一部門、產品、或事業分部而已。首先，公司必須了解衝突一定會發生，因此一定要有某種程序來化解衝突。

衝突有各種來源：競爭稀少的資源、組織結構的某個特性、價值觀、目標、管理風格的不同。衝突通常被視爲具有毀滅性而應避免，因爲會造成情緒壓力，以及使員工無法專心追求公司終極的目標。但事實上，某些衝突情況具有建設性，若能挑戰公司的自滿，或能刺激其他替代構想或行動的產生。

我們不可能提出一個適用所有情況的衝突解決程序，因此公司在分析之後，應鼓勵策略執行者，發展合適的衝突解決機制。

20.3 領導

任何策略要執行成功，決定於領導的品質。在本節中，我們將檢視領導者的工作，並探討在各種情況下，何種領導風格與角色才合適。

經理人的工作主要有以下三種：規劃、組織、以及領導。每一種類別下，包含各種子任務。表 20.1 將此三種活動分開列出，三者的互動非常密切。

規劃的角色要有研究的技能，例如定義問題、收集資訊、處理、及陳報。爲了評估某個情況，經理人必須具備相關的理論與知識。不過即使對問題的分析再透徹，也仍然有未知的因素；因此決策是在已知的因素與相關的風險間求得平衡。規劃程序的最後一步一建立監督的機制，以及將目標進展的資訊回饋給經理人。經理人必須了解，採行的機制會影響員工表現行爲的方式。

規劃功能的產出，就是決定哪個決策必須執行。爲了確保能達成預期的目標，必須整合組織內的資源，以達成目標。整合的第一步是建立合適的組織結構。完成之後，將需要招募員工，安置在結構內。接下來要確保此一結構能有效營運，這就需要溝通、協調、與協商等技能。有時領導者必須代表公司的利益，與外界的團體交涉。

領導方面實際的任務，包括監督活動、下達指令、並能激勵部屬，以達成規劃的目標。

組織內，高階主管的管理風格，與他們規劃時員工參與的程度及規劃扮演何種角色有關。有些公司由獨裁者領導，由他一人制訂所有的重大政策，而有些公司中，高階主管的參與度較高，對於重大議題傾向於取得共識。規劃對重大議題的影響，各家公司也不相同。一些公司依規劃程序的結論來做出重大決策，而一些公司在決策的程序中，只會使用規劃得出的部份結論。最後，有許多公司一包括一些內部有「企業規劃」部門的公司一在做出重大策略決策時，並不太理會規劃功能。高階主管的管理風格，

表 20-1　管理任務

規劃	組織	領導
調查研究	建立組織結構	監督
評估	用人	下命令
決策	溝通	激勵
控制	協調	
	談判	
	對外代表公司	

對於部屬與部屬如何管理，以及組織整體的成功，都有根本上的影響力。

若從另一角度來探討領導，則可研究對CEO或高階主管之角色的要求。許多研究，特別是明茲柏格（Mintzberg），專注在這個領域[2]。基本上，管理角色分爲兩種：資訊上與決策上。夏普利與杜恩巴（Shapira and Dunbar）認爲資訊角色包含頭臉人物、連絡者、散佈者、與發言人四種，而決策角色則包含領導者、監督者、企業家、協商者、以及分配者[3]。

20.4 組織設計

組織設計在執行策略計劃時，佔很重要的角色。一般來說，組織設計應該配合選定的策略；確實，如果組織不能適時調整，對於新的策略任務之執行將有嚴重的影響。我們可以說任何策略要成功，決定於組織的運作是否有效能。

組織結構對於策略目標是否能達成，影響的層面包括：

結構　定義出任務、角色，並分配人員與資源來執行

營運系統　透過營運的程序與薪酬制度，讓人員明白公司對其角色之期望

決策機制　促進溝通、決策、與陳報系統

組織的健全　影響士氣與激勵，減少衝突，以及提升公司對外在的威脅與機會之回應速度

事實上，組織很少是「設計出來的」；它們自然形成，成爲某種結構，但是高階主管仍然有責任質問組織結構的適合性。基本上，高階主管必須尋求以下兩種衝突壓力的妥協：

1. 要求標準化、能控制、能預測、效率、與一致性的壓力。

2. 要求獨特性、多元性、區隔、新技術、彈性、與回應速度的壓力。

世上沒有所謂最好的組織結構，經理人在決定組織結構時，必須考量許多因素，見圖 20.3 。

環境是組織設計最關鍵的因素。陳德勒[4]（Chandler）指出策略會決

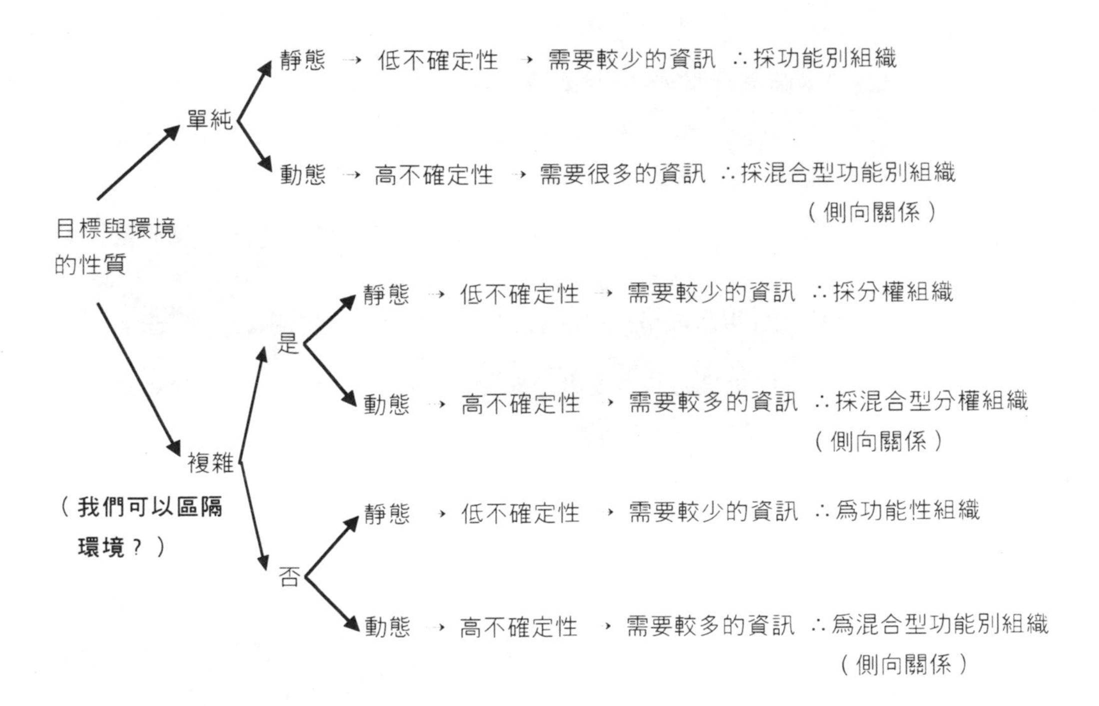

圖 20-3 組織設計的決策樹

定組織結構，而環境劇烈的變動，會改變策略。

明茲柏格[5]根據以下幾種屬性，將組織結構加以分類：

協調的機制	使組織能協調工作，這些包含非正式溝通、直接督導、以及程序、產出、技術、與信念的標準化
設計的參數	組織結構與角色的設計，這接著需要研擬工作規範、進行工作標準化、訓練、引導、單位做決定的準則（產品、顧客、地點等等）、決定規模的大小，包含控制幅度、規劃與控制系統、連絡設施、權力、與決策的下放
環境的因素	年齡與規模(較老的公司，可能較正式化，有較複雜的結構；產業對結構的影響）、技術系統（生產技術對於組織設計與員工行爲的影響）、環境的影響，例如環境的複雜性與變動、外在權力影響組織的程度，例如持股人對公司的影響

這些屬性讓明茲柏格提出一般化的組織設計，如圖 20.4 所示。

他接著說明組織的基本要素如何與環境配合，進而產生不同的組織結構，其中的一些如圖 20.4 與表 20.2 所示。

20.5 策略規劃

圖 20-4　組織的六個基本部分

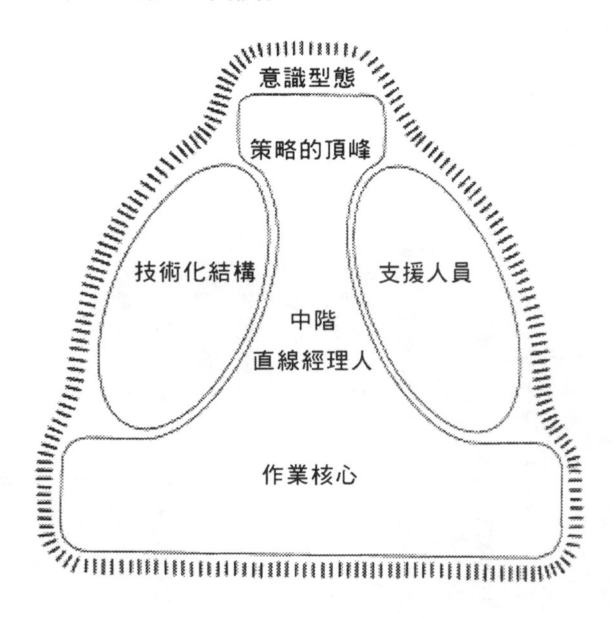

企業所處的全球商場環境，其競爭態勢越來越複雜，制訂決策時需用到的資訊也越來越多，因而有許多公司，爲了企業的未來，紛紛採取系統性與整合性方法來進行策略規劃。

策略規劃是一種程序，包含一部份的策略管理程序一是策略管理與組織的外部環境之間重要的橋樑。成功的策略規劃需要策略及其方案之標的與目標有精確的定義。策略規劃在本質上，指找出與分析組織的內部優勢（包含可用的資源）與劣勢，以及評估外在的機會、威脅、或組織所處的商場環境之風險（運用 SWOT 分析），以發展出適合的策略來呼應上述定義的標的與目標。因此根本上，策略規劃是一理性的程序，融合組織的優勢與劣勢，以及當時外在環境的機會與威脅，有效地制訂出有意圖的策略。

這個理性的程序，基本上受到收集的資訊、參與的經理人之價值觀、以及人類在制訂決策時一些內在的限制之影響。策略規劃可說十分藝術一

表 20-2

組織的種類	主要的協調機制	組織的關鍵部分	分權的種類	結構	環境	策略
開創型組織	直接的監督	策略的頂峰	垂直及水平分權	簡單、非正式、有彈性、強勢的領導	單純的動態環境	願景式、有彈性、反應性；常受危機的驅動；反應性但脆弱
機械型組織	標準化的程序	技術化結構	有限的水平分權	正式的官僚體系 技術導向的體系	單純、較大、較成熟的環境	計劃性、穩定、常受到危機的干擾；可以忽略人員議題
專業型組織	標準化的技能	作業核心	水平分權	官僚分權化、人員自治、中階管理人員很少	複雜穩定的環境 可能爲服務導向	分散、集體、穩定；通常有很多細節；民主化、很難控制與協調
多角化組織	標準化的產出	中階直線經理人	有限的垂直分權	有部分自治的中央核心部門	多樣化的環境 大而成熟的組織	由總部提案，並由事業分部執行事業策略
創新型組織	相互調整 非正式互動	支援人員	選擇性分權	變動的、有機型、多種學科	複雜 動態而年輕的產業和公司	邊做邊學、出現強烈的「由下而上」的壓力、效能比效率重要；講求創新，難以正式化與控制
任務型組織	標準化的規範	意識型態	分權	成長之後由開創型進到較正式化的結構	以客戶爲焦點	以小型的作業單位來推動強力的核心策略；以意識型態爲主的文化；在日本企業中特別常見。

是一門處理模糊狀態的藝術；是取得與利用當前的資訊，並預測未來，使組織長期的績效能最大化之藝術。這個程序一定會有取捨交換（trade-off），而不同的經理人，也會做出不同的取捨交換，這決定於各種因素：個人的價值觀（規避風險的傾向等等）；是否能取得資訊、他們分析與組合可得資訊的能力、對可得資訊的評估、對未來的預測、以及身為經理人應具備的一般性能力。這就是為什麼不同的經理人，通常會制訂出不同的策略，以及為什麼讓組織中各階層的經理人參與策略規劃程序會很有幫助，因為能確保所有內在與外在的資訊，均能納入考量。同時也是為什麼會有人批評正式的策略規劃，因為策略規劃並不是絕對的非黑即白或非正確即錯誤；做好策略規劃並不容易。

如果策略規劃如此藝術，而不同經理人會訂出不同的策略，那麼正式的策略規劃是否真能提升績效？實證顯示一般來說，有策略規劃的公司，確實比沒有策略規劃的公司表現要好。另外，實證也指出，「那些策略規劃系統較吻合策略管理理論的公司，長期而言，相對於產業的平均水準，其財務表現較好。」[6]。

不過，正式的策略規劃，在近幾年來爭議不斷。彼得與華德曼（Peters and Waterman）在《追求卓越》（In Search of Excellence）一書中，就質疑正式規劃系統的有效性[7]。明茲柏格在《策略規劃的起與落》（Rise and Fall of Strategic Planning）一書中，也直接攻擊策略規劃的傳統觀點；他認為，「自然浮現的」（emergent）策略可能與正式規劃過程的產出—「費心研擬的」（intended）策略一樣成功，以及策略的制訂與執行，不應是策略管理中各自分開的元素[8]。明茲柏格並認為，「匠心獨運的策略」（crafting strategy），比起規劃的策略，是更合適的概念。「匠心獨運」一詞，指的是策略分析師對策略制訂的程序，已培養出一種親密、融合的感情；他能結合公司的優勢、劣勢、機會、與威脅；以及策略管理中的其他元素[9]。商場上，也不乏有組織追求精密、理性推理的策略—亦即正式規劃程序的產物—但卻出現災難性的結果[10]。

策略規劃只獲得稀少的讚譽，是有幾個原因。在1960年代與1970年代，企業規劃成爲研究的主體，然而許多書籍、文章，卻無法提出如何執行策略，似乎認爲只要經歷理性的決策制訂，其建議就會神祕地實現。其他的原因包括：

- ⊙ 缺乏資訊或使用錯誤；
- ⊙ 錯誤地相信公司有可能準確預測未來，導致對於動態的市場沒有做出準備，對於情境變數沒有一套重複檢視的程序或計劃；
- ⊙ 策略規劃程序侷限於公司層次，沒有運用事業部經理人的知識與專業；
- ⊙ 純粹是參與的經理人做出差勁的決策／與取捨交換。

史丹納（Steiner）列出十個造成規劃系統失敗的原因[11]：

1. 無法讓公司全體人員了解策略規劃究竟爲何、在公司內如何進行、以及缺乏高層經理人投入的熱誠。
2. 無法接受與平衡：直覺、判斷、管理價值觀、以及規劃系統的正式性之間的關係。
3. 無法建立績效評估機制，因爲只根據短期績效來評定薪酬，以至於無法鼓勵經理人做出有效的策略規劃。
4. 無法修改策略規劃系統來迎合公司與管理風格的特徵。
5. 高層經理人沒有付出足夠的時間在策略規劃上，使得經理人與幕僚人員也不重視規劃程序。
6. 當公司內部的情況改變時，無法修正策略規劃系統。
7. 管理程序與策略規劃程序未能適切地配合，即最高管理階層、中層經理人、與基層人員分別管策略規劃、戰術規劃、及執行，彼此的串連性不夠。

8. 無法簡化規劃系統，及持續地監控成本與收益的平衡。

9. 公司內無法培養出重視策略規劃的氣氛，而這又是其成效的要件。

10. 無法平衡與適當地連結策略規劃程序與執行程序中的主要元素。

以上的失敗原因都很重要，而執行長（CEO）的角色、熱誠、以及付出的時間，對於企業規劃的執行是否能成功，更是關鍵。除非CEO支持規劃，否則本章與本書所有的內容，都將無足輕重。不良的規劃，讓公司變得官僚，到處是限制，也會拖延決策的制訂。策略如果無法執行或無法完整地執行，都不算是策略。雖然公司可以採行以規劃來管理事務的風格，然而規劃也必須有彈性，必須能警覺到根據的假設條件是否改變。僵化地固守寫在石板上的計劃，並世代沿襲，是不可能帶領公司走向光明的未來。

規劃最重要的價值，在於幫助公司思考企業/環境的界面。因此董事會與規劃者之間以及規劃者與執行經理人之間，必須能夠眞誠地溝通。

20.6　方案

在策略執行過程中，一個很重要、但卻常被忽略的要素，就是方案（programmes）的形成。方案是策略性計畫與用以執行策略的戰術之間的橋樑。策略代表完成目的的手段一策略性計畫定出方向、標的，而策略則爲大綱，描述組織如何往該方向前進，以及如何完成標的。至於方案，則是將大綱轉化爲營運計畫與特定的行動，包括分配實體資源。

在許多組織內，一年才定一次方案，但它仍須配合長期的計畫。年度總計畫在於達成既定的標的，例如每股盈餘、資本報酬率，且必須分成小塊，讓不同的人來負責特殊的任務。這個分割的過程，就會產生個別的方案，可能交由組織內不同的功能部門、或特定的策略事業單位來負責。一連串的個別方案，最後應能帶領公司完成企業目標。

方案逐項指出產品、服務、市場、生產設備、員工、以及其他爲了將策略轉爲行動所需要的根本決策。舉例來說，一個新方案可能是：「我們將在每三個地理區內，分派十位銷售員，專注於產品線X，以開發這些市場。」之後公司應訂出預算數字，以配合例如下述的方案決策：「在下個財務年度，爲了達成新策略，這十個銷售員，每人將花費公司4萬英鎊，亦即總花費 40 萬英鎊。」方案可能在性質、範圍、以及時間上，有很大的不同，並且通常還有「子方案」來將策略轉換成更細的行動。

20.7 策略的控制

策略管理的基本假設是，選定的企業策略與事業部策略必須能達成組織的目標。如第十九章所述，執行的關鍵在於由誰來執行、他們將要做什麼，以及他們將如何做。與執行策略非常相關的是控制的概念。本質上，控制指的是不斷地執行、監督、及維持公司的策略。公司必須注意組織內的經理人與員工，是否持續努力於執行選定的策略，因此實務上對策略控制的需要乃應運而生。

規劃與控制

控制系統已被視爲策略管理程序中越來越重要的部份，而不只是單純的會計控制或監督績效的工具。執行與管理控制是彼此交織的；控制是執行的延伸。

古德與昆恩（Goold and Quinn）發現：「根據我們對英國、美國、歐洲、與日本超過 50 家公司的研究，足以說服我們相信，如果策略規劃要有價值，公司必須建立某種策略控制程序。」[12]

羅柏特・安東尼（Robert Anthony）將管理控制定義為「經理人影響組織內其他人員來執行組織策略的程序。」[13] 安東尼認為，規劃與控制其實是同一個程序[14]。安東尼在 1965 年提出的典型分類，以及後續戴夫特與麥辛塔（Daft and Macintosh）[15] 的研究，他們認為高階經理人應專注於策略規劃與制度的控制，中階經理人應關心管理上的控制，而低階經理人與領班則應關心作業上的控制。

策略控制

管理控制若時時顧及目標、策略、以及組織的關鍵成功因素，則管理控制就變成策略控制。策略控制是在公司整體、事業部、功能部門等層次上使用各種控制手段來引導、帶領、激勵、與支援經理人與員工，以追求組織的目標。策略控制也使經理人得以評估公司的策略是否能達成組織的目標。

圖 20-5　規劃與控制的分類

策略規劃	管理控制	作業控制
選擇公司目標	制定預算	
規劃組織	規劃人員層級	控制僱用
建立人事政策	制定人事慣例	建立政策
建立財務政策	規劃營運資金	控制信用擴張
建立行銷政策	制定廣告計劃	控制廣告的放置
建立研發政策	決定研究專案	
選擇新產品線	選擇產品改進的地方	
收購一個新事業分部	決定廠房重新排列的方式	生產排程
決定非例行性的資本支出	決定例行性的資本支出	
	制定作業控制的決策法則	控制存貨
	衡量、評估與改善管理績效	衡量、評估及改善員工的效率

傳統神經結構般的控制典範，或稱爲回饋性或診斷性控制系統，認爲經理人若能獲知績效何時與爲何「脫軌」，就能控制住組織。診斷性的控制系統根據目標來衡量績效，並提供資訊，以供修正行動所用。公司必須建立一套系統與程序，讓經理人能明白在某段時間內，公司對他們的期望，並對於經理人的行動與他們所負責的領域提供適切的回饋資訊。診斷性控制系統的例子，包括責任中心、管理陳報、與績效評估。很清楚地，在組織中，不同階層的經理人，在選定的策略中各負責不同的部份。如圖20.6 所示。

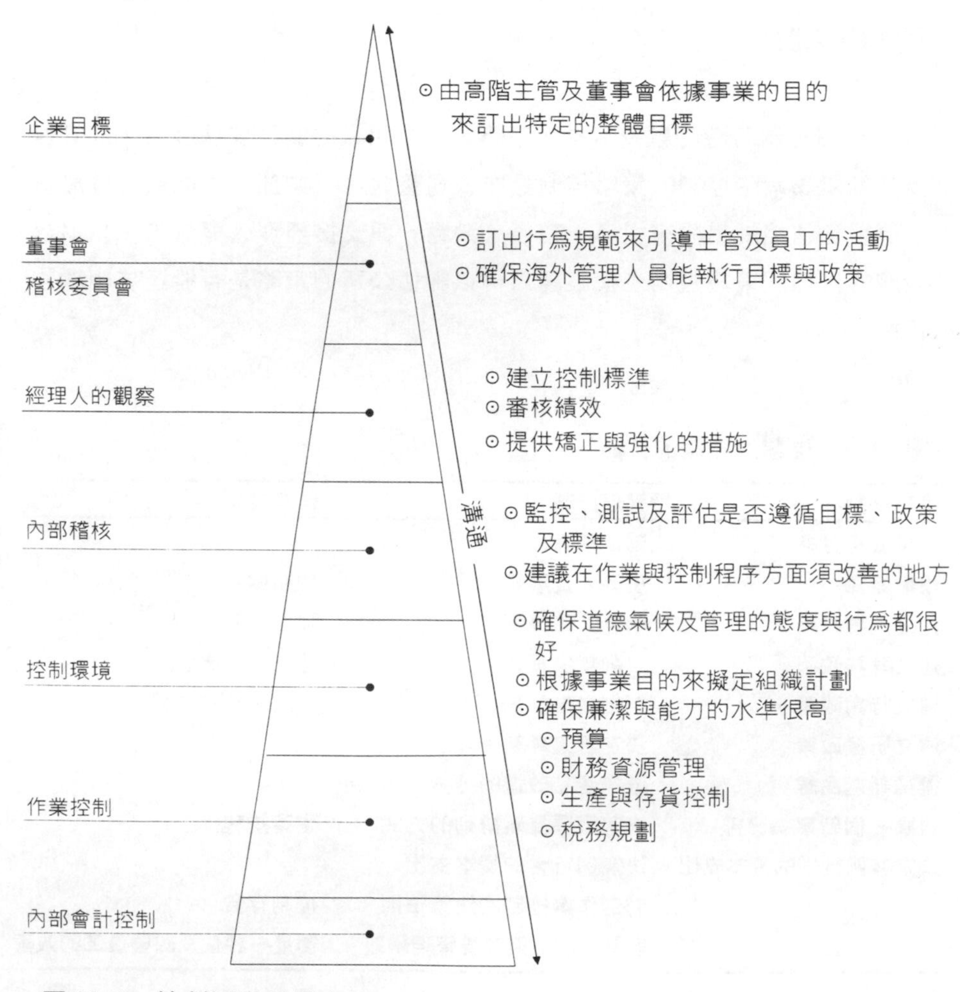

圖 20.6　控制活動的層次

圖 20-7 策略控制模式

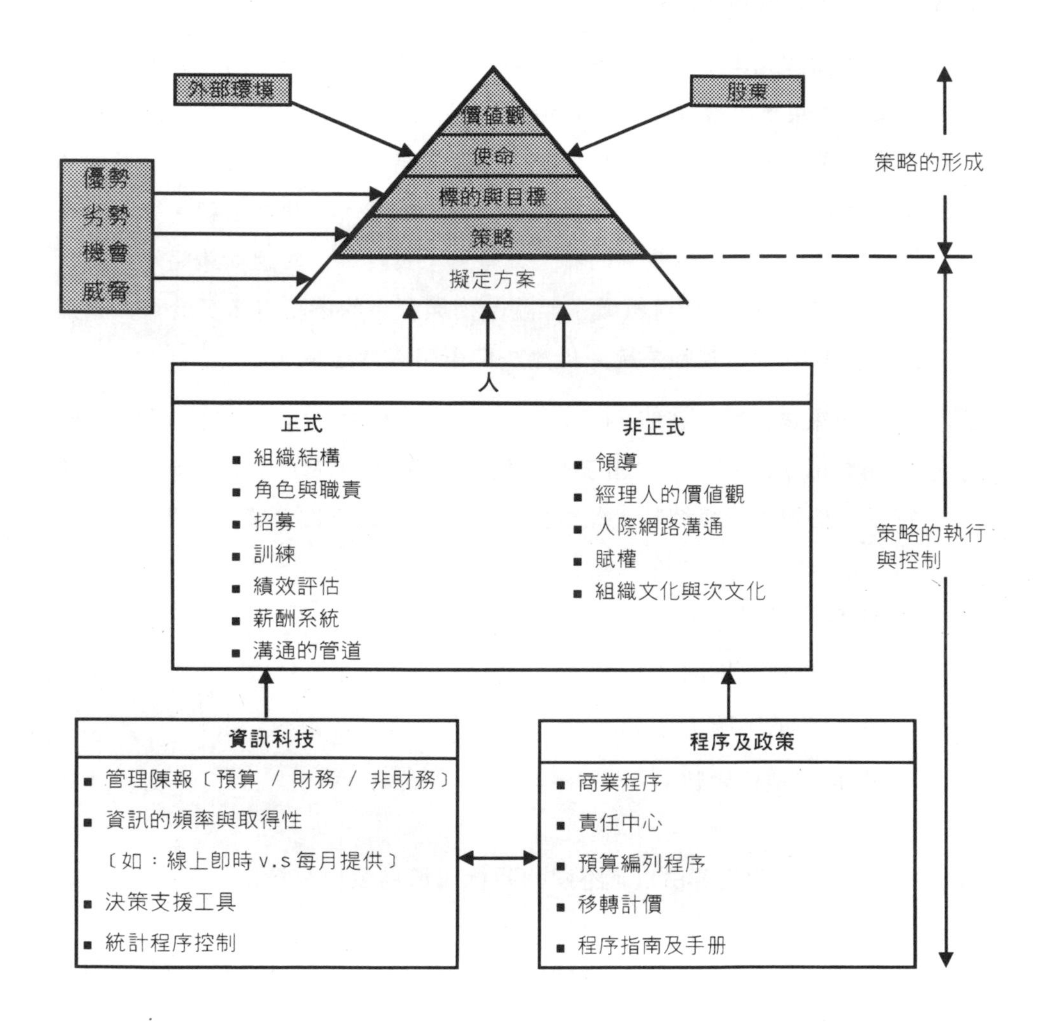

雖然傳統的診斷性控制系統內含目標、衡量、回饋、與修正行動，是策略控制的關鍵成份，但還有其他的控制機制，合併後可形成更完整的策略管理控制系統。圖 20.7 是現代與整合性的觀點，指出了策略控制的重要元素。此圖說明組織的策略階層，分別爲使命、標的、目標、及組織的策略，這接著轉換爲待執行的方案。此一策略階層由人員、資訊技術、及程序來控制與支援，以引導、帶領、激勵、及支持經理人與員工完成策略性計劃。以上這些是組織整個的管理系統中，與策略之控制最相關的元素：稱作策略管理控制系統。

所有這些元素：人員、資訊技術、及程序，在組織中對策略的控制十分重要。如果董事會與高階主管希望經理人與員工的行爲表現能配合組織的目標與策略，則這些元素必須與目標及策略一致。如果策略性計畫要透過產品品質與顧客服務，來重新吸引公司的顧客，而管理系統，卻著重在短期、最底線的財務績效，則員工會產生不良行爲一與組織策略不合的行爲。安東尼指出：「任何組織一無論結構與選定的策略有多契合，如果無法有個一致的管理控制系統，仍無法使策略有效達成。」

近年來羅柏特・賽門[17]（Robert Simons）在其《控制槓桿》（Levers of Control）一書中，提出了一個模型（見圖20.8），說明事業部策略如何能成功地執行與控制。此模型在分析時有以下四個情境變數：

- 核心價值觀；
- 要避免的風險；
- 策略的不確定性；
- 關鍵績效變數。

這四個變數接著由以下不同的系統或稱爲槓桿來控制：

- 信念系統，用來啓發與指引追尋新的機會（相對於傳統的管理控制系統之概念）；
- 邊界系統，用來設定尋求機會之行爲的限制（屬於傳統管理控制系統的一部份）；
- 診斷性控制系統，用來激勵、監督、與獎勵各項成就，使員工達成既定的目標（傳統管理控制系統）；以及
- 互動控制系統，用來刺激組織學習，讓新的想法與策略浮現（屬於新的概念，與明茲柏格「自然浮現的」策略有關）。

圖 20-8　控制企業策略：待分析的關鍵變數

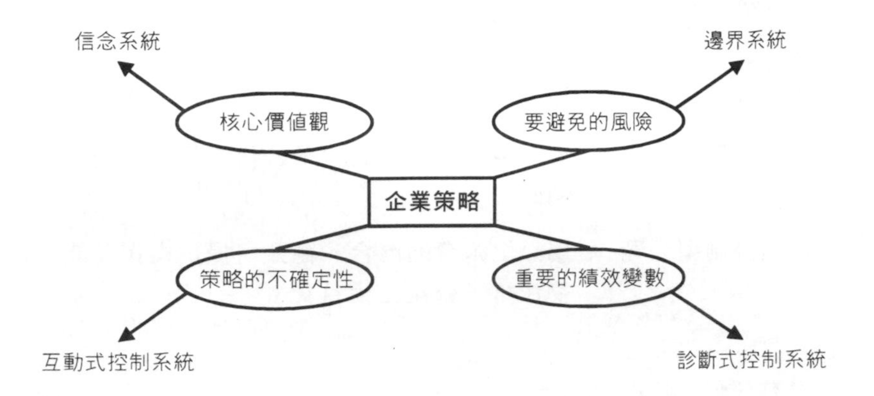

無論是有意圖或自然浮現的策略，它們的發展方式不同，卻都屬於現代企業重要的一環：「所有眞實世界中的策略，必須將此二者結合一使公司可進行控制，同時又不會停止學習」（明茲柏格 1994 年，p.25）。總結來說，「策略控制的理論，必須同時結合層級式與自然浮現的模型」（Simon 1995 年，p.21）。

賽門指出：

> 「策略控制無法由新而獨特的系統來達成，必須透過信念系統、邊界系統、診斷性控制系統、及互動控制系統的共同合作，來控制有意圖的策略之執行、以及自然浮現的策略之形成。這些系統提供激勵、衡量、學習、及控制，使公司能有效地達成目標，有創意地適應環境，以及導致獲利的成長。」（*Simon 1995* 年，*p. 156*）

控制的風格

大量的研究著重在公司如何規劃與控制其策略，特別是針對多角化公司。古德與坎貝爾（Goold and Campbell）定義出三種公司[18]：

策略規劃型公司	總部積極參與。高階層進行長期規劃。
財務控制型公司	有很強的財務控制。子公司的目標傾向於追求短期的獲利。
策略控制型公司	屬以上兩者的混合。總公司提供支援功能。目標委派給子公司全權負責。

沒有任何一種風格稱得上「最好」，三者都有成功的例子，至於公司該選擇何種風格，要視公司的多角化程度、管理價值觀、以及選定的策略方向而定。

近年來在學術研究與專業圈內，注意力已置於組織中盛行何種控制哲學[19]。控制哲學的連續譜，一端是最傳統的機械式、階層式、底線導向，另一端是有機式、支援性、賦權導向、以關鍵成功因素爲基礎來控制(見表20.3)。大多數的組織位於兩極端的中間區域，而近年來由於環境變動激烈、競爭增加、以及新理論的興起，例如全面品質管理（TQM）、企業流程再造等，使得控制哲學越來越傾向組織提供支援的典範。

設立方案與預算

許多組織在執行策略中，並沒有設立方案這一階段。許多組織直接進入預算階段，通常會參考去年度的預算以及實際的財務表現。如果企業的環境與組織的策略相當穩定，這種方法適用。不過在大多數的情況下，我們建議在預算階段前，要有設定方案的階段。雷・葛利索(Ray Grisold)就曾指出：「預算是詳列、數量化的短期標的。預算不是規劃，它將規劃

表 20-3 比較傳統的管理控制觀與組織支援典範

元素	傳統的管理控制觀	組織支援典範
人	經理人需要指揮與控制，不可相信人員的行爲表現會與組織的目標一致	經理人需要引導及支援更勝於控制，且應相信員工的行爲表現會與組織的目標一致
	正式的組織結構，通常以功能性或地域性爲基礎	廣泛使用跨功能專案團隊及矩陣結構
	仔細、正式的工作說明書	一般性的工作指引
	招募不被認爲具有策略性	招募被視爲具有策略性
	中央集權—階層式	分散權力—員工的賦權與參與
	內容導向的訓練	內容與程序技能的訓練
	若使用績效薪酬系統，則薪酬會依據對績效的評估，且與公司的獲利與報酬率相連	若採用績效薪酬系統，則薪酬會根據組合的績效指標。通常團隊裡的個人績效與整個團隊的績效整合在一起，因此以團隊爲對象的薪酬系統較恰當
	個別經理人的績效評估強調短期利潤績效與ROI，一般採利潤或投資中心，並經由財務會計系統來衡量與提報	個別經理人的績效評估應該反映在對關鍵成功要素（CSF）的貢獻，因此要考量財務、非財務、短期、及長期等因素。這是利用陳報系統及績效評估的方式來衡量，常會對照組織明示的目標及使用組合性指標，如平衡計分卡法。可控制性亦是另一個重點，而且有時個人的績效無法與團隊的績效區別，除了由團隊自己來衡量。
	領導指指揮下屬	領導涉及構築願景及提供指引及激勵同仁
	組織文化獨立存在於控制系統之外，且往往受到控制系統的中和而變得無效	組織文化受到控制系統中很多面向的驅動，並成爲控制系統中有力的元素
資訊科技	資訊卽力量，其散播應該受到限制	資訊對於成功的管理非常重要，應該提供所需資訊給管理者與員工
	強調利用過去的財務資料來做決策及控制	強調使用財務與非財務，內部及外部資訊來作決策與控制，通常提供卽時的資料並增加使用未來導向的決策支援系統。

續表 20.3

	由財務會計系統產生主要的管理報表，包含實際與預算書編列的財務績效報表。由於股東的需求很重要，因此財務會計報表也很重要	管理報表必須依照不同經理人的不同需求來設計，而且對於財務及非財務資訊也應加以報導，所以傳統的財務會計系統是不足的。經理人必須有正確資訊來支援決策使與關鍵的成功要素一致，及適當地滿足股東及利害關係人的需求
	提供給經理人月報表，其中的管理資訊配合財務報表的週期	報表的頻率及時機應該由經理人的需求來掌控，包含即時資訊、月報表、及介於其間的報導
	高階主管所需的資訊包含在每月的財務報表中	高階主管所需的資訊應個別量身訂製成摘要及讓他們能往下「深耕」
	財務資訊將能引導對品質問題的注意	統計程序控制可以提供有用的資訊以及時管理品質
程序與政策	機械化：強調規定、政策、程序、手冊、層級；僵化	有機化：強調提供任務、目標、關鍵成功要素的架構，以引導員工日常的作業及決策；具有彈性
	企業程序蕭規曹隨 正常的政策是經由責任中心，如利潤中心或投資中心(連結傳統的財務報表)來界定個別經理人的職權及責任之範圍。	企業程序和策略配合以追求效率、效能 個人的職權及責任很少會與組織或傳統報告的界線及任何控制與報告的範圍相稱，尤其與績效評估有所連接時，應該以個人控制的範圍來界定。
	預算程序主要是高階主管根據下屬所給的投入資料來進行之規劃程序	制定預算的過程是規劃、溝通及尋求承諾的過程。需要高階及低階經理人的參與與互動
	移轉價格可能以市場、成本、或協商為基礎，並且主要與事業分部被分派的利潤目標有關	移轉價格以市場為基礎，以促進決策的制定能反映外部競爭的壓力，及促使不斷的改善與提昇效率
	經理人的行動經由正式、詳細、文件式的規定及程序來控制	經理人的行動由明確、簡單、一般化的政策指引來引導與支援，並有與組織之關鍵成功要素一致的決策架構

數量化。」[20]

策略勾勒出企業未來的方向。新的策略，隱含著公司需要新的訊息，要對市場重新評估，並修正對未來的預測。因此新的策略性計畫，通常需要新的行動、以及修正後的資源佈署方式。如果是這種情況，就非常不適合根據舊的資訊，來設定預算與分配財務資源。

許多世界上的政府與組織，就這麼陷入此一陷阱中。它們根據去年的結果，訂出今年的預算。問題是這麼一來，資金就無法流入那些在新策略中很重要的領域。以政府的例子來看，如果去年的預算是今年主要的參考值，則新的政策構想就不會成形，因爲政府沒有編列預算，意味著並未仔細考量當中需要的資源。這種預算方法強調維持現狀。在變動的企業環境中，這會使公司陷入災難。單單這一項疏忽，就會嚴重阻礙策略的成功執行；也就是說，如果在執行策略時，沒有全盤考量，稀少資源又無法適當分配，要將策略成功地轉爲行動，機會相當低。

以實務的眼光來看，擬定方案與編列預算需要反覆對照。方案的預算數字，需要擬定方案的人員再一次檢視與修正，才能確保符合財務性目標與限制。擬定方案背後的根本概念，就是具體地評估新策略對於營運計劃、行動、及實體資源的涵義，也是透過預算程序來分配財務資源的序曲。擬定方案之後，有助於使公司編列出良好的預算。

透過預算與衡量績效來控制

預算控制程序，是策略管理控制系統中，很常見、也很重要的一部份。預算基本上是策略管理控制系統拆解後的結果，因爲該系統已預測出獲利，定出方案的成本，導致每個經理人都有各自的財務標的。組織可能會針對分部、功能部門、個人來編列預算，但通常是針對產品線、服務線、與地區。傳統的預算包含：

- ⊙ 銷售預算；
- ⊙ 生產或營運預算；
- ⊙ 一般行政預算；
- ⊙ 資本預算；
- ⊙ 現金預算。

預算與經理人的責任中心制關係密切。將財務、營運的預算與實際數字比較，可做為修正行動的參考，是最常見的診斷性控制。經理人在編列預算中的參與，通常也是由上至下與由下至上的規劃程序中，解決部份問題的溝通橋樑。

很清楚地，設計出良好的預算控制系統非常重要，因為它牽動職權、責任、職責、合作、溝通、與一致性等重要概念。另外，預算與經理人的行為有非常強烈的關係。舉例來說，經理人若決定刪除組織部份的服務，以節省金錢，對組織的其他部門可能不利，長期也可能有不良的效果。

根據傳統的回饋控制程序之概念，當公司要利用預算來建立控制系統時，應經過以下步驟：

- ⊙ 決定要衡量什麼；
- ⊙ 設立績效標準；
- ⊙ 收集資訊，並衡量實際的績效；
- ⊙ 比較實際的績效與設立的標準；
- ⊙ 針對脫軌的情形採取修正行動。

以上的步驟看來淺顯，但當公司要按照以上的步驟，訂出執行決策時，仍須注意小細節。

除了衡量財務性績效之外，決定衡量什麼，還要經理人明白自己負責的事業部有哪些屬於重要的關鍵成功因素。經理人必須決定哪些關鍵要素需要透過管理資訊系統來陳報。設立績效標準時，通常需要與組織內其他功能部門協調，並且還能給經理人機會，激勵他來擔任預算的監督者。收集並傳遞整個公司與各部門績效的資料，雖然耗費成本，但可能使公司擁有眞正的優勢。利用這些資料來評估相當重要，因爲這讓經理人有機會明白他們對於預算的要素與績效的要素控制了多少。在許多情況下，組織必須設立參數，來突顯哪些績效表現脫軌，並讓經理人裁量必須改變策略或戰術至何種程度。有太多變動會損壞系統的整合性，但是只要脫軌的程度在容許的範圍內，以及如果很清楚其中的原因，則採行不進行改變的政策應屬合理。

策略控制的問題

策略控制常見三種主要的問題：

短期導向

預算系統最顯著的危險是，經理人變得只思考短期，以便達成每個月的既定目標。組織必須謹慎，不要使預算變成經理人心中主要的焦點。經理人經常採取短期的做法來迎合預算，這有時將不利於長期或組織整體的績效。經理人應以關鍵的成功因素，而非預算或數字，來管理員工與活動。組織內也必須有清楚的分野，將長期與短期分開來。表 20.4 就列出組織長期與短期的標的。

缺乏彈性

環境的變動，使得策略與方案也必須改變。當環境已朝另一方向變動，而公司仍堅守既定的策略，對公司的績效很不利。策略的要義不僅止於規劃出行動計畫。公司內部也能孕育出成功的策略。一旦基本假設改變，而組織的預算又沒有彈性，公司的管理階層必須還能做出次佳的決策。這適用於管理控制系統中所有的要素。環境的變動是持續的，管理這些變動的重要關鍵就是系統必須具有彈性。

忽略目標

一個良好的管理控制系統，應著眼於將各個經理人與員工的目標，與組織整體的目標結合，使員工的行為能與組織的目標與策略一致。但是實務界中，控制系統的元素，卻經常與策略不一致，導致人員行為失調，公司的績效因而受到影響。目標錯置（goal displacement）是個相關的概念，指策略本身變成員工所追求的目標。例如一個銷售團隊，決定不計任何代價，使銷售額最大化，最後連獲得的利潤，都拿來追求這個目的。

表 20-4 長期及短期的衡量項目

	短期	長期
市場與客戶	銷售量	銷售成長
	銷售價值	客戶忠誠度
	新客戶	維持價格之能力
要素	供料成本	與供應商的關係
	庫存水準	短期衡量項目的成長率
	運送 / 取得性	
生產	生產成本	成本節省
	棄置與殘料率	工廠的配置
		設施計畫
財務	每股盈餘	股市中的形象
	股價	資本報酬率
	資本報酬率	

20.9　管理上的結論與檢視清單

探討以下幾個問題，對於執行策略與執行的人員來說會很有用：

1　行爲與政治面

- ⊙ 是否有一些政治因素，會使員工失去對策略目標的注意力而未能努力去執行？
- ⊙ 衝突具有建設性或破壞性？
- ⊙ 是組織的問題，使衝突發生的嗎？可以改變嗎？

2　領導

- ⊙ 公司眞正的領導者是誰？
- ⊙ 這些領導者是否有「正確」的特質來達成策略的目標？

3　組織結構

- ⊙ 環境的性質爲何？改變的速度如何？
- ⊙ 企業的作業性活動之複雜程度如何？
- ⊙ 組織的結構是否能配合這些關鍵構面？

4　規劃

- ⊙ 執行長投注多少熱忱在企業規劃上？
- ⊙ 企業規劃的主管是否向執行長呈報？
- ⊙ 公司的長程未來是否由企業規劃部門獨自來決定？
- ⊙ 規劃系統的涵蓋面是否廣泛？具有彈性？能顧及不可預知的威脅

或機會而快速改變？或者範圍狹小、官僚、沒有彈性、及無法回應新資訊？

- 公司是否有縝密、反覆對照的方案擬定階段，而非直接跳到預算階段？

5 控制

- 標準是否按照已知的標的與目標來設定，並據以監控各項進展？
- 管理控制系統中的所有元素，是否與目標、策略、及組織的關鍵成功因素一致？企業是否執行策略控制，而非僅止於財務控制？
- 控制系統有哪些特徵會產生不良的後果？

附註

1 D. Schon, *Beyond the Stable State* (Penguin, Harmondsworth, 1969).

2 Henry Mintzberg, *The Nature of Managerial Work* (Harper & Row, New York, 1973).

3 Zur Shapira and Roger L. M. Dunbar. 'Testing Mintzberg 旧 Managerial Roles Classification using an In Basket Simulation *Journal of Applied Psychology* (Feb. 1980).

4 A. D. Chandler, *Strategy and Structure* (MIT Press, 1962).

5 Henry Mintzberg, *Mintzberg on Management* (Free Press, New York, 1989).

6 L. C. Rhyne, 20 he Relationship of Strategic Planning to Financial Performance *Strategic Management Journal* (7, 1986, pp. 423-36).

7 T. J. Peters and R. H. Waterman, *In Search of Excellence* (Harper & Row, 1982).

8 H. Mintzberg, *The Rise and Fall of Strategic Planning*, (Maxwell Macmillan Canada, 1994).

9 H. Mintzberg, 03 rafting Strategy *Harvard Business Review* (July-August 1987, pp. 66-75).

10 The New Breed of Strategic Planner, *Business Week* (17 September 1984, pp. 62-88).

11 G. A. Steiner, *Pitfalls in Comprehensive Long Range*

Planning (The Planning Executives Institute, Oxford, Ohio, 1972).

12 M. Goold and J. Quinn, *Strategic Control: Milestones for Long-term Performance* (London: Pitman Publishing, 1993, p. 7).

13 R. Anthony, *The Management Control Function* (Boston: Harvard Business School Press, p. 10).

14 R. Anthony, *Planning and Control Systems: A Framework for Analysis* (Harvard University Press, 1965).

15 D. Daft and N. MacIntosh, 20he Nature and Use of Formal Control Systems for Management Control and Strategy Implementation *Journal of Management* (Spring, 1984 pp., 43-66).

16 R. Anthony, J. Dearden, and V. Govindarajan, *Management Control System* (7th edition, Homewood, Illinois: Richard D. Irwin., 1992).

17 R. Simons, *Levers of Control* (Boston: Harvard Business School Press, 1995).

18 M. Goold and A. Campbell, *Strategies and Styles* (Blackwell, Oxford, 1988).

19 A. Atkinson, 15 rganization Control Systems For The Nineties *CMA Magazine* (June 1992, ;;. 16-18).

20 R. Grisold, 08 ow to Link Strategic Planning With Budgeting *CMA Magazine* (July-August 1995, pp. 21-23).

國家圖書館出版品欲行編目資料

策略管理 / George Luffman 等原著 ; 李茂興譯.
-- 初版 -- 臺北市 : 弘智文化,
2001〔民 90〕
面 ; 公分
譯自 : Strategic Management : An Analytical Introduction
ISBN 957-0453-27-3 (平裝)

1. 決策管理

494.1 90004604

策略管理 Strategic Mangement

原　著 / George Luffman, Edward Lea, Stuart Anderson, Brian Kenny
校閱者 / 王秉均
譯　者 / 李茂興
執行編輯 / 黃彥儒
出版者 / 弘智文化事業有限公司
登記證 / 局版台業字第 6263 號
地　址 / 台北市大同區民權西路 118 巷 15 弄 3 號 7 樓
電　話 / (02) 2557-5685 · 0936252817 · 0921121621
傳　真 / (02) 2557-5383
發行人 / 邱一文
書店經銷 / 旭昇圖書有限公司
地　址 / 台北縣中和市中山路 2 段 352 號 2 樓
電　話 / (02) 22451480
傳　真 / (02) 22451479
製　版 / 信利印製有限公司
版　次 / 2001 年 5 月初版一刷
定　價 / 390 元

ISBN 957-0453-27-3
本書如有破損、缺頁、裝訂錯誤，請寄回更換！

弘智文化價目表

書名	定價		書名	定價
社會心理學（第三版）	700		生涯規劃：掙脫人生的三大桎梏	250
教學心理學	600		心靈塑身	200
生涯諮商理論與實務	658		享受退休	150
健康心理學	500		婚姻的轉捩點	150
金錢心理學	500		協助過動兒	150
平衡演出	500		經營第二春	120
追求未來與過去	550		積極人生十撇步	120
夢想的殿堂	400		賭徒的救生圈	150
心理學：適應環境的心靈	700			
兒童發展	出版中		生產與作業管理（精簡版）	600
為孩子做正確的決定	300		生產與作業管理(上)	500
認知心理學	出版中		生產與作業管理(下)	600
醫護心理學	出版中		管理概論：全面品質管理取向	650
老化與心理健康	390		組織行為管理學	800
身體意象	250		國際財務管理	650
人際關係	250		新金融工具	出版中
照護年老的雙親	200		新白領階級	350
諮商概論	600		如何創造影響力	350
兒童遊戲治療法	500		財務管理	出版中
認知治療法概論	500		財務資產評價的數量方法一百問	290
家族治療法概論	出版中		策略管理	390
伴侶治療法概論	出版中		策略管理個案集	390
教師的諮商技巧	200		服務管理	400
醫師的諮商技巧	出版中		全球化與企業實務	出版中
社工實務的諮商技巧	200		國際管理	700
安寧照護的諮商技巧	200		策略性人力資源管理	出版中
			人力資源策略	390

書名	定價	書名	定價
管理品質與人力資源	290	全球化	300
行動學習法	350	五種身體	250
全球的金融市場	500	認識迪士尼	320
公司治理	350	社會的麥當勞化	350
人因工程的應用	出版中	網際網路與社會	320
策略性行銷（行銷策略）	400	立法者與詮釋者	290
行銷管理全球觀	600	國際企業與社會	250
服務業的行銷與管理	650	恐怖主義文化	300
餐旅服務業與觀光行銷	690	文化人類學	650
餐飲服務	590	文化基因論	出版中
旅遊與觀光概論	600	社會人類學	390
休閒與遊憩概論	600	血拼經驗	350
不確定情況下的決策	390	消費文化與現代性	350
資料分析、迴歸、與預測	350	全球化與反全球化	出版中
確定情況下的下決策	390	社會資本	出版中
風險管理	400		
專案管理師	350	陳宇嘉博士主編 14 本社會工作相關著作	出版中
顧客調查的觀念與技術	出版中		
品質的最新思潮	出版中	教育哲學	400
全球化物流管理	出版中	特殊兒童教學法	300
製造策略	出版中	如何拿博士學位	220
國際通用的行銷量表	出版中	如何寫評論文章	250
許長田著「行銷超限戰」	300	實務社群	出版中
許長田著「企業應變力」	300		
許長田著「不做總統，就做廣告企劃」	300	現實主義與國際關係	300
許長田著「全民拼經濟」	450	人權與國際關係	300
		國家與國際關係	300
社會學：全球性的觀點	650		
紀登斯的社會學	出版中	統計學	400

書名	定價		書名	定價
類別與受限依變項的迴歸統計模式	400		政策研究方法論	200
機率的樂趣	300		焦點團體	250
			個案研究	300
策略的賽局	550		醫療保健研究法	250
計量經濟學	出版中		解釋性互動論	250
經濟學的伊索寓言	出版中		事件史分析	250
			次級資料研究法	220
電路學（上）	400		企業研究法	出版中
新興的資訊科技	450		抽樣實務	出版中
電路學（下）	350		審核與後設評估之聯結	出版中
電腦網路與網際網路	290			
應用性社會研究的倫理與價值	220		書僮文化價目表	
社會研究的後設分析程序	250			
量表的發展	200		台灣五十年來的五十本好書	220
改進調查問題：設計與評估	300		２００２年好書推薦	250
標準化的調查訪問	220		書海拾貝	220
研究文獻之回顧與整合	250		替你讀經典：社會人文篇	250
參與觀察法	200		替你讀經典：讀書心得與寫作範例篇	230
調查研究方法	250			
電話調查方法	320		生命魔法書	220
郵寄問卷調查	250		賽加的魔幻世界	250
生產力之衡量	200			
民族誌學	250